Fundamentals of Computer Software Technology

(Second Edition)

计算机软件技术基础

（第2版）

张庆华　程国全　编著

U0331286

清华大学出版社
北京

图书在版编目（CIP）数据

计算机软件技术基础 / 张庆华，程国全编著. -- 2 版. -- 北京：清华大学出版社，2025. 5. -- ISBN 978-7-302-69066-5

Ⅰ. TP31

中国国家版本馆 CIP 数据核字第 202533FB54 号

责任编辑：刘　杨
封面设计：常雪影
责任校对：赵丽敏
责任印制：沈　露

出版发行：清华大学出版社
　　　　网　　　址：https：//www. tup. com. cn，https：//www. wqxuetang. com
　　　　地　　　址：北京清华大学学研大厦 A 座　　　　邮　　编：100084
　　　　社 总 机：010-83470000　　　　邮　　购：010-62786544
　　　　投稿与读者服务：010-62776969，c-service@tup. tsinghua. edu. cn
　　　　质量反馈：010-62772015，zhiliang@tup. tsinghua. edu. cn
印 装 者：三河市龙大印装有限公司
经　　销：全国新华书店
开　　本：185mm×260mm　　印　张：17.75　　　　字　　数：431 千字
版　　次：2021 年 8 月第 1 版　　2025 年 5 月第 2 版　　印　次：2025 年 5 月第 1 次印刷
定　　价：59.00 元

产品编号：102311-01

前　言

FOREWORD

学生在学习相关专业知识的过程中,有很多环节需要用到计算机软件的相关技术:

(1) 学生在专业课学习过程中,需要借助计算机软件技术进行相关知识的学习。

(2) 在毕业设计和论文研究期间,需要采用计算机软件技术编写相关算法及开发应用系统。

(3) 就业从事相关工作时需要具有一定的软件技术基础。

在上述各个环节中,根据实际教学和科研工作、软件从业人员调研的结果来看,学生需要掌握的相关技术有:

(1) 信息逻辑处理技术。

(2) 软件开发工具语言技术。

(3) 数据库相关技术。

(4) 计算机网络技术。

(5) 软件工程技术。

(6) 软件相关技术。

上述相关技术中,信息逻辑处理技术、数据库相技术、软件工程技术是计算机软件技术的基础,对学生学习相关专业知识、提高软件技术能力至关重要。

在多年本科生、硕士研究生教学和科研工作中,经常遇到这样一些问题:学生无法很好地将所学的专业知识通过软件技术实现,开发出能满足实际需要的应用系统。其主要原因是计算机软件技术基础薄弱,尤其是非计算机专业的学生。因此在学习计算机软件技术的时候,迫切需要有一套适应面较广、面向非计算机专业学生的实用性教材,以满足以下多种层次的要求。

(1) 以通俗易懂的语言讲解相关技术原理。

(2) 翔实的代码示例及运行结果解析,使学生通过运行代码,阅读解析,逐步了解和掌握相关算法。

(3) 以实际应用为教学目标,避免出现学生学习时无从下手、不会自己动手编写代码的现象,使学生具备独立开发代码的能力。

(4) 具有适应面广、基础性强的特点,能满足多层次、多类型的计算机专业本科学生的需要,特别是满足计算机应用型人才培养的需要。

(5) 由于学时有限,无法选修数据结构和软件工程等课程的学生进行学习。

为此,我们编写了适合非计算机专业的学生学习计算机软件技术的教材,帮助学生掌握相关计算机软件技术,为后续专业课的学习和就业提供有力支持。

本书以数据结构及算法、数据库技术、软件工程技术等为主要内容,面向机器人等非计算机专业学生介绍计算机软件基础技术。全书共分 12 章,其中第 2~6 章介绍数据结构及算法,第 7 章介绍程序运行相关资源管理,第 8 章介绍数据库技术,第 9~12 章介绍软件工

程技术相关知识,具体如下:

第 1 章概括性地介绍了数据处理、计算机技术和算法的基本概念,使学生对计算机软件技术有一个整体了解,为后续深入学习具体知识打好基础。

第 2 章介绍了递归方法。递归方法是一种常用的计算方法,也是后续相关数据结构学习的基础。

第 3 章介绍了数据结构、线性表、栈和队列的基本概念和操作方法,是本书的基础部分。

第 4 章介绍了树与二叉树,包括二叉树的遍历和二叉排序树等的存储结构和操作算法。

第 5 章介绍了图的定义、存储、遍历和最短路径等操作。相关知识在机器人行走路径优化等方面经常用到。

第 6 章介绍了查找与排序。查找与排序是最常见的数据处理需求,这里重点介绍了常用的排序算法。

第 7 章介绍了程序运行过程、存储、文件和设备等软件运行资源管理,其中程序运行资源包括程序运行过程涉及的进程、线程的状态与调度、同步等知识,是进一步学习并行计算、大规模并发解决方案的基础。

第 8 章介绍了数据库技术,包括数据库系统的组成、关系数据模型和结构化查询语言(SQL),其中关系数据模型和 SQL 是本章的学习重点。

第 9 章介绍了系统需求管理的相关知识,这是软件系统项目中一个极其重要的工作环节,是系统分析和系统设计及实现的基础。

第 10 章介绍了系统分析中的结构化分析方法和面向对象方法的相关知识,其中结构化分析方法应用非常普遍,是本章的学习重点。

第 11 章介绍了信息系统中的功能模块设计、编码设计、数据库设计等系统设计知识,其中数据库设计是本章的学习重点。

第 12 章介绍了信息系统实施的相关知识,包括信息系统的开发方式、管理信息系统的项目管理、系统开发方法、程序设计和软件测试等软件项目实施阶段的内容。

本书从基本算法设计方法入手,系统、全面地介绍表、树、图、查找、排序等基本数据结构及算法,给出了 C++语言程序示例,读者可以结合程序的跟踪调试,考察过程结果,进而理解和掌握相关算法。

第 2 版根据本书第 1 版收到的读者反馈,对书中部分内容进行了修订和完善:

(1)数据结构部分重点强化了对相关算法原理的论述和程序实现的详细解析。

(2)从学生实际学习和应用的角度调整了数据库部分的内容,重点是 SQL 语言的掌握。

(3)软件工程部分按照开发软件系统的工作过程进行了调整,重点介绍在软件开发过程中用到的相关技术。

在修订过程中,相关的修改稿得到部分读者的反复阅读,直到能够清晰表达算法与程序实现的关联关系,修订稿经过试读反映良好,最终成册。

本书各章的习题也根据读者的反馈进行了调整,重点集中在算法原理理解、编程实践和算法的分析讨论方面,在实践中收到了良好的效果,更有助于学生掌握相关知识点。

本书使用对象是非计算机科学与技术相关专业的本科生、硕士研究生以及相关技术人员,为了便于自学,在编写过程中,力求语言简练、通俗易懂、由浅入深,着力挑选简单明了、实用性强的示例以阐明基本概念和基本算法。

　　本书得到北京科技大学教材建设经费资助,得到了北京科技大学教务处的全程支持。

　　虽经作者再三努力,本书难免有疏漏之处,恳请读者指正,更请同行不吝赐教,提出宝贵意见与建议,以便我们对本书不断进行完善。

作　者

2024 年 11 月于北京

目 录

CONTENTS

第 1 章

概　论

1.1　数据、信息与数据处理

人类的一切活动都离不开数据,离不开信息。随着科学技术的发展、生产技术的进步、商业和社会活动的复杂化,各行各业每时每刻都在产生大量的信息。

在计算机应用中,数据处理和以数据处理为基础的信息系统所占的比重最大,现代化水平越高,科学管理、自动化服务的需求就越大。

1.1.1　数据的概念

描述事物特性必须借助一定的符号,这些符号就是数据形式。例如,某人的出生日期是"二〇〇七年十月二十三日",当然也可以将以上汉字形式改为用"10/23/2007"来表示。

所谓数据,通常指用符号记录下来的可加以鉴别的信息。数据的概念包括两个方面:其一,数据内容是事物特性的反映或描述;其二,数据是符号的集合。

"符号"不仅指数字、字母、文字和其他特殊字符,而且还包括图形、图像、声音等多种媒体数据;所谓"记录下来"也不仅是指印刷在纸上,还包括记录在存储介质中。

数据在空间上的传递称为通信,在时间上的传递称为存储。

1.1.2　信息的概念

信息是关于现实世界事物的存在方式或运动形态的综合反映,是人们进行各种活动所需要的知识。在不同的领域中,信息的含义有所不同。一般认为信息(information)是数据、消息中所包含的意义,是经过加工的数据。

数据与信息既有联系又有区别。数据是承载信息的物理符号或载体。数据能表示信息,但并非任何数据都能表示信息,正如人们常说的"如果计算机输入的是垃圾,输出的也会是垃圾"。同一数据也可能有不同的解释。信息是人们消化理解了的数据。信息是抽象的,不随数据设备所决定的数据形式而改变;而数据的表示方式却具有可选择性。数据和信息有时可以混用,例如,数据处理也称为信息处理;有时必须分清,例如,不能把信息系统称为数据系统。

信息是反映客观现实世界的知识,用不同的数据形式可以表示同样的信息。例如,同样一条新闻在报纸上以文字的形式刊登,在电台以声音的形式广播,在电视上以视频的形式放映,以及在计算机网络上以通信形式传播,其信息内容可以相同。

信息与数据的关系可以归纳为:

- 信息是有一定含义的数据。
- 信息是经过加工(处理)后的数据。
- 信息是对决策有价值的数据。

信息具有以下一些基本属性。

(1) 事实性。事实是信息的基本性质,也是信息的中心价值。因为不符合事实的信息不仅没有价值而且可能导致负价值,害人害己。因此,事实性是信息收集时最应注意的性质。

(2) 等级性。不同的使用目的要求不同等级的信息,例如有战略信息、策略信息、执行信息等。对于不同等级的信息,其保密程度、生命长短、使用频率、精度要求等都有不同。

(3) 可压缩性。可以对信息做浓缩处理,即进行集中、综合和概括而又不丢失信息的本义。例如,可以把大量实验数据总结成一个经验公式、剔除无用信息、减少冗余信息等。

(4) 可扩散性。信息可以通过各种渠道和手段向四面八方扩散,尤其是在计算机技术与通信技术飞速发展的今天,信息的可扩散性得到更加充分的体现。信息的可扩散性存在两面性,它有利于知识的传播,但又会造成信息的贬值以致产生无法弥补的利益损失。因此,人们采取了许多办法防止和制约信息的非法扩散,如制定有关法律、研究各种保密技术。

(5) 可传输性。信息可以通过多种形式迅速传输,如电话、计算机网络系统、书报、杂志、存储介质等。信息的可传输性优于物质和能源,它加快了资源传递,加速了社会的发展。

(6) 共享性。信息可以被多个用户共享而得到充分的利用。当然,共享信息时应该采取合法手段。

(7) 增值性与再生性。信息是有价值的,而且可以增值。信息的增值往往是信息从量变到质变的结果,是在积累的基础上可能产生的飞跃。信息再生还可能在“信息废品”中提炼有用的信息。

(8) 转换性。信息、物质和能源是人类的三项重要的宝贵资源,三位一体而又可以互相转换。现在很多企业利用信息技术大大节约了能源或获得合理的原材料,信息转换的目的是实现其价值。

1.1.3　数据处理

数据处理是指将数据转换成信息的过程。广义地讲,它包括对数据的收集、存储、加工、分类、检索、传播等一系列活动。狭义地讲,它是指对所输入的数据进行加工整理。其基本目的是从大量的、已知的数据出发,根据事物之间的固有联系和运动规律,通过分析归纳、演绎推导等手段,萃取出对人们有价值、有意义的信息,作为决策的依据。由此可见,信息是一种被加工成特定形式的数据,这种数据形式对于数据接收者来说是有意义的。对数据的加工可以相对比较简单,也可以相当复杂。简单加工包括组织、编码、分类、排序等;复杂加工可以复杂到使用统计学方法、数学模型等对数据进行深层次的加工。

数据是原料,是输入;而信息是产出,是输出结果。当两个或两个以上数据处理过程前后相继时,前一过程称为预处理。预处理的输出作为二次数据,成为后面处理过程的输入,此时信息和数据的概念就产生了交叉,表现出相对性。如图 1-1 所示,人们有时说"信息处理",其真正含义应该是为了产生信息而处理数据。

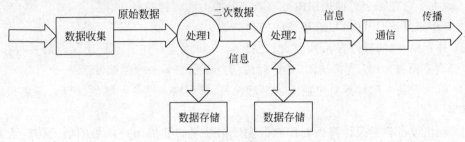

图 1-1　信息处理

例如,一个人的"出生日期"是有生以来不可改变的基本特征之一,属于原始数据,而"年龄"是当前年份与出生年份相减而得到的数字,具有相对性,可视为二次数据。同样道理,生产日期和购置日期是产品和设备的原始数据,失效日期和资产折旧是经过简单计算得出的结果。

又如,用手工或计算机填写的发货单,对于发货部门的工作人员来说即为照单发货的信息,但对于仓储部门的管理者来说,它只是核算、盘点库存量的原始数据。由于数据与信息之间存在着这种关系,因此这两个词有时被交替使用,其根本区别在于信息对当前或将来的行动或决策有价值。

1.2　计算机系统

计算机可以模拟人的大脑解决问题的思维过程和部分功能,因此它又被称为电脑。它的结构特点与人脑也有许多相似之处,应该具有接收(输入信息)、记忆(存储信息)、分析和处理(各种运算和判断)、按正确顺序逐步去做(控制)和得出结果(输出)这五部分功能以及实现这五部分功能的物质基础。

计算机系统是由人员(people)、数据(data)、设备(device)、程序(program)、规程(regulation)等几部分组成的有机整体,共同完成相关的数据采集、加工处理。其中,设备主要是指计算机及相关设备,中央处理器(central processing unit,CPU)、存储、输入设备和输出设备等硬件配置对运算速度和处理能力起到重要作用。程序是软件系统,应用管理技术、计算技术等对数据进行处理。

人在计算机系统中起着主导作用,系统发挥的作用在很大程度上取决于计算机使用人员素质的高低。

1.2.1　硬件系统

一般地,计算机硬件系统包括主机、外存储器、输入设备、输出设备、系统总线。

（1）计算机的主机主要由 CPU 和内存储器（简称内存）两大部分组成。

- CPU 主要由控制器和运算器（以及一些寄存器）组成。其中，控制器是计算机的指挥与控制中心，主要作用是控制管理计算机系统。它按照程序指令的操作要求向计算机的各个部分发出控制信号，使整个计算机协调一致地工作。运算器是对数据进行加工处理的部件，负责完成各种算术运算、逻辑运算和比较等。CPU 的性能主要取决于它在每个时钟周期内处理数据的能力和时钟频率（主频）。
- 内存储器是 CPU 可以直接访问的存储器。

（2）外存储器（简称外存），如磁盘、光盘等，一般用来存储需要长期保存的各种程序和数据。外存不能被 CPU 直接访问，其存储的信息必须先调入内存储器。

（3）输入设备是向计算机中输入信息的设备，常用输入设备有键盘、鼠标、图形扫描仪、麦克风等。

（4）输出设备负责把计算机处理数据完成的结果转换成用户需要的形式传送给人们，或传送给某种存储设备保存起来备用。常用输出设备有显示器、打印机、绘图仪等。

（5）系统总线是计算机系统中 CPU、内存储器和外部设备之间传送信息的公用通道。包括：

- 数据总线（data bus）：用于在 CPU、存储器和输入输出设备间传递数据。
- 地址总线（address bus）：用于传送存储单元或输入输出接口地址信息。
- 控制总线（control bus）：用于传送控制器的各种信号。

1.2.2　软件系统

计算机软件系统可以分为系统软件和应用软件。

（1）系统软件是控制和协调计算机及其外部设备、支持应用软件的开发和运行的软件。一般包括操作系统、编译程序、诊断程序、系统服务程序、语言处理程序、数据库管理系统和网络通信管理程序等。

- 操作系统是一些程序的集合，它的功能是统一管理和分配计算机系统资源，提高计算机工作效率，同时方便用户使用计算机。它是用户与计算机之间的联系纽带，用户通过操作系统提供的各种命令使用计算机。
- 诊断程序是计算机管理人员用来检查和判断计算机系统故障，并确定发生故障的器件位置的专用程序。
- 语言处理程序是用于编写计算机程序的计算机语言，可分为机器语言、汇编语言和高级语言三大类。机器语言是用二进制代码（由 0 和 1 组成的计算机可以识别的代码）指令来表示各种操作的计算机语言；汇编语言是一种用符号表示指令的程序设计语言；高级语言是接近于人类自然语言和数学语言的程序设计语言，它是独立于具体的计算机而面向过程的计算机语言。用后两种语言编写的程序，必须通过相应的语言处理程序（编译系统），将它转换成机器语言才能执行。
- 数据库管理系统是一套软件，它是操纵和管理数据库的工具。
- 网络通信管理程序是用于计算机网络系统中的通信管理软件，其作用是控制信息的传送和接收。

（2）应用软件是直接服务于用户的程序系统，一般分为两类：一类是为特定需要开发的实用程序，如订票系统、辅助教学软件等；另一类是为了方便用户使用而提供的软件工具，如图形处理软件、电子报表处理软件等。

1.2.3　计算机硬件与软件的关系

计算机硬件与软件的关系主要体现在以下三个方面。

（1）相互依存。计算机硬件与软件的产生与发展本身就是相辅相成、相互促进的，二者密不可分。硬件是软件的基础和依托；软件是发挥硬件功能的关键，是计算机的灵魂。在实际应用中二者更是缺一不可，硬件与软件缺少哪一部分，计算机都无法使用。许多硬件所能达到的功能常常需要通过软件配合来实现，如中断保护，既要有硬件实现中断屏蔽保留现场，又要求有软件来完成中断的分析处理；又如操作系统诸多功能的实现，都需要硬件支持。

（2）无严格界面。虽然计算机的硬件与软件各有分工，但是在很多情况下软硬件之间的界面是浮动的。计算机某些功能既可以由硬件实现，也可以由软件实现。随着计算机技术的发展，一些过去用软件实现的功能现在可以嵌入硬件系统来实现，而且速度和可靠性都大为提高。

（3）相互促进。无论从实际应用还是从计算机技术的发展看，计算机的硬件与软件之间都是相互依赖、相互影响、相互促进的。硬件技术的发展会对软件提出新的要求，促进软件的发展；反之，软件发展又对硬件提出新的课题。

1.3　计算机数据管理技术发展过程

各类信息系统都需要大量的数据作为基础，数据处理的中心问题是数据管理。数据管理是指对数据的组织、分类、编码、存储、检索和维护。

与其他技术的发展一样，计算机数据管理也经历了由低级到高级的发展过程。计算机数据管理随着计算机硬件（主要是外存储器）、软件技术和计算机应用范围的发展而不断发展，多年来大致经历了如下四个阶段。

- 人工管理阶段。
- 文件系统阶段。
- 数据库系统阶段。
- 分布式数据库系统阶段。

1.3.1　人工管理阶段

计算机早期主要用于科学计算，当时在硬件方面，外存储器只有卡片、纸带、磁带，没有像磁盘这样可以随机访问、直接存取的外存储器。在软件方面，没有专门管理数据的软件，数据由计算或处理它的程序自行携带，数据处理方式基本是批处理。

这一时期数据管理的特点是：

(1) 数据与程序不具有独立性。

一组数据对应一组程序。这就使得程序依赖于数据,如果数据的类型、格式或者数据量、存取方法、输入输出方式等改变了,程序必须做相应的修改。

(2) 数据不共享。

由于数据是面向应用程序的,在一个程序中定义的数据,无法被其他程序利用,因此程序与程序之间存在大量的重复数据。

(3) 没有对数据进行管理的软件。

数据管理任务(包括存储结构、存取方法、输入输出方式等)完全由程序设计人员负责,这就给应用程序设计人员增加了很大的负担。

1.3.2　文件系统阶段

在这一阶段,程序与数据有了一定的独立性,程序和数据分开存储,有了程序文件和数据文件的区别。数据文件可以长期保存在外存储器上多次存取,如进行查询、修改、插入、删除等操作。数据的存取以记录为基本单位,并出现了多种文件组织形式,如顺序文件、索引文件、随机文件等。

文件系统阶段对数据的管理虽然有了进步,但一些根本性问题仍然没有彻底解决,主要表现在以下三个方面。

(1) 数据冗余大。

数据冗余是指不必要的重复存储,同一数据项重复出现在多个文件中。在文件系统下,数据文件基本上与各自的应用程序相对应,数据不能以记录和数据项为单位共享。即使有部分数据相同,只要逻辑结构不同,用户就必须各自建立自己的文件,这不仅浪费存储空间、增加更新开销,更严重的是,由于不能统一修改,容易造成数据的不一致性。

(2) 缺乏数据独立性。

文件系统中的数据文件是为了满足特定业务领域某部门的专门需要而设计的,服务于某一特定应用程序。数据和程序相互依赖,如果改变数据的逻辑结构或文件的组织方法,必须修改相应的应用程序。同样道理,如果修改应用程序,如改用另一种程序设计语言来编写程序,也将影响数据文件的结构。

(3) 数据无法集中管理。

除了对记录的存取由文件系统承担以外,文件没有统一的管理机制,其安全性与完整性无法保障。数据的维护任务仍然由应用程序来承担。

这些问题阻碍了数据处理技术的发展,不能满足日益增长的信息需求,这既是数据库技术产生的原动力,也是数据库系统产生的背景。应用需求和计算机技术的发展促使人们研究一种新的数据管理技术——数据库技术。

1.3.3　数据库系统阶段

从20世纪60年代后期开始,计算机应用于管理的规模更加庞大,需要计算机管理的数据量急剧增长,并且对数据共享的需求日益增强。大容量磁盘系统的采用使计算机联机存取大量数据成为可能。同时,软件价格上升,硬件价格相对下降,使独立开发系统维护软件的成本增加,文件系统的数据管理方法已无法适应开发应用系统的需要。为解决数据的独立性问题,实现数据的统一管理,达到数据共享的目的,出现了数据库技术。

数据库(database,DB)是通用化的相关数据集合,它不仅包括数据本身,而且包括关于数据之间的联系。数据库中的数据不是只面向某一项特定应用,而是面向多种应用,可以被多个用户、多个应用程序共享。例如,某个企业、组织或行业所涉及的全部数据的汇集。其数据结构独立于使用数据的程序,对于数据的增加、删除、修改和检索由系统进行统一的控制,而且数据模型也有利于将来应用的扩展。

为了让多种应用程序并发地使用数据库中具有最小冗余的共享数据,必须使数据与程序具有较高的独立性。这就需要一个软件系统对数据实行专门管理,提供安全性和完整性等统一控制机制,方便用户以交互命令或程序方式对数据库进行操作。数据库系统是一个完整的解决方案,包括硬件、软件和人员等多个组成部分,旨在提供一个全面的数据存储、管理和应用环境。

为数据库的建立、使用和维护而配置的软件称为数据库管理系统(database management system,DBMS),它是在操作系统支持下运行的。数据库已成为各类信息系统的核心基础,在数据库管理系统支持下数据与程序的关系如图 1-2 所示。

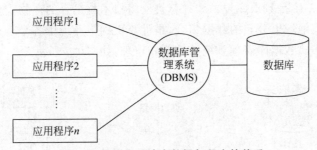

图 1-2 数据库系统中数据与程序的关系

数据库的主要特点是:

(1)实现数据共享,减少数据冗余。

在数据库系统中,对数据的定义和描述已经从应用程序中分离开来,通过数据库管理系统来统一管理。数据的最小访问单位是数据项,既可以按数据项的名称存取库中某一个或某一组数据项,也可以存取一条记录或一组记录。

建立数据库时,应当以面向全局的观点组织库中的数据,而不能像文件系统那样仅仅考虑某一部门的局部应用。数据库中存放全部数据,某一类应用通常仅使用总体数据的子集,这样才能发挥数据共享的优势。

(2)采用特定的数据模型。

数据库中的数据不是一盘散沙,必须表示出数据之间所存在有机的关联才能反映现实世界事物之间的联系。也就是说,数据库中的数据是有结构的,这种结构由数据模型表示出来。

文件系统只表示记录内部的联系,类似于属性之间的联系,而不涉及不同文件记录之间的联系。要想在不同文件中查询相关的数据,必须编写一个程序。

例如,有三个文件:图书(图书 ID,分类号,书名,作者,出版单位,单价);读者(借书证号,姓名,性别,单位,职称,地址);借阅(借书证号,图书 ID,借阅日期,备注)。要想查找某人所借图书的书名、出版单位及借阅者的职称,则必须编写一段逻辑程序来实现。

数据库系统不仅表示属性之间的联系,而且表示实体之间的联系。只要定义好数据模型,上述询问可以非常容易地联机查到。关于数据模型将在数据库技术一章中详细介绍。

(3) 具有较高的数据独立性。

使用数据库系统后,应用程序对数据结构和存取方法有较高的独立性。数据的物理存储结构与用户看到的逻辑结构可以有很大差别。用户只以简单的逻辑结构来操作数据,无须考虑数据在存储器上的物理位置与结构。

(4) 有统一的数据控制功能。

数据库作为多个用户和应用程序的共享资源,对数据的存取往往是并发的,即多个用户同时使用同一个数据库。数据库系统必须提供并发控制功能、数据的安全性控制功能和数据的完整性控制功能。

1.3.4　分布式数据库系统阶段

分布式数据库系统是数据库技术和计算机网络技术相结合的产物。分布式数据库系统是一个逻辑上统一、地域上分布的数据集合,是计算机网络环境中各个节点局部数据库的逻辑集合,同时受分布式数据库管理系统的控制和管理,如图 1-3 所示。

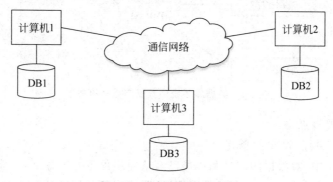

图 1-3　分布式数据库系统

分布式数据库系统在逻辑上像一个集中式数据库系统,实际上数据存储在处于不同地点的计算机网络的各个节点上。每个节点都有自己的局部数据库管理系统,它有很高的独立性。用户可以由分布式数据库管理系统(网络数据库管理系统)通过网络通信相互传输数据。分布式数据库系统有高透明性,每台计算机上的用户并不需要了解他所访问的数据究竟在什么地方,就像在使用集中式数据库一样。其主要优点有:

(1) 局部自主。

网络上每个节点的数据库系统都具有独立处理本地事务的能力(大量的),而且各局部节点之间也能够互相访问、有效地配合处理更复杂的事务。因此,分布式数据库系统特别适合各个部门的地理位置分散的组织机构。例如,银行业务、飞机订票、企业管理等。

（2）可靠性和可用性。

分布式系统比集中式系统有更高的可靠性，在个别节点或个别通信链路发生故障的情况下可以继续工作。一个局部系统发生故障不至于导致整个系统停顿或破坏，只要有一个节点上的数据备份可用，则数据是可用的。可见，支持一定程度的数据冗余是充分发挥分布式数据库系统优势的先决条件之一。

（3）效率和灵活性。

分布式系统分散了工作负荷，缓解了单机容量的压力。数据可以存储在邻近的常用节点上，如果本节点的数据子集包含了要查询的全部内容，显然比集中式数据库在全集上查找节省时间。

系统易于实现扩展。例如，一个单位要增加新的机构，分布式数据库系统能够在对现有系统影响较小的情况下实现扩充。由此，扩大系统规模比集中式系统更加方便、经济、灵活。

1.3.5　信息系统发展历程

信息系统是指为了某些明确的目的而建立的由人员、设备、程序和数据集合构成的统一整体。信息系统的主要功能是提供信息，以支持一个组织机构的运行、管理和决策。更确切地说，信息系统将不适用的数据形式加工成可利用的形式。

一个信息系统的质量取决于它是否能及时地为用户提供所需要的信息。在一个组织机构中，不同阶层的管理人员因其管理的目标不同，所需要的信息也不相同。信息系统针对各个层次的需求，通过计算机实现信息支持，达到辅助管理的目的。

信息系统可分为如下三类。

- 电子数据处理系统。
- 管理信息系统。
- 决策支持系统。

（1）电子数据处理系统（electronic data processing system，EDPS）。

电子数据处理系统是用计算机代替繁杂的手工事务处理工作，其目的是提高数据处理的准确性、及时性，节约人力，提高工作效率。例如，计算机运行会计核算软件，对会计的"簿记"事务进行常规处理，提供数据查询、会计报表等功能，使会计部门的日常工作自动化。

（2）管理信息系统（management information system，MIS）。

管理信息系统是由若干子系统构成的一个集成的人机系统，从组织的全局出发，实现数据共享，提供分析、计划、预测、控制等方面的综合信息。其主要目的是发挥系统的综合效益，提高管理水平。

例如，某企业管理信息系统由技术管理子系统、人事管理子系统、财务管理子系统、物资管理子系统、生产管理子系统、设备管理子系统、销售管理子系统组成。实现计算机管理能够迅速、准确地提供有关信息，不仅有力地支持各个职能部门的组织管理，并且通过信息共享加强了各子系统之间的协同，使整个系统有机地联系起来，同时为企业领导制订计划、确定经营目标、指挥生产提供信息支持，从而大大提高企业的综合效益，增强市场竞争能力。

（3）决策支持系统（decision support system，DSS）。

决策支持系统是为决策过程提供有效的信息和辅助决策手段的人机系统。其主要目的是帮助决策者提高决策的科学性及有效性。

计算机辅助决策必须积累大量的数据、案例、方法、模型，更进一步地，还可以利用知识库系统、专家系统。决策支持系统的服务对象是面向某种决策问题的管理人员，它协助决策者在求解问题的过程中方便地检索出相关数据，对多种可选方案进行比较测试，然后做出决定。

这里需要强调指出，决策支持系统只能对决策提供支持，并不能由计算机代替人，自动化地做出决定，人是决策行动的主体。例如，不同的管理人员运行同一套决策支持系统软件时，可能做出不同的决策结果。

1.4　计算机软件开发技术发展过程

在计算机出现的初期，人们主要着力于计算机硬件的研制，仅用机器指令来编制可运行的程序，程序只是作为硬件的附属品存在。随着硬件的发展以及使用范围的扩大，为使系统正常工作且能充分发挥硬件的效率和潜力，必须配备完善的软件系统，软件技术作为一个独立的分支得到迅速发展。从狭义上理解，软件即是程序设计；从广义上讲，软件应包括程序、相应的数据(数据库)和文档三个方面。因此，软件技术是随着硬件的发展而发展的，而软件的发展与完善又促进硬件技术的新发展，硬件和软件组成一个相互依存、相互促进的有机整体。

1.4.1　高级语言阶段

20 世纪 50 年代末，John Backus 首先完成 FORTRAN 的编译系统，此后十年中，针对不同的应用领域出现了 ALGOL 60、COBOL、LISP 等高级语言。直到 20 世纪 60 年代末出现的 PL/1 和 ALGOL 68 对这一时期的语言特征做了一次总结。这一时期，编译技术代表了整个软件技术，软件工作者追求的主要目标是设计和实现在控制结构和数据结构方面表现能力强的高级语言。如为了避免语句的二义性，提出语义形式化要求，1959 年 Backus 提出一种描述高级语言语法和语义的方法(BNF)，1960 年 K. Samelsen 与 F. L. Bauer 提出用先进后出的栈的技术实现表达式翻译。1963 年 R. W. Floyd 提出优先算子法，引入优先顺序概念，它与栈的技术结合起来可以实现高级语言的语法分解。但在这一时期内，编译系统主要是靠手工编制，自动化程度很低。

1.4.2　结构化程序设计阶段

20 世纪 70 年代是计算机技术蓬勃发展的时代。由于磁盘的问世，操作系统迅速发展；商业数据处理等非数值计算应用的发展，使数据库成为独立发展的领域；通信设备的完善，又促成计算机网络的发展；同时，由于大规模集成电路的飞速发展，硬件造价的下降，计算机应用范围的扩大，使软件的规模增大，软件的复杂性增加，由此产生了软件可靠性差的问题，许多耗资巨大的软件项目由于软件的错误导致巨大的经济损失，从而出现了所谓的"软件危机"。

结构化程序设计要求按层次结构来组织模块,一般上层模块是对系统整体功能的抽象,它指出系统"做什么",而不涉及"怎么做",然后逐层分解,把"做什么"逐渐细化,直到得到单一功能的模块为止。在最底层的模块才对"怎么做"做精确的描述。

由于程序规模增大,程序设计已是一项个人难以独立完成的工作,它需要多人分工、共同协作来完成,同时在开发一个大型软件时,对所有参与人员来说,必须有共同约定的规范,还必须为运行维护人员提供维护说明。这些规范和说明均以文档形式提供,因此程序设计的概念逐渐被软件开发所取代。软件开发作为一种工程就需要某种合理的管理体制。在此期间,先后提出了一系列软件开发与维护的概念、方法和技术。最常用的是软件生命周期法,即把软件开发分为可行性研究、需求分析、设计、编码、测试和运行维护等几个阶段,从而构成软件生命周期的瀑布模型,如图1-4所示。其中每一阶段都有严格的文档要求和评审制度,以保证软件的生产质量。当时人们用严格规定的程序报表进行信息管理,但这一工作非常耗费程序员的时间与精力,因此单纯以劳动密集的形式来支持软件开发,不能适应社会生产的要求。如何使这部分工作由计算机来承担,则是20世纪80年代软件工程界普遍感兴趣的问题。与软件开发方法的研究相结合,提出了"软件开发环境"这一新的研究方向。

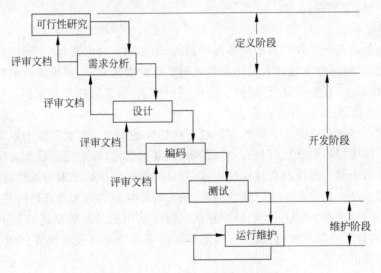

图 1-4 软件生命周期的瀑布模型

1.4.3 自动程序设计阶段

20世纪80年代集成电路的迅速发展以及高分辨率终端的出现,为个人计算机发展提供了条件,再加上人工智能、专家系统研究的进展,使程序设计进入成熟期。这一时期软件领域总的趋势是由分走向合,即向集成化、一体化方向发展,具体有以下几方面。

(1) 软件工程支撑环境。

个人计算机与软件工程结合出现了软件开发环境,它把过去分散编制的软件开发工具集成为整体性的系统,称为软件工程支撑环境,也称为计算机辅助软件工程(computer aided software engineering,CASE)。它支持软件开发和维护的全过程,即从用户需求定义、功能规格说明、设计规格说明直到可执行代码的全部开发过程,最大限度地借助计算机系统自动进行。它具有良好的用户界面及专家知识,使用者通过交互操作生成所需的软件,是多年来软件工作者追求的自动程序设计的最高形式。

(2)程序设计基本方法的进一步改进。

软件工程的概念已为人们所接受,但软件研制仍然是一个复杂和耗费劳动力的过程。传统的软件工程方法仍不能有效地解决日益严重的软件堆积问题,尤其是随着应用范围的扩大,应用软件的堆积更加严重,软件供需矛盾进一步恶化。人们发现传统软件开发方式仍存在难以克服的弊病:

- 传统软件开发方法要求开发者有一定的计算机专业知识和程序设计经验,因此一般计算机的最终用户无法参与设计和开发工作。
- 软件开发的各阶段缺少反馈,因此系统功能的实现是在开发阶段的最后期,而有些在分阶段中出现的问题不能及时发现,以致造成大量返工,影响软件开发的质量和效率。

为克服以上弊病,一部分软件工作者的注意力重新又集中到程序设计的基本方法上,提出了一些新观点,主要有:

(1)快速原型法。

这种方法是从其他工程学科中借鉴而得到的,即先用短时间制作一个可运行的样机,它实现系统的主要框架,便于设计者与使用者之间更好地交流意图,可使用户早日看到设计的实物,得到反馈信息,以便验证其可行性,满足用户要求,提高软件开发效率。

(2)甚高级语言/非过程化语言法。

程序技术发展过程中一个始终贯穿的目标和趋势是如何在更大程度上以"做什么"来代替"怎么做"。传统程序设计过程只有当问题明确、解法选定、算法确定后才选用某种语言来描述算法。其所用语言称作面向过程的语言,每件事怎样完成必须准确地给出详细的命令。由于高级语言程序中仍包含了大量算法细节,随着程序规模的增大及其结构的日趋复杂,软件变得难读、易错、难查、难改。人们越来越认识到应该用更抽象的描述语言来代替算法语言书写程序,这种语言只需告诉"做什么",而算法的实现则由软件系统去完成,称为非过程化语言或甚高级语言。

(3)软件可重用法。

这种方法的基本思想是仿照硬件或其他制造业中的情形,把一些基本部件预加工好,当产品开发时,可选用合适的基本部件来组装。这样可以避免重复开发,提高效率,降低成本。

1.4.4 面向对象程序设计

面向对象(object oriented,OO)技术的基本概念在 20 世纪 70 年代已经出现。20 世纪80 年代,面向对象的程序设计(object oriented programming,OOP)方法得到了快速发展,并使面向对象技术在系统工程、计算机和人工智能等领域得到广泛应用。进入 20 世纪 90年代,面向对象技术向更深、更广、更高的方向发展,并逐渐被系统分析、设计人员所认识和接受。

"面向对象"是针对"面向过程"提出的,是从本质上区别于传统的结构化方法的一种新方法、新思路,是一种认识客观世界的世界观。这种世界观将客观世界看成是由许多不同种类的对象构成的,每个对象都有自己的自然属性和行为特性,不同的对象之间相互联系、相互作用构成了完整的客观世界。用 OOP 开发程序是将客观世界的对象经过抽象映射到计算机系统中,用来模拟客观世界。在计算机系统中,用数据及数据的操作(方法)来描述对象的属性和行为,其中数据是其静态特性,方法是其外在表现行为。如果向对象发送一个消息,对象就根据消息自动产生行为。对象不但可以接收消息,也可发送消息给其他对象,这样使多个对象之间协调工作,构成一个完整的系统。因此,定义对象、建立对象间的关系成为 OOP 的核心问题。

20 世纪 80 年代以来出现了很多面向对象程序设计语言,其中以 C++、Java 应用最为广泛。C++ 是 C 语言的一个超集,它保留了 C 语言中几乎全部优点,并在此基础上加上了面向对象的特性。用 C 语言编写的程序可以不加任何修改运行在 C++ 上,因此 C++ 已成为面向对象语言的主流。Java 是一种面向对象、可在因特网上分布执行的程序设计语言,它由 C++ 发展而来,保留了大部分 C++ 内容。它的重要特性是可在任何一个硬件、软件平台上运行,具有跨平台、复用性、分布性、可移植性、稳定性、安全性等特点。

1.5 算　　法

1.5.1　算法的基本概念

算法通常是指按照一定规则解决某一类问题的明确和有限的步骤,是指解题方案的准确而完整的描述。即是一组严谨地定义运算顺序的规则,并且每一个规则都是有效的,且是明确的,没有二义性,同时该规则将在有限次运算后可终止。算法通常可以编成计算机程序,让计算机执行并解决问题。算法的实质是将人的思维过程处理成计算机能够一步一步执行的步骤,进而转化为一步一步执行的程序。

1. 算法的基本特征

(1) 可行性。算法是为了在某一个特定的计算工具上解决某一个实际问题而设计的。

(2) 确定性。算法的设计必须是每一个步骤都有明确的定义,不允许有模糊的解释,也不能有多义性。

(3) 有穷性。算法在一定的时间是能够完成的,即算法应该在计算有限个步骤后能够正常结束。

(4) 拥有足够的情报。算法的执行与输入的数据和提供的初始条件相关,不同的输入或初始条件会有不同的输出结果。只有提供准确的初始条件和数据才能使算法正确执行。

2. 算法的基本要素

一是对数据的运算和操作,二是算法的控制结构。

(1) 算法中对数据的运算和操作。

算法实际上是按解题要求从环境能进行的所有操作中选择合适的操作所组成的一组指令序列。即算法是计算机所能够处理的操作所组成的指令序列。

（2）算法的控制结构。

在算法中,操作的执行顺序又称为算法的控制结构,一般算法控制结构有三种：顺序结构、选择结构和循环结构。用这三种基本结构的组合来表示算法逻辑,每一个基本结构只有一个入口和一个出口。

1.5.2　算法设计的基本方法

一般地,算法设计有以下几种方法。

（1）列举法。

其基本思想是,根据提出的问题,列举出所有可能的情况,并用问题中给定的条件检验哪些是满足条件的,哪些是不满足条件的。

（2）归纳法。

其基本思想是,通过列举少量的特殊情况,经过分析,最后找出一般的关系。

（3）递推。

递推是从已知的初始条件出发,逐次推出所要求的各个中间环节和最后结果。其本质也是一种归纳,递推关系式通常是归纳的结果。

（4）减半递推技术。

减半递推即将问题的规模减半,然后重复相同的递推操作。

（5）递归。

递归指在解决一些复杂问题时,为了降低问题的复杂程度,通常是将问题逐层分解,最后归结为一些最简单的问题。递归分为直接递归和间接递归两种方法。

（6）回溯法。

回溯法又称试探法,按选优条件向前搜索,当探索到某一步时,发现原先选择并不优或达不到目标,就退回上一步重新选择,逐步达到目标。这种走不通就退回再走的技术称为回溯法,而满足回溯条件的某个状态的点称为回溯点。

1.5.3　算法复杂度

效率是评价算法的重要指标之一,算法的复杂度涉及处理时间和存储空间两个方面。算法的时间复杂性越高,算法的执行时间越长；反之,执行时间越短。算法的空间复杂性越高,算法所需的存储空间越大；反之越小。

1. 时间复杂性

算法一般有时间复杂度和渐近时间复杂度。前者是某个算法的时间耗费,它是该算法所求解问题规模 n 的函数,而后者是指当问题规模趋向无穷大时,该算法时间复杂度的数量级。当评价一个算法的时间性能时,主要标准就是算法的渐近时间复杂度,当问题规模很大时,精确地计算 $T(n)$ 是很难实现的而且也是没有必要的。对于算法时间性能的分析无须非要得到时间复杂度 $T(n)$ 的精确值,它的变化趋势和规律也能清楚地反映算法的时间耗费。因此,在算法分析时,往往对两者不予区分,经常是将渐近时间复杂度 $T(n)=O(f(n))$ 称为时间复杂度,其中的 $f(n)$ 一般是算法中频率最高的语句频度。

此外,算法中语句的频度不仅与问题规模有关,还与输入实例中各元素的取值相关。一般总是考虑在最坏的情况下的时间复杂度,以保证算法的运行时间不会比它更长。

常见的时间复杂度按数量级递增排列依次为常数阶 $O(1)$、对数阶 $O(lbn)$、线性阶 $O(n)$、线性对数阶 $O(nlbn)$、平方阶 $O(n^2)$、立方阶 $O(n^3)$、K 次方阶 $O(n^K)$、指数阶 $O(2^n)$。

算法的时间消耗一般由输入数据、运算处理、输出处理所消耗的时间组成,其中运算处理时间是算法必要核心消耗,输入输出时间是必要消耗。

运算处理所消耗的时间和计算量是由算法逻辑决定的,在设计算法时,要尽可能减少计算量。实践证明,大规模运算时,对各个逻辑处理环节的微小优化都能在总体消耗上产生很大影响。

输入输出的处理方式会决定占用时间的多少,可以根据实际情况进行适当的优化。例如,当输入数据量较大时,可以采用分批读取或者一次读取多次使用等方法结合具体情况进行整个算法的优化,对于海量数据,需要考虑并行算法等降低时间复杂度。

2. 空间复杂性

算法的空间复杂性指的是为解一个问题实例而需要的存储空间。算法所需要存储空间包括算法程序本身所需要的工作空间、运行时空间。算法运行时空间包括存放数据的单元变量、动态工作变量、引用型变量所占用的空间以及递归栈所占用的空间。

算法在设计时需要根据设计目标,合理对存储空间进行优化,如运行时空间释放回收、存储空间压缩、降低代码的功能粒度等。

1.6 小　　结

本章介绍了数据及数据处理、计算机系统、信息系统、计算机相关技术的发展过程和算法基础知识,这些内容是进一步学习的基础。

读者需要了解和掌握以下内容。

(1) 数据、信息的基本概念。

(2) 数据加工处理过程。

(3) 计算机系统组成。

(4) 计算机数据管理的发展历程。

(5) 软件开发技术的发展历程。

(6) 算法的基本概念。

(7) 算法的设计方法。

(8) 算法的时间复杂度和空间复杂度。

1.7 习　　题

1. 什么是信息?有什么特点?

2. 什么是数据处理?一般包括哪些活动?

3. 计算机数据管理技术发展有哪几个过程？各有何特点？

4. 计算机软件开发技术发展有哪几个阶段？

5. 一般算法设计有哪些方法？

6. 什么是算法的时间复杂度？

7. 什么是算法的空间复杂度？

第 2 章

递 归

2.1 递归定义

先看一首比较熟悉的童谣：

从前有座山，

山上有座庙，

庙里有个老和尚，

老和尚说：

 从前有座山，

 山上有座庙，

 庙里有个老和尚，

 老和尚说：

  从前有座山，

  山上有座庙，

  庙里有个老和尚，

  老和尚说：

   ……

这个童谣可以无限进行下去，如果采用代码顺序表示这个过程，会写很长无穷尽的代码。通过分析可以知道，整个过程是一个子过程在重复，循环嵌套。根据这个特点，可以用另一种代码表示：

```
Laoheshang(){
    Cqyzs;
    Ssyzm;
    Mlyglhs;
    Lhss{
        Laoheshang();
    }
}
```

在上面的代码表示方式中，采用了自己包含自己的定义方式，与童谣逻辑一致，但代码比较简洁。

在某些情况下,子问题的处理逻辑与原问题相同或者相似。可以把一个大型复杂的问题层层转换为一个与原问题相似的规模较小的问题来求解,这种方法称为递归(recursion)。递归可以用一种比较简单的处理逻辑表达一个复杂过程,一个过程或函数在其定义或说明中直接或间接调用自身,只需少量的程序就可描述出解题过程所需要的多次重复计算,大大地减少了程序的代码量。

递归的能力在于用有限的语句来定义无限集合。递归不仅可以解决特定的问题,而且它也为解决很多问题提供了一个独特的、概念上的框架,适用于解决具有自相似特征的逻辑处理。

递归函数(recursive function)是一个自己调用自己的函数。递归函数包括两种:直接递归(direct recursion)和间接递归(indirect recursion)。直接递归是指函数 F 的代码中直接包含了调用函数 F 的语句,前面的 Laoheshang()就是直接递归。间接递归是指函数 F 调用了函数 G,函数 G 又调用了函数 H,如此进行下去,直到函数 F 又被调用。例如将前面的童谣修改成下面的样子:

从前有座山,

山上有座庙,

庙里有个老和尚,

老和尚说:

　　从前有座山,

　　山上有座庙,

　　庙里有个小和尚,

　　小和尚说:

　　　　从前有座山,

　　　　山上有座庙,

　　　　庙里有个老和尚,

　　　　老和尚说:

　　　　　　从前有座山,

　　　　　　山上有座庙,

　　　　　　庙里有个小和尚,

　　　　　　小和尚说:

　　　　　　……

对应的代码表示为

```
Laoheshang(){
    Cqyzs;
    Ssyzm;
    Mlygxhs;
    Xhss{
        Xiaoheshang();
    }
}

Xiaoheshang (){
```

```
Cqyzs;
Ssyzm;
Mlyglhs;
Lhss{
      Laoheshang();
}
}
```

在这个过程中,Laoheshang()是在调用了 Xiaoheshang()后在 Xiaoheshang()中被再次调用的,是间接调用。

在数学中经常用一个函数本身来定义该函数。例如阶乘函数 f(n)=n!的定义如下:

$$f(n) = \begin{cases} 1, & n \leqslant 1 \\ nf(n-1), & n > 1 \end{cases} \tag{2-1}$$

其中,n 为整数。

从该定义中可以看到,当 n 小于或等于 1 时,f(n)的值为 1,如 f(-3)=f(0)=f(1)=1。当 n 大于 1 时,f(n)由递归形式来定义,在定义的右侧也出现了 f。在右侧使用 f 并不会导致循环定义,因为右侧 f 的参数小于左侧 f 的参数。例如,由式(2-1)可以得到 f(2)=2f(1),由于已经知道 f(1)=1,因此 f(2)=2×1=2。以此类推,f(3)=3f(2)=3×2=6。

对于函数 f(n)的一个递归定义(假定是直接递归),要想使它成为一个完整的定义,必须满足如下条件:

- 定义中必须包含一个基本部分(base component),其中对于 n 的一个或多个值,f(n) 必须是直接定义的(即非递归)。为简单起见,假定基本部分包含了 n≤k 的情况,其中 k 为常数(在基本部分中指定 n≥k 的情况也是可能的,但较少见)。
- 在递归部分(recursive component)中,右侧出现的所有 f 的参数都必须有一个比 n 小,以便重复运行递归部分来改变右侧出现的 f,直至出现 f 的基本部分。

在式(2-1)中,基本部分是:当 n≤1 时 f(n)=1; 递归部分是 f(n)=nf(n-1)。其中,右侧 f 的参数为 n-1,比 n 要小。重复应用递归部分可把 f(n-1)变换为对 f(n-2),f(n-3),…,直到 f(1)的调用。例如

f(5)=5f(4)=20f(3)=60f(2)=120f(1)。

注意,每次应用递归部分的结果是更趋近于基本部分,最后,根据基本部分的定义可以得到 f(5)=120。从这个例子可以看出,对于 n≥1,有 f(n)=n(n-1)(n-2)…1。

作为递归定义的另外一个例子,考察一下斐波那契序列的定义:

$$F_0=0, F_1=1, F_n=F_{n-1}+F_{n-2}(n>1) \tag{2-2}$$

在这个定义中,$F_0=0$ 和 $F_1=1$ 构成了定义的基本部分,$F_n=F_{n-1}+F_{n-2}$ 是定义的递归部分。右侧函数的参数都小于 n。为使式(2-2)成为 F 的一个完整的递归定义,对于任何 n>1 的斐波那契数,对递归部分的重复应用应能把右侧出现的所有 F 变换为基本部分的形式。因为对一个 n>1 的整数重复减去 1 或 2 会得到 0 或 1,因此右侧 F 的出现总可以被变换为基本定义。例如 $F_4=F_3+F_2=F_2+F_1+F_1+F_0=3F_1+2F_0=3$。

一般来说,递归函数需要有边界条件、递归前进段和递归返回段。当边界条件不满足时,递归前进;当边界条件满足时,递归返回,递归过程如图 2-1 所示。在前面的 Laoheshang() 中,由于没有边界条件和返回段,整个递归过程将会无限进行下去。

递归代码实现一般呈现如下形式：

```
if(递归终止条件成立)
    return 递归终止时设定值(也可能是调用其他函数返回的结果)
else
    return 递归函数调用返回的结果值
```

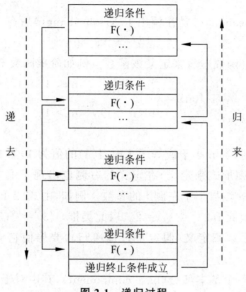

图 2-1   递归过程

从图 2-1 中可以看出，一般递归调用是在调用者执行代码的过程中在一定的条件下搁置当前处理过程，转去处理子过程，这时需要将调用者相关的信息暂存挂起，因此，虽然递归可以简化代码，但由于递归执行过程需要保存中间信息，耗费资源较高，需要结合实际问题合理选择递归方法。

2.2   递 归 应 用

2.2.1   阶乘

程序 2-1 给出了一个利用式(2-1)计算 n!的 C++实现，函数的基本部分包含 n≤1 的情况。

鉴于程序 2-1 的代码与式(2-1)的相似性，该程序的正确性与式(2-1)的正确性是等价的。

程序 2-1   计算 n!的递归函数。

```
//递归计算阶乘 n!
int Factorial (int n)
{
    int Fn = 0;
```

```
    if (n<=1){
        Fn=1;
    }else{
        Fn= n*Factorial(n-1);
    }
    return Fn;
}
```

程序 2-2 调用 Factorial()代码如下：

```
int main()
{
    int fn=0;
    int n=5;
    fn=Factorial(n); //调用递归函数计算阶乘
    cout << n <<"!= "<< fn << endl;
    return 0;
}
```

运行结果：

```
5! = 120
```

在计算 2 的阶乘时，调用 Factorial(2)。为了计算 else 语句中的 2 * Factorial(1)，需要挂起 Factorial(2)，然后进入调用 Factorial(1)。当 Factorial(2)被挂起时，程序的状态(如局部变量、传值形式参数的值、引用形式参数的值以及代码的执行位置等)被保留在递归栈中，在执行完 Factorial(1)时这些程序状态又立即恢复。调用 Factorial(1)得到返回值 1 之后，Factorial(2)恢复运行，计算表达式 2 * 1，并将结果返回。

在计算 Factorial(3)时，当到达 else 语句时，计算过程被挂起以便先计算出 Factorial(2)。当 Factorial(2)返回时，Factorial(3)继续运行，计算出最后的结果 3 * 2。

在调用 Factorial(n)时，为了计算 else 语句中的 n * Factorial(n-1)，需要挂起 Factorial(n)，然后进入调用 Factorial(n-1)。当 Factorial(n)被挂起时，程序的状态(如局部变量、传值形式参数的值、引用形式参数的值以及代码的执行位置等)被保留在递归栈中，在执行完 Factorial(n-1)时这些程序状态又立即恢复。调用 Factorial(n-1)所得到的返回值之后，Factorial(n)恢复运行，计算表达式 n * Factorial(n-1)，并将结果返回。

为了更清楚地考察递归函数的调用运行过程，将程序 2-1 变形为输出中间计算结果的程序 2-3，通过中间计算结果输出，考察递归及计算过程。

程序 2-3 输出中间结果的阶乘递归函数代码。

```
//计算 n!,打印中间步骤结果
int Factorial(int n)
{
    int Fn=0;
    cout <<"调用 Factorial("<< n <<")"<< endl;
    if (n<=1){
        cout <<"n = "<< n <<",到 1 了!!下面开始一路返回…"<< endl;
        Fn=1;
```

```
    }else{
        cout <<"计算 f("<< n <<")要先计算 Factorial("<< n - 1 <<")"<< endl;
        int Fn_1 = Factorial(n - 1);
        Fn = n * Fn_1;
        cout <<"n = "<< n <<", 返回 Factorial(n-1) = Factorial("<< n - 1 <<") = "<< Fn_1 <<",
n * Factorial(n-1) = "<< n <<" * Factorial("<< n - 1 <<") = "<< Fn << endl;
    }
    return Fn;
}
```

运行程序计算 5!,程序输出:

调用 Factorial(5)
计算 f(5)要先计算 Factorial(4)
调用 Factorial(4)
计算 f(4)要先计算 Factorial(3)
调用 Factorial(3)
计算 f(3)要先计算 Factorial(2)
调用 Factorial(2)
计算 f(2)要先计算 Factorial(1)
调用 Factorial(1)
n = 1,到 1 了!!下面开始一路返回…
n = 2, 返回 Factorial(n - 1) = Factorial(1) = 1, n * Factorial(n - 1) = 2 * Factorial(1) = 2
n = 3, 返回 Factorial(n - 1) = Factorial(2) = 2, n * Factorial(n - 1) = 3 * Factorial(2) = 6
n = 4, 返回 Factorial(n - 1) = Factorial(3) = 6, n * Factorial(n - 1) = 4 * Factorial(3) = 24
n = 5, 返回 Factorial(n - 1) = Factorial(4) = 24, n * Factorial(n - 1) = 5 * Factorial(4) = 120
5!= 120

图 2-2 为计算 5! 时代码的运行过程。

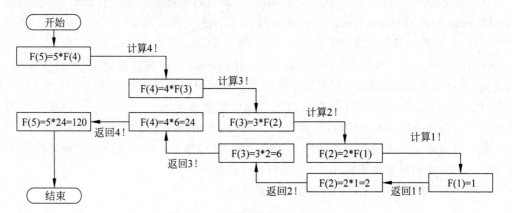

图 2-2　阶乘递归函数调用过程

具体程序代码执行顺序及中间数据变化过程如图 2-3 和表 2-1 所示。在此过程中,递归函数不断被调用,到最后一层处理结束 return 后,返回上一层递归调用的位置,再将返回结果赋值给 F_{n-1},继续执行未执行完的代码,执行到 return,再向上返回,如此往复,直至返回第一层调用,完成整个处理过程。

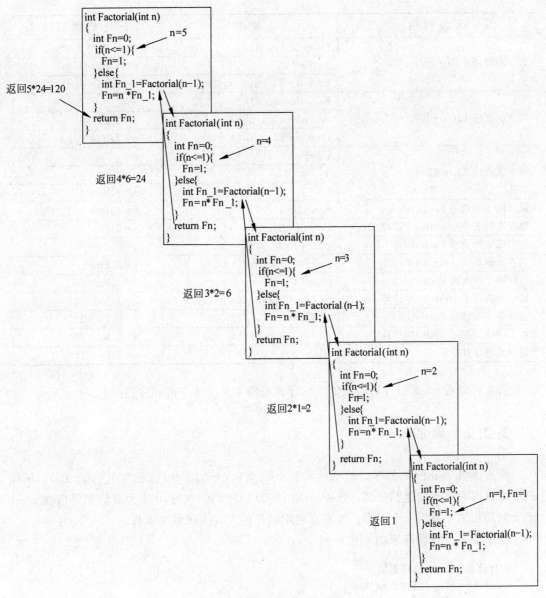

图 2-3　阶乘递归代码执行顺序

表 2-1　阶乘递归程序代码执行过程中数据变化

函 数 调 用	关 键 语 句	过 程 参 数
第 1 次调用 Factorial()	Factorial（int n）	n＝5
	int Fn＝0；	n＝5,Fn＝0
	Fn＝ n * Factorial(n－1)；	n＝5,Fn＝0
第 2 次调用 Factorial()	Factorial（int n）	n＝4
	int Fn＝0；	n＝4,Fn＝0
	Fn＝ n * Factorial(n－1)；	n＝4,Fn＝0

函 数 调 用	关 键 语 句	过 程 参 数
第 3 次调用 Factorial()	Factorial (int n)	n＝3
	int Fn＝0;	n＝3,Fn＝0
	Fn＝ n * Factorial(n－1);	n＝3,Fn＝0
第 4 次调用 Factorial()	Factorial (int n)	n＝2
	int Fn＝0;	n＝2,Fn＝0
	Fn＝ n * Factorial(n－1);	n＝2,Fn＝0
第 5 次调用 Factorial()	Factorial (int n)	n＝1
	int Fn＝0;	n＝1,Fn＝0
	Fn＝1;	n＝1,Fn＝1
返回第 4 次调用 Factorial()	return Fn;	n＝1,Fn＝1
第 4 次调用 Factorial()中计算 Fn	Fn＝ n * Factorial(n－1);	n＝2,Fn＝2
返回第 3 次调用 Factorial()	return Fn;	n＝2,Fn＝2
第 3 次调用 Factorial()中计算 Fn	Fn＝ n * Factorial(n－1);	n＝3,Fn＝6
返回第 2 次调用 Factorial()	return Fn;	n＝3,Fn＝6
第 2 次调用 Factorial()中计算 Fn	Fn＝ n * Factorial(n－1);	n＝4,Fn＝24
返回第 1 次调用 Factorial()	return Fn;	n＝4,Fn＝24
第 1 次调用 Factorial()中计算 Fn	Fn＝ n * Factorial(n－1);	n＝5,Fn＝120
返回最终计算结果	return Fn;	n＝5,Fn＝120

由上可以看出,递归计算阶乘的实际计算是按 1、2、3、4、5 的顺序进行的。

2.2.2　累加

模板函数 SumF(见程序 2-4)统计元素 a[0]至 a[n－1]的和(简记为 a[0:n－1])。从代码中可以得到这样的递归公式:当 n＝0 时,和为 0;当 n＞0 时,n 个元素的和是前面 n－1 个元素的和加上最后一个元素。先考察利用循环的方式实现累加求和。

程序 2-4　for 循环累加 a[0:n－1]。

```
//计算累加: for 循环累加
template < class T> T SumF(T a[], int n)
{
    T tsum = 0;
    for (int i = 0; i < n; i++){
        tsum += a[i];
    }
    return tsum;
}
```

本例中使用了模板,目的是适应多种数据类型,简化函数实现代码。其中,template 和 class 是关键字,class 可以用 typename 关键字代替,<>中的参数叫模板形参,模板形参和函数形参很相像,模板形参不能为空。声明了模板函数后就可以用模板函数的形参名声明类中的成员变量和成员函数,即在该函数中使用内置类型的地方都可以使用模板形参名。

如模板函数 SumF() 的形式为

```
template < class T > T SumF(T a[], int n)
```

当调用这样的模板函数时类型 T 就会被调用时的类型所代替,如 SumF(a,n)中,a[]是 int 型,这时模板函数 SumF() 中的形参 T 就会被 int 所代替,模板函数就变为 SumF(int a[], int n)。而当 SumF(c,n)中 c 是 double 类型时,模板函数会被替换为 SumF(double c[], int n),这样就实现了函数与类型无关,适应多种数据类型。

程序 2-5　主函数。

```
int main()
{
    int sum = 0;
    int b[] = {1,2,3,4,5};      //定义数组
    int n = 5;                  //定义数组元素的个数
    sum = SumF(b,n);            //调用函数
    cout <<"sum({1,2,3,4,5}) = "<< sum << endl;
    return 0;
}
```

运行结果:

```
sum({1,2,3,4,5}) = 15
```

下面是递归方式实现累加求和。

程序 2-6　递归累加 a[0:n−1]。

```
//计算累加: 递归计算 a[0: n-1]的和
template < class T > T SumR(T a[], int n)
{
    T sum = 0;
    if (n > 0){
        sum = SumR(a, n-1) + a[n-1];
    }
    return sum;
}
```

参考阶乘递归计算代码,将程序 2-6 变形为输出中间计算结果的程序 2-7,通过中间计算结果输出,考察其执行过程。

程序 2-7　输出中间结果的递归累加求和。

```
//计算累加: 递归计算 a[0: n-1]的和
template < class T > T SumR(T a[], int n)
{
    T sum = 0;
    cout <<"调用 SumR("<< n <<")"<< endl;
    if (n > 0){
        T sum_1 = SumR(a, n-1);
        sum = sum_1 + a[n-1];
        cout <<"n = "<< n <<", SumR(n-1) = "<< sum_1 <<", SumR(a, n-1) + a[n-1] = "<<
sum << endl;
```

```
    }
        return sum;
    }
```

输出结果：

```
调用 SumR(5)
调用 SumR(4)
调用 SumR(3)
调用 SumR(2)
调用 SumR(1)
调用 SumR(0)
n = 1, SumR(n-1) = 0, SumR(a, n-1) + a[n-1] = 1
n = 2, SumR(n-1) = 1, SumR(a, n-1) + a[n-1] = 3
n = 3, SumR(n-1) = 3, SumR(a, n-1) + a[n-1] = 6
n = 4, SumR(n-1) = 6, SumR(a, n-1) + a[n-1] = 10
n = 5, SumR(n-1) = 10, SumR(a, n-1) + a[n-1] = 15
sum({1,2,3,4,5}) = 15
```

其实际计算是按 1、2、3、4、5 的顺序进行的。

2.2.3　排列

有时希望检查 n 个不同元素的所有排列方式以确定一个最佳的排列，如 a、b 和 c 的排列方式有 abc、acb、bac、bca、cab 和 cba。n 个元素的排列方式共有 n! 种。

由于采用非递归的 C++ 函数来输出 n 个元素的所有排列方式很困难，所以可以开发一个递归函数来实现。令 $E=\{e_1,e_2,\cdots,e_n\}$ 表示 n 个元素的集合，目标是生成该集合的所有排列方式。令 E_i 为 E 中移去元素 e_i 以后所获得的集合，perm(X) 表示集合 X 中元素的排列方式，$e_i \cdot perm(X)$ 表示在 perm(X) 中的每个排列方式的前面均加上 e_i 以后所得到的排列方式。例如，如果 E={a,b,c}，那么 E_1={b,c}，perm(E_1)=(bc,cb)，$e_1 \cdot perm(E_1)$=(abc,acb)。

对于递归的基本部分，采用 n=1。当只有一个元素时，只可能产生一种排列方式，所以 perm(E)=(e)，其中 e 是 E 中的唯一元素。当 n>1 时，perm(E)=$e_1 \cdot$ perm(E_1)+$e_2 \cdot$ perm(E_2)+$e_3 \cdot$ perm(E_3)+$\cdots$+$e_n \cdot$ perm(E_n)。

这种递归定义形式是采用 n 个 perm(X) 来定义 perm(E)，其中每个 X 包含 n-1 个元素。至此，一个完整的递归定义所需要的基本部分和递归部分都已完成。

当 n=3 并且 E={a,b,c}时，按照前面的递归定义可得：

$$perm(E)=a.perm(\{b,c\})+b.perm(\{a,c\})+c.perm(\{a,b\})$$

同样，按照递归定义有：

$$perm(\{b,c\})=b.perm(\{c\})+c.perm(\{b\})$$

所以

$$a.perm(\{b,c\})=ab.perm(\{c\})+ac.perm(\{b\})=ab.c+ac.b=(abc,acb)$$

同理可得：

$$b.perm(\{a,c\})=ba.perm(\{c\})+bc.perm(\{a\})=ba.c+bc.a=(bac,bca)$$

c. perm({a,b})=ca. perm({b})+cb. perm({a})=ca. b+cb. a=(cab,cba)

所以

$$perm(E)=(abc,acb,bac,bca,cab,cba)$$

注意,a. perm({b,c})实际上包含两个排列方式:abc 和 acb,a 是它们的前缀,perm({b,c})是它们的后缀。同样地,ac. perm({b})表示前缀为 ac、后缀为 perm({b})的排列方式。

程序 2-8 把上述 perm(E)的递归定义转变成一个 C++函数,这段代码输出所有前缀为 list[0:k−1]、后缀为 list[k:m]的排列方式。调用 Perm(list,0,n−1)将得到 list[0:n−1]的所有 n! 个排列方式,在该调用中,k=0,m=n−1,因此排列方式的前缀为空,后缀为 list[0:n−1]产生的所有排列方式。当 k=m 时,仅有一个后缀 list[m],因此 list[0:m]即是所要产生的输出。当 k<m 时,先用 list[k]与 list[k:m]中的每个元素进行交换,然后产生 list[k+1:m]的所有排列方式,并用它作为 list[0:k]的后缀。Swap()函数用来交换两个变量的值,其定义见程序 2-9。

程序 2-8 使用递归函数生成排列。

```
//生成 list [k:m]的所有排列方式
int RowCount = 0;                          //每行输出的排列计数,每行 6 个
template < class T > void Perm(T list[], int k, int m)
{
    int i;
    if(k == m) {                           //输出一个排列方式
        for(i = 0; i <= m; i++){
            cout << list [i];
            if(i % m == 0&&i!= 0){         //判断一个排列是否结束
                cout <<" ";                //两个排列间隔 4 个空格
                RowCount++;                //每行输出的排列计数
            }
        }
        if(RowCount % 6 == 0) {            //每 6 个排列为一行进行输出
            cout << endl;
        }
    }else{ //list[k: m]有多个排列方式,递归产生这些排列方式
        for (i = k; i <= m; i++) {
            Swap (list[k], list[i]);
            Perm (list, k + 1, m);
            Swap (list [k], list [i]);
        }
    }
}
```

程序 2-9 交换两个值。

```
//交换 a 和 b
template < class T > void Swap(T& a, T& b)
{
    T temp = a;
    a = b;
    b = temp;
}
```

```
//主函数
int main()
{
    //定义计算的个数
    int k = 0,m = 3;
    //定义数组
    int list[10] = { 1,2,3,4,5,6,7,8,9 };
    //调用递归函数
    Perm(list,k,m);
    return 0;
}
```

运行程序,可以输出 24 种结果,具体如下:

1234	1243	1324	1342	1432	1423
2134	2143	2314	2341	2431	2413
3214	3241	3124	3142	3412	3421
4231	4213	4321	4312	4132	4123

2.3　小　　结

本章学习了递归原理及程序实现。递归函数是一个自己调用自己的函数。递归函数包括两种:直接递归和间接递归。递归为一些对自身进行重复相同操作的问题提供了一个好的解决思路,可以简化解决方案,且思路与人们现实中的想法在很大程度上相似。

读者需要熟练掌握以下内容。

(1) 递归的定义、原理。

(2) 在学习本章示例程序的基础上,熟练掌握构造递归函数的方法。

2.4　习　　题

1. 试编写一个递归函数,用来测试数组 a 中的元素是否按升序排列(即 a[i]≤a[i+1],其中 0≤i<n−1)。如果是,则函数返回 1,否则返回 0。

2. 试编写一个递归函数,用来输出 n 个元素的所有子集。例如,三个元素{a,b,c}的所有子集是{}(空集)、{a}、{b}、{c}、{a,b}、{a,c}、{b,c}和{a,b,c}。

3. 试编写一个递归函数来确定元素 x 是否属于数组 a[0:n−1],跟踪调试,考察递归函数方法会被调用多少次。

4. 试编写一个递归函数计算正整数 n 和 m 的最大公约数。

5. 试编写一个计算斐波那契序列 F_n 的递归函数。

第 3 章

表结构

3.1 数 据 结 构

3.1.1 数据

数据就是指能够被计算机识别、存储和加工处理的信息的载体。数据元素是数据的基本单位,有时一个数据元素可以由若干数据项组成。数据项是具有独立含义的最小标识单位。如整数集合中,10 这个数就可称为一个数据元素。又如在一个数据库(关系数据库)中,一个记录可称为一个数据元素,而这个元素中的某一字段就是一个数据项。

3.1.2 数据类型

同一类数据的全体称为一个数据类型。在程序设计高级语言中,数据类型用来说明一个数据在数据分类中的归属。它是数据的一种属性。这个属性限定了该数据的变化范围。为了解题的需要,根据数据结构的种类,高级语言定义了一系列数据类型。不同的高级语言所定义的数据类型不尽相同。C++语言所定义的数据类型的种类如图 3-1 所示。

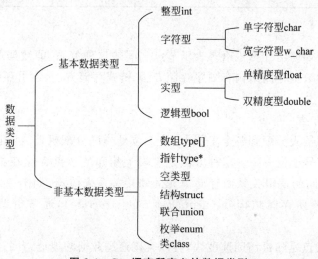

图 3-1　C++语言所定义的数据类型

其中,基本数据类型对应于简单的数据结构,非基本数据类型对应于复杂的数据结构。非基本数据类型允许复合嵌套。

3.1.3 数据结构的定义

数据结构是在整个计算机科学与技术领域中被广泛使用的术语。它被用来反映一个数据的内部构成,即一个数据由哪些成分数据构成、以什么方式构成、呈什么结构。数据结构有逻辑上的数据结构和物理上的数据结构之分。逻辑上的数据结构反映成分数据之间的逻辑关系,物理上的数据结构反映成分数据在计算机内的存储安排。

数据结构是相互之间存在着一种或多种特定关系的数据元素的集合。数据结构的定义虽然没有标准,但是它包括逻辑结构、存储结构和数据操作三方面内容。

1. 逻辑结构

表 3-1 所示是一个班级学生成绩表,包括学生的学号、姓名、语文、数学、物理等。这些形成了一个数据结构,它由很多记录(数据元素)组成,每个元素又由多个数据列(字段、数据项)组成。每个学生基本信息记录对应一个数据元素,学生记录按顺序号排列,形成了学生基本信息记录的线性序列。分析数据结构都是从节点之间的关系来分析的,对于这个表中的任一个记录(节点),它只有一个直接前趋,只有一个直接后继(前趋、后继就是前相邻、后相邻的意思),整个表只有一个开始节点和一个终端节点。知道了这些关系就能明白这个表的逻辑结构,即逻辑结构就是数据元素之间的逻辑关系。

表 3-1 学生成绩表

学号	姓名	语文	数学	物理
021001	王 强	87	90	96
021002	李一龙	69	91	89
021003	张映月	87	79	71
021004	何一端	84	88	68
…	…	…	…	…

2. 存储结构

存储结构是指如何用计算机语言表示节点之间的这种关系,即数据逻辑结构的计算机语言实现。常用的数据存储结构有顺序存储方法、链式存储方法、索引存储方法和散列存储方法四种。

1) 顺序存储方法

例如将多个机器人分配到各个工位上,按工位号顺序分配机器人,机器人 a_1 在一号工位、机器人 a_2 在二号工位……。这种方法把逻辑上相邻的节点存储在物理位置上相邻的存储单元中,节点间的逻辑关系由存储单元的邻接关系来体现,如图 3-2 所示。由此得到的存储表示称为顺序存储结构(sequential storage structure),通常借助程序语言的数组描述。

顺序存储的优点是随机访问速度快,可以直接通过数据的地址访问;缺点是插入、删除效率低,不利于动态增长。

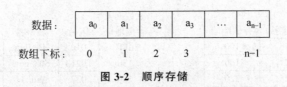

图 3-2　顺序存储

该方法主要应用于线性的数据结构。非线性的数据结构也可通过某种线性化的方法实现顺序存储。

2）链式存储方法

假设将多个机器人分配到各个工位上，机器人 a_1 在一号工位同时知道机器人 a_2 所在的工位号，机器人 a_2 知道机器人 a_3 的工位号……。这种分配方式，机器人的工位号不连续，只有找到第一个机器人才能找到后续一个机器人的工位号。该方法不要求逻辑上相邻的节点在物理位置上也相邻，节点间的逻辑关系由附加的指针字段表示，如图 3-3 所示。由此得到的存储表示称为链式存储结构（linked storage structure），通常借助于程序语言的指针类型描述。

图 3-3　链式存储

链式存储的优点是便于插入、删除和动态增长；缺点是不能直接得到相关数据的地址，随机访问速度慢，空间开销大，占用空间较多。

3）索引存储方法

该方法通常在存储节点信息的同时，还建立附加的索引表。索引表由若干索引项组成，索引项的一般形式是：

（关键字、存储地址）

关键字是能唯一标识一个节点的那些数据项。

若每个节点在索引表中都有一个索引项，则该索引表称为稠密索引（dense index）。若一组节点在索引表中只对应一个索引项，则该索引表称为稀疏索引（sparse index）。稠密索引中索引项的地址指示节点所在的存储位置；稀疏索引中索引项的地址指示一组节点的起始存储位置。

例如，对于下列结构 City，将区号看成是关键字，其索引存储结构如图 3-4 所示。索引表由（区号，存储地址）组成，其中区号按递增次序排序。

索引存储结构采用顺序和链式结合的方式，数据检索速度快，能够保证数据的唯一性。但这种存储结构创建索引和维护索引需要时间，索引也会占用一定的物理空间，对数据增加、删除、查找、修改的同时也要对索引进行维护。

4）散列存储方法

例如有一组数据 dat＝{1023,1074,1077}，通过分析发现，各个元素后两位是变化的，其他两位数不变。那么地址取值可以是 23、74、77。

索引表		
索引地址	关键字	存储地址
300	010	100
310	021	130
320	025	220
330	027	160
340	029	190

主数据表			
存储地址	区号	城市名	说明
100	010	Beijing	首都
130	021	Shanghai	直辖市
160	027	Wuhan	湖北省省会
190	029	Xian	陕西省省会
220	025	Nanjing	江苏省省会

图 3-4　City 的索引存储结构

这种存储方法是一种在数据元素的存储位置与关键字之间建立确定对应关系的存储技术,又称 Hash 存储。该方法的基本思想是:根据节点的关键字通过一定的函数关系计算出该节点的存储地址。上面的例子中,能够对 1023、1074、1077 进行处理得到地址 23、74、77 的函数即为散列函数,又称为哈希(Hash)函数。这种存储结构利用数据的某一特征访问和存储,访问速度快;缺点是好的散列实现起来难度较大,有时会产生冲突。

上述四种基本存储方法,既可单独使用,也可组合起来对数据结构进行存储。选择何种存储结构来表示相应的逻辑结构,视具体要求而定,主要考虑运算方便及算法的时空要求。

3. 数据操作

如一张表格,需要进行查找、增加、修改、删除、排序等工作,这就是数据的运算,它不仅仅是加、减、乘、除这些算术运算,在数据结构中,这些运算常常涉及算法问题。

数据结构反映数据内部的构成方式,它常常用一个结构图来描述:数据中的每一项成分数据被看作一个节点,并用方框或圆圈表示,成分数据之间的关系用相应的节点之间带箭头的连线表示。如果成分数据本身又有它自身的结构,则结构出现嵌套,嵌套还允许是递归的嵌套。

3.1.4　数据结构的分类

通常将数据的逻辑结构简称为数据结构。按数据结构中成分数据之间的关系,数据结构分为线性结构和非线性结构两大类。

1. 线性结构

如果结构为非空集,则该结构有且只有一个开始节点和一个终端节点,并且所有节点都最多只有一个直接前趋和一个直接后继。线性表就是一个典型的线性结构。

2. 非线性结构

非线性结构的逻辑特征是该结构中一个数据元素可能有多个直接前趋和直接后继。非线性结构中比较普遍的就是树和图的结构。在非线性数据结构中又有层次与网状之分。

3.2　线　性　表

线性表(linear list)是一种最简单、最常用的数据结构。线性表的存储结构通常分为顺序存储结构和链式存储结构。前者是用顺序存储结构存放的线性表,称为顺序表;后者是用链式结构存储的线性表,称为线性链表。

3.2.1　线性表的定义和运算

1. 线性表的定义

线性表是一组类型相同的数据元素 $a_0, a_1, \cdots, a_{n-1}$ 的有限序列,记为 $(a_0, a_1, \cdots, a_{n-1})$。在线性表中,数据元素的个数 n 定义为线性表的长度,n＝0 的表称为空表。

当表的长度 n≥1 时,a_0 是表的第一个元素,a_{n-1} 是最后一个元素。除 a_0 外,表中每一个数据元素 $a_i (0 < i \leq n-1)$ 只有一个直接前趋(predecessor)a_{i-1},除 a_{i-1} 外,表中每个数据元素 $a_i (0 \leq i < n-1)$ 仅有一个直接后继(successor)a_{i+1}。数据元素在表中的位置只取决于它自身的序号,数据元素间的相对位置是线性的,因此称线性表是一种线性结构。

例如,26 个大写英文字母组成的字母表(A,B,C,D,…,Z)是一个线性表。其中,A 是第一个数据元素,Z 是最后一个数据元素,A 是 B 的直接前趋,B 是 A 的直接后继,线性表的长度是 26。

线性表中的数据元素也称为节点。它可以是一个整数、一个实数、一个字符或一个字符串;也可以由若干数据项(item)组成,其中每个数据项可以是一般数据类型,也可以是构造类型。

表 3-2 的线性表用于记录最近一周每天的平均气温。每个节点有两个数据项:一个是星期,它的数据类型是由三个字符组成的字符串;另一个是温度,它的数据类型是实型数据。一般称多个数据项组成的数据元素为记录,称数据元素为记录的线性表为文件(file)。

表 3-2　一周内每天的平均气温记录表

Mon	Tue	Wed	Thu	Fri	Sat	Sun
15.5	16.0	15.7	15.0	16.1	16.4	16.5

2. 线性表的运算

线性表的基本运算是插入、删除、查找、排序等。插入是指在表的两个确定的元素之间插入一个新的数据元素;删除是指删掉表中某个数据元素;查找是指查询表中满足某种条件的数据元素;排序是指根据节点的某个字段值按升序(或降序)重新排列线性表。可以将几个线性表合并成一个线性表,或把一个线性表拆成几个线性表,求线性表的长度等。其中,查找、插入、删除是线性表常见的三种基本运算。

3.2.2　顺序存储的线性表

1. 顺序表

顺序表(sequential list)是用一组连续的存储单元依次存放等长数据元素的线性表,也称为线性表的顺序存储结构。这组连续的存储单元称为向量(vector)。在计算机中顺序存储结构是表示线性表的最简单方法。

1) 顺序表的存储地址

由于顺序表中所有节点的数据类型是相同的,因此每个节点在存储器中占用大小相同的空间。若一个数据元素仅占一个存储单元,则这种存储方式如图 3-5 所示。由图 3-5 可见,顺序表第 i 个数据元素的存储地址为 $L(a_i)=L(a_0)+i$,其中 $L(a_0)$ 是线性表第一个数据元素的存储地址。

若每个数据元素都占用 k 个存储单元,并以 $L(a_0)$ 为第一个数据元素存储单元地址(顺序表的首地址),则第 i 个数据元素的存储位置为 $L(a_i)=L(a_0)+i\times k$。

存储地址	值	元素序号
L	a_0	0
L+1	a_1	1
⋮		⋮
L+i	a_i	i
⋮		⋮
L+n	a_{n-1}	n-1

图 3-5　顺序表

2) 顺序表的特点

顺序表的特点是表中逻辑上相邻的数据元素存储在相邻的存储位置。换句话说,以数据元素在计算机内"物理位置相邻"来表示表中的数据元素间的逻辑关系。对于这种存储方式,访问第 i 个数据元素,就可以直接计算出 a_i 的存储地址 $L(a_i)$,因而能随机存取表中任一数据元素。换言之,数据元素在顺序表中的存储位置取决于该数据元素在顺序表中的顺序号。

顺序表可用 C 语言的一维数组实现。数组的类型随着数据元素的性质而定。描述方法为

```
# define M 1000;
int a[M];
```

它表示数组名为 a,该数组有 M 个数据元素(M＝1000),下标从 0 开始。设线性表为 $(a_0,a_1,\cdots,a_{n-1})$,n＜M,一个数组元素存放一个数据元素,数据元素的存储位置可用数组元素的下标值来表示。

2. 顺序表的插入

插入是指在具有 n 个节点的顺序表中,把新节点插在顺序表的第 i(0≤i≤n)个节点位置上,使原来长度为 n 的顺序表变成长度为(n+1)的顺序表,如图 3-6 所示。

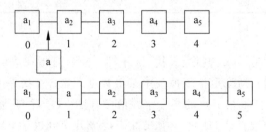

图 3-6　顺序表插入

为了避免数据被覆盖而丢失,顺序表插入时从末尾开始到插入位置的数据依次向后移动,插入操作的具体方法是:在把新节点放进长度为 n 的顺序表中的第 i 个节点的位置时,必须把原来序号为(n−1)至序号为 i 的节点依次往后移一个位置,然后在第 i 个节点位置上插入数据,此时共移动(n−i)个节点。对于 i＝n,只要把新节点插在第 n 个位置上,此时无须移动节点。在顺序表插入算法中,插入成功时函数返回值为 0,否则函数返回值为−1。

例如,欲在数组{1,2,5,2,3,5}中第 2 个数据元素前插入一个数据,则需要第 2 个数据元素移动到第 3 个元素中,后面的元素依次向后移动一位,将新数据插入到原第 2 个数据元

素的位置。在此过程中,为了避免数据覆盖造成的数据丢失,数据移动操作需要从最后一个元素开始,依次向前,直到空出第 2 个元素位置。在移动过程中,由于数据原来所在位置会被后续的数据更新,可以省略数据原来所在位置的清空操作。具体的操作步骤如图 3-7 所示,其中,弧线上方数字表示操作步骤序号。

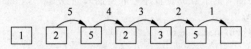

图 3-7 顺序表插入操作数据的移动步骤

上述顺序表插入操作过程的实现代码清单如程序 3-1 所示。注意,由于 C 语言数组游标是从 0 开始的,因此用户输入的数据位置序号与数组中的游标相差 1。在实际应用时,插入操作还需要考虑插入位置的有效性。如果指定的插入位置不在合法范围内,如超出了数组长度,则不能进行插入操作。

程序 3-1 顺序表插入程序。

```
//输出一维整型数组
void ShowList(int list[ ],int n){
    cout <<"\t";
    for(int i = 0;i < n;i++){
        cout << list[i];
        if(i < n - 1){
            cout <<"\t";                //制表位分隔
        }else{
            cout << endl;
        }
    }
}
//线性表插入操作: 将数据 x 插入数组 a 中第 pos 个位置,有效数据个数为 n
int Insert(int pos, int x, int a[ ],int n)
{
    int j;
    int posArr = pos - 1;          //数组中第一个数据的游标为 0,需要对插入位置进行减 1 处理
    a[n] = 0;                      //为了理解插入过程,置 0 表示空位,实际应用时可以省略这一步
    ShowList(a,n + 1);             //打印初始数组
    if(( posArr < 0)||( posArr > n )){//插入位置不在合法范围内返回 - 1
        return( - 1);
    }else{
        for(j = n - 1; j >= posArr;j -- ){
            a[j + 1] = a[j];       //将插入点后的数据逐个向后移动
            a[j] = 0;              //为了理解插入过程,置 0 表示空位,考察运行过程中 0 的位置变化
            ShowList(a,n + 1);     //打印中间过程数组,考察数据变化
        }
        a[posArr] = x;
        return(0);
    }
}
```

调用代码如下:

```
int main(){
    int pos, data, retflag;
```

```
        static int a[7] = {1, 2, 5, 2, 3, 5};    //插入操作数组中至少留一个空位
                                                  //数组长度要大于最终顺序表中有效数据个数
        int n = 6;                                //当前有效数据个数
        cout <<"当前数组："<< endl;
        ShowList(a,n);
        cout <<"请输入要插入的节点的位置序号和要插入的数值："<< endl;
        cin >> pos >> data;
        retflag = Insert(pos, data, a, n);
        if (retflag == 0){
                cout <<"插入成功后的数组是:"<< endl;
                ShowList(a, n + 1);
        }else{
                cout <<"插入不成功!"<< endl;
        }
        return 0;
}
```

运行结果：

当前数组：

    1   2   5   2   3   5

请输入要插入的节点的序号和要插入的数值：

2 33

	1	2	3	4	5	6	7
初始数组	1	2	5	2	3	5	0
第 6 个元素向后移动	1	2	5	2	3	0	[5]
第 5 个元素向后移动	1	2	5	2	0	[3]	5
第 4 个元素向后移动	1	2	5	0	[2]	3	5
第 3 个元素向后移动	1	2	0	[5]	2	3	5
第 2 个元素向后移动	1	0	[2]	5	2	3	5
插入成功后的数组是：	1	[33]	2	5	2	3	5

上面的结果中用加方框表示操作过程中移动变化的数据。

3. 顺序表的删除

删除是指在具有 n 个节点的顺序表中，删除第 i(0≤i≤n−1)个位置上的节点，使原来长度为 n 的顺序表变成长度为(n−1)的顺序表，如图 3-8 所示。

同样为了避免数据覆盖丢失，顺序表删除时从删除位置到末尾的数据依次向前移动。删除操作的具体方法是：如果要删除长度为 n 的顺序表中的第 i 个节点，则要把位置号为(i+1)至位置号为(n−1)的节点中数据都依次向前移动一个位置，覆盖欲删除元素值，此时共需移动(n−i−1)个节点。表长为 n−1。若删除成功，函数返回值为 0；否则，函数返回值为−1。

例如，欲删除数组{1,2,5,2,3,5}中第 2 个数据，则要第 3 个数据元素移动到第 2 个元素中，后面的元素依次向前移动一位。在此过程中，为了避免数据覆盖造成的数据丢失，顺序表删除操作过程中的数据移动操作需要从第 3 个数据元素移动到第 2 个元素开始，依次向后，直到最后一个元素。最后一个元素移动后，需要对最后一个元素原来位置进行清空处理，设置为表示无数据的特征值(本章中为 0)，如果是其他数据对象，需要考虑销毁无用对

象避免内存泄漏。

具体的操作步骤如图 3-9 所示,其中,弧线上方数字表示操作步骤序号。

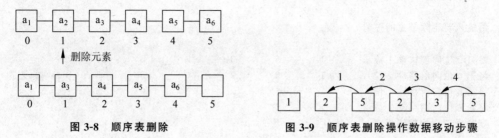

图 3-8 顺序表删除   图 3-9 顺序表删除操作数据移动步骤

上述顺序表删除操作过程的实现代码清单如程序 3-2 所示。

程序 3-2 顺序表删除程序。

```
//线性表删除操作:删除数组 a 中第 pos 个位置的元素,数组长度为 n
int Del(int pos, int a[ ], int n)
{
    int posArr = pos - 1; //数组中第一个数据的游标为 0,需要对插入位置进行减 1 处理
    int j;
    if((posArr < 0)||( posArr > n - 1)){ //插入位置不在合法范围内则返回 - 1
        return( - 1);
    }else{
        for(j = posArr;j < n - 1;j++){
            a[j] = a[j + 1];//向前移动数据
            a[j + 1] = 0;    //为了突出显示操作过程,这里增加了以 0 补充空位
            ShowList(a,n);
        }
        return(0);
    }
}
```

调用代码:

```
int main(){
    int retflag;
    int delpos = - 1;
    static int a[6] = {1, 2, 5, 2, 3, 5};
    int n = 6;              //当前有效数据个数
    cout <<"当前数组; "<< endl;
    ShowList(a,n);
    cout <<"请输入要删除节点的序号: "<< endl;
    cin >> delpos;          //输入位置为数组中元素位置
    retflag = Del(delpos,a,n);
    if(retflag == 0){
        cout <<"删除成功后的数组是:"<< endl;
        ShowList(a,n - 1);
    }else{
        cout <<"删除不成功!"<< endl;
    }
    return 0;
}
```

运行结果:

当前数组:
　　　　　1　　　　2　　　　5　　　　2　　　　3　　　　5
请输入要删除节点的序号:
2
将第 3 位向前移动 1 位　　　1　　　5　　　0　　　2　　　3　　　5
将第 4 位向前移动 1 位　　　1　　　5　　　2　　　0　　　3　　　5
将第 5 位向前移动 1 位　　　1　　　5　　　2　　　3　　　0　　　5
将第 6 位向前移动 1 位　　　1　　　5　　　2　　　3　　　5　　　0
删除成功后的数组是:
　　　　　1　　　　5　　　　2　　　　3　　　　5

从上述过程可以看出,0 的位置是不断向后移动的,直到所有的数组元素向前调整完毕,实现了元素删除操作。

3.3　栈

栈(stack)与队列(queue)是两种特殊结构的线性表,在进行程序设计时非常有用。与线性表相同,栈和队列的存储结构分为顺序存储结构和链式存储结构,本节将介绍顺序存储的栈。

3.3.1　栈的定义及基本运算

栈是只能在表的一端进行插入和删除的特殊线性表。在栈中允许插入和删除的一端叫作栈顶(top),而不允许插入和删除的另一端叫作栈底(bottom)。插入一个新的栈顶元素叫进栈(又称压入),删除栈顶元素叫出栈(又称弹出)。

图 3-10 所示的栈中,a_0 是栈底元素,a_{n-1} 是栈顶元素。栈中元素按 a_0,a_1,$\cdots$,a_{n-1} 的次序进栈,出栈的第一个元素应为栈顶元素 a_{n-1},也就是说最后一个进栈的数据元素最先出栈,即栈是后进先出。因此,又称栈为后进先出表(last in first out,LIFO)。

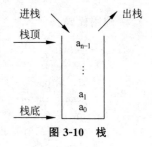

图 3-10　栈

对栈的主要运算是插入和删除,只能在栈顶允许插入和删除操作,栈底不允许做插入和删除操作。

对栈进行的其他运算有:
- 设置一个空栈;
- 判定某个栈是否为空栈;
- 读取栈顶元素。

栈是线性表的特例,所以栈可使用顺序存储结构。

3.3.2　顺序栈及其主要运算的实现

顺序栈是指栈在计算机中的顺序存储,即用一段连续存储的存储单元依次存放由栈底到栈顶中的数据元素,也就是说可以用数组表示栈。

通常用一个指针 top 指向栈顶节点在数组中的存放位置,称 top 为栈顶指针。为简单起见,用栈顶指针 top 指向下一次进栈节点的可用位置,并用 top＝0 表示栈空,当 top＝M 时表示栈满。图 3-11 表示了顺序栈的表示方法。在节点进栈时,首先把节点送到 top 所指的数组元素中,然后 top 加 1,让 top 指向下次节点进栈的存放位置;在出栈时,首先 top 减 1,然后把 top 现在所指的数组元素所存放的节点送到接收出栈节点的变量中。当然,在出现栈空时,不能出栈;在出现栈满时,不能进栈。

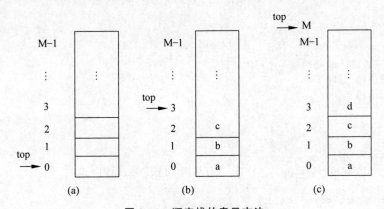

图 3-11　顺序栈的表示方法

(a) 栈空;(b) 栈中有三个节点;(c) 栈满

图 3-12 给出了每次进栈和出栈时栈的变化情况。

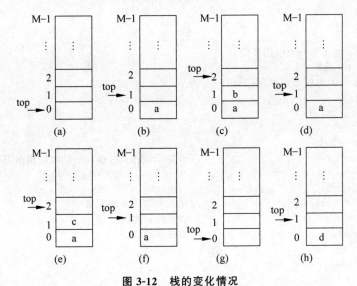

图 3-12　栈的变化情况

(a) 栈空;(b) a 进栈;(c) b 进栈;(d) b 出栈;(e) c 进栈;(f) c 出栈;(g) a 出栈;(h) d 进栈

程序 3-3　进栈和出栈处理示例,假设栈中节点的数据类型是 char。

```
#define M 6
char stack[M];
int top = 0;                        //把栈置成空的初态
//输出一维字符数组
void ShowList(char list[ ],int n){
```

```
        cout <<"\t";
        for(int i = 0;i < n;i++){
            cout << list[i];
            if(i < n - 1){
                cout <<"\t";                    //制表位分隔
            }else{
                cout << endl;
            }
        }
    }

/**
实现字符 x 进栈,top 指向第一个可用空位
栈满,无法进栈,返回 - 1
进栈成功,返回 0
*/
int Push(char x)
{
        if(top > = M){
                return( - 1);                   //栈满,进栈失败,返回 - 1
        }
        cout <<"top:"<< top << endl;
        stack[top] = x;
        top = top + 1;
        cout <<"top:"<< top << endl;
        return(0);                              //进栈成功,返回 0
}

/**
实现出栈,top 指向第一个可用空位
栈空,无法出栈,返回 - 1
出栈成功,返回 0,出栈元素保存在 outV 中
*/
int Pop(char * outV)
{
        if(top == 0){
                return( - 1);                   //栈空,出栈失败,返回 - 1.可以根据需要调整返回值
        }
        top = top - 1;
        * outV = stack[top];                    //从栈中取出栈顶元素
        stack[top] = '\0';                      //清除栈顶数据
        return(0);                              //出栈成功,返回 0
}

int main(){
        char outV = '\0';
        char x;
        int ret;
        for(int i = 0; i < M; i++){
                stack[i] = '\0';
        }
        cout <<"初始栈是:"<< endl;
        ShowList(stack,M);
        cout <<"top:"<< top << endl;
```

```
        while(1){
                cout <<"while..."<< endl;
                cout <<"请输入要进栈的字符(小写字母):"<< endl;
                cin >> x;
                if(x<'a'||x>'z'){//本例以小写字母进栈,如果输入不是小写字母,则结束 while 循环.
实际应用时可以根据需要调整判断条件.
                        break;
                }
                ret = Push(x);
                if(ret == 0){
                        cout <<"进栈成功后的数组是:"<< endl;
                        ShowList(stack,M);
                }else{
                        cout <<"进栈不成功!";
                        break;
                }
                if(top == M){
                        cout <<"栈满!"<< endl;
                        break;
                }
        }

        //测试出栈
        cout <<"初始栈是:"<< endl;
        ShowList(stack,M);
        ret = Pop(&outV);
        if(ret == 0){
                cout << outV <<"出栈"<< endl;
                cout <<"top:"<< top << endl;
                cout <<"出栈后的数组是:"<< endl;
                ShowList(stack,M);
        }else{
                cout <<"出栈不成功!"<< endl;
        }
        return 0;
}
```

通过跟踪 top 值考察进栈和出栈的过程。本例以小写字母的进栈和出栈为例考察顺序栈的处理,栈满后停止进栈,如果必要,可以在扫描输入数据后增加条件判断,当输入为非小写字母时停止 while 循环。

```
if(x<'a'||x>'z'){//如果输入不是小写字母结束 while 循环
    break;
}
```

程序运行示例结果如下:

```
初始栈是:
,,,,,
top:0
while...
请输入要进栈的字符(小写字母):
c
```

```
top:1
进栈成功后的数组是:
c, , , , ,
请输入要进栈的字符(小写字母):
d
top:2
进栈成功后的数组是:
c,d, , , ,
请输入要进栈的字符(小写字母):
b
top:3
进栈成功后的数组是:
c,d,b, , ,
请输入要进栈的字符(小写字母):
m
top:4
进栈成功后的数组是:
c,d,b,m, ,
请输入要进栈的字符(小写字母):
j
top:5
进栈成功后的数组是:
c,d,b,m,j,
请输入要进栈的字符(小写字母):
k
top:6
进栈成功后的数组是:
c,d,b,m,j,k
栈满!
k出栈
top:5
```

本例代码中,如果必要,可以在声明 stack 后对其进行初始化。

3.3.3　栈与递归的应用

　　栈虽然是一种非常简单的数据结构,但由于它具有后进先出的特性,在计算机软件设计中有着广泛的应用。用栈可以实现递归程序的执行和算术表达式的计算,实现递归算法。

　　实现递归调用的关键是建立一个栈,通常的做法是在内存中开辟一个存储区域(称为递归工作栈),用来存放整个程序运行时所需的信息。每当调用一次递归函数时,就为它在栈顶分配一个存储区,即为形式参数、局部变量和返回地址等分配存储空间,用来存放当前程序正确运行的必备信息,递归工作栈的栈顶指针下移。每次返回时,就归还本次调用所分配的存储区,递归工作栈的栈顶指针上移到前次调用所分配的存储区。由于前次递归调用和本次递归调用所分配的存储区不同,所以本次调用不会破坏上次递归调用的信息。这就保证了当本次递归调用返回时,前次递归调用能继续正确运行。由此可见,离开了栈,递归函数是不能实现的。

3.4 队 列

3.4.1 队列的定义及其运算

队列(queue)是线性表的另一种特殊情况,其所有的插入均限定在表的一端进行,而所有的删除则限定在表的另一端进行。允许插入的一端称为队尾(rear),允许删除的一端称为队首(front)。队列的结构特点是先进队列的元素先出队列。

假设有队列 $Q=(a_0,a_1,\cdots,a_{n-1})$,则队列 Q 中的元素是按 $a_0,a_1,\cdots,a_{n-1}$ 的次序进队,而第一个出队的应该是 a_0,第二个出队的应该是 a_1,只有在 a_{i-1} 出队后,a_i 才可以出队($0 \leqslant i \leqslant n-1$),如图 3-13 所示。因此把队列叫作先进先出(first in first out,FIFO)表。

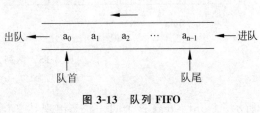

图 3-13 队列 FIFO

在日常生活中有很多队列,如等待购物的顾客总是按先来后到的次序排成队列,先得到服务的顾客是站在队首的先来者,而后到的人总是排在队的末尾,实现先进先出。

队列的主要运算有:

- 插入一个新的队尾元素,简称入队;
- 删除队首元素,简称出队;
- 判断列是否为空或是否为满、设置空队列、获取队列长度。

3.4.2 队列的顺序存储结构和基本操作

1. 队列顺序存储结构

队列的顺序存储结构是用一组连续的存储单元依次存放队列中的元素。在 C 语言中可用一维数组 array[M]存储队列,其中 M 表示队列允许的最大容量。引进两个指针分别指向队首和队尾,设 front 为队首指针,指向实际队首的位置;rear 为队尾指针,指向实际队尾元素所在位置。注意,front 和 rear 所指示的位置对应于数组元素的下标,故 front 和 rear 是游标,在程序设计时只能将其定义为整型变量。

队列与栈不同,在不断进行出队和入队的过程中,数据元素一直向后移。例如,设 M 为10,数据元素是整数。在某一时刻,队列中的情况如图 3-14(a)所示。在经过两次出队列、又将 3 和 8 入队列后,队列如图 3-14(b)所示。此时,若又有数 7 入队列,该放入什么地方呢?此队列尾指针虽然指向数组末尾,但数据元素并未充满数组,可将数组看成一个首尾衔接的"环",下一个数据可以放在数组的第一个位置。此时队列如图 3-14(c)所示。若再连续将 n 个数入队列,例如 1,2,3,1 入队列,此时队列如图 3-14(d)所示。

图 3-14(d)中队尾"追上"了队首,队列满了,这时 rear=front-1,因此可以把 rear=front-1 作为判断队列满的检验条件。

当队列为空时,front 和 rear 都指向同一个空位,front=rear,如图 3-15(a)所示。

而只有一个元素时,front 和 rear 都指向同一个元素,也符合 front=rear,如图 3-15(b)

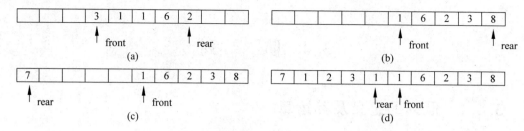

图 3-14　队列变化

(a) 某一时刻的情况；(b) 3 和 8 入队列后的情况；(c) 7 入队列后的情况；(d) 1,2,3,1 入队列后的情况

图 3-15　队列空 **front**、**rear** 状态

(a) 队列为空；(b) 队列中只有一个元素

所示。front＝rear 这个同一状态出现歧义,解决这个问题有以下两种方法。

(1) 在队列中再加上一个长度标志,当它等于 0 时队列为空,当它等于队列存储空间长度 M 时队列为满。也就是不以 front、rear 的状态判断队列为满和队列为空的条件,front 仍为队首指针,指向队首元素的位置,rear 仍为队尾指针,指向队尾元素所在位置。

(2) 不用队列长度作为判断队满和队空的条件,以 front、rear 作为判断依据。当队列为空时 rear＝front,第一个元素入队后,front、rear 仍指向这个位置,此时若要判断 front、rear 指向的位置是否有元素,需要引入新的标识变量,增加了算法的复杂性。为了解决这个问题,对 rear 指向位置进行调整,令 rear 指针指向队尾元素的下一个可用空位。同时,放宽队尾追上队首的条件,当 rear＝front－1 就认为队列满了(浪费一个数据元素的位置)。这样,队列为空的条件不变,仍为 rear＝front(当下一个可用位置与 front 相同,意味着 front 指向的位置没有元素,整个队列为空),队列满的状态是 rear＝front－1,如图 3-16(a)所示。图 3-16(b)中,下一个可用空位 rear≠front－1,3 可以继续入队,然后更新 rear 指向下一个可用空位。图 3-16(c)中,当下一个可用空位为 front－1,就认为队列满了,rear 所指这个元素不再进行入队操作,整个队列也不再入队任何元素。

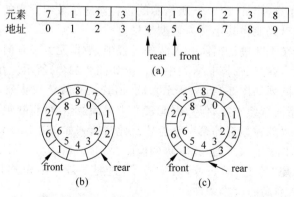

图 3-16　队列满 **rear＝front－1**

(a) rear＝front－1；(b) rear≠front－1,3 入队；(c) 队列满

2. 队列指针更新规则

队列存储可以采用数组来实现,当 front 或者 rear 到达数组最后一个位置时,游标会回到数组的起始段,类似"环形场地跑步时套圈"或者日期中星期排序的情况。例如数据序列 $\{7,1,2,3,1,1,6,2,3,8,7,4,6,1,7,7,0,8,1,8,2,6\}$ 排队编号,如表 3-3 所示。

表 3-3 数据序列编号

数据	7	1	2	3	1	1	6	2	3	8	7	4	6	1	7	7	0	8	1	8	2	6
编号	1	2	3	4	5	6	7	8	9	10	11	12	13	14	15	16	17	18	19	20	21	22

图 3-17 循环队列

如果将数据顺序插入到空间长度 M=10 的数组中,由于数据个数大于数组长度,则形成循环排列,如图 3-17 所示。图中内圈数字为数组游标。需要说明的是,数组在循环使用时,上一圈的数据会被后续数据覆盖。

判断一个数据元素在循环队列中数组的位置,需要将该数据元素的编号与数组的长度进行比较:如果编号小于数组长度,则数据从第一个位置开始顺序插入,如 7、1、2、3、1、1、6、2、3、8;如果编号大于 M,则从第二圈开始顺序插入,如 7、4、6、1、7、7、0、8、1、8;如果编号大于 2M,则从第三圈开始顺序插入,如 2、6。数据编号与数组位置对应关系如表 3-4 所示。

表 3-4 数据序列队列地址

数据	7	1	2	3	1	1	6	2	3	8	7	4	6	1	7	7	0	8	1	8	2	6
编号	1	2	3	4	5	6	7	8	9	10	11	12	13	14	15	16	17	18	19	20	21	22
地址	0	1	2	3	4	5	6	7	8	9	0	1	2	3	4	5	6	7	8	9	0	1

由于数组的起始游标从 0 开始,数据地址与编号的关系为:编号=xM+y+1(x=0,1,2,3,…,y=0,1,2,3,…),其中 x 表示圈数,y 是在若干圈后的游标。

由上可知,在循环队列更新队列指针时,需要判断 front+1 是否大于或等于 M,如果 front+1≥M,front 指向地址应该回到数组的起始段,具体位置由 front+1 与 M 的余数决定。可以利用求余运算得到新的位置编号,即数据入队后,循环队列的队首更新计算方法为 (front+1)%M。类似地,队尾更新计算方法为 (rear+1)%M。

3. 基于队列长度实现顺序存储队列操作

在这种算法处理方案中,除了需要维护队首和队尾指针外,还要维护队列长度。实现代码如程序 3-4 所示。当队列为空时,front 保持不变,令 rear=front。

程序 3-4 基于队列长度实现顺序存储队列操作。

```
#define Mq 10                    //队列空间
int queuearray[Mq];
int front;    //队首位置指针,指向第一个元素位置,队列为空时与 rear 位置相同
int rear;     //队尾位置指针,指向队尾元素位置
```

```cpp
int qLen = 0;                               //初始队列为空,队列长度为0
//置空队列
void MakeNull()
{
    front = 0;
    rear = 0;
}

//将 x 加入队列
void Enqueue1(int x)
{
    if(qLen == Mq){                         //以长度判断队列是否为满
        cout <<"Full queue"<<"    front:"<< front <<", rear:"<< rear << endl;    //队列已满
        return;
    }
    if(qLen == 0){                          //队列为空
        queuearray[rear] = x;               //x 的值送入队列
    }else{
        rear = (rear + 1) % Mq;             //更新队尾指针
        queuearray[rear] = x;               //x 的值送入队列
    }
    qLen++;                                 //队列长度增加
}
//出队列,返回值为出队元素值,如果队列为空,则返回 - 1
int Dequeue1()
{
    int VFront = - 1;                       //出队元素值
    if(qLen == 0){                          //以长度判断队列是否为空
        cout <<"Empty queue"<<"    front:"<< front <<", rear:"<< rear << endl;    //队列为空
    }else{
        VFront = queuearray[front];         //队列的队首值送出
        queuearray[front] = 0;              //复位出队位置元素值
        qLen -- ;                           //队列长度减小
        if(qLen == 0){
            rear = front;
        }else{
            front = (front + 1) % Mq;       //更新队首指针
        }
    }
    return VFront;
}

int main(){
    int j;
    MakeNull();
    cout <<"初始队列是:"<< endl;
    ShowList(queuearray,Mq);
    cout <<"front:"<< front <<",rear:"<< rear << endl;
    //下面开始各种状态测试
    //先入队一部分
    int x = 0;
```

```
for(j = 0;j < Mq/2 + 1;j++){                    //Mq/2 表示入队一半
    x = j + 1;
    Enqueue1(x);
    cout << x <<"入队后:"<<"\t";
    ShowList(queuearray,Mq);
    cout <<"队列长度: "<< qLen <<"\t";
    cout <<"front:"<< front <<",rear:"<< rear << endl;
}
//出队一部分
int outL = qLen/2 + 2;                          //先出队列一半 + 2 个数据
for(j = 0;j < outL;j++){
    x = Dequeue1();
    cout << x <<"出队后:"<<"\t";
    ShowList(queuearray,Mq);
    cout <<"队列长度: "<< qLen <<"\t";
    cout <<"front:"<< front <<",rear:"<< rear << endl;
}
//再入队一部分
for(j = 0;j < Mq;j++){
    x = j + 10;
    Enqueue1(x);
    cout << x <<"入队后:"<<"\t";
    ShowList(queuearray,Mq);
    cout <<"队列长度: "<< qLen <<"\t";
    cout <<"front:"<< front <<",rear:"<< rear << endl;
}
//再出队一部分
outL = qLen/2 + 2;
for(j = 0;j < outL;j++){
    x = Dequeue1();
    cout << x <<"出队后:"<<"\t";
    ShowList(queuearray,Mq);
    cout <<"队列长度: "<< qLen <<"\t";
    cout <<"front:"<< front <<",rear:"<< rear << endl;
}
//再入队一部分
for(j = 0;j < Mq/2 + 3;j++){
    x = j + 20;
    Equeue1(x);
    cout << x <<"入队后:"<<"\t";
    ShowList(queuearray,Mq);
    cout <<"队列长度: "<< qLen <<"\t";
    cout <<"front:"<< front <<",rear:"<< rear << endl;
}
outL = qLen + 2;
for(j = 0;j < outL;j++){
    x = Dequeue1();
    cout << x <<"出队后:"<<"\t";
    ShowList(queuearray,Mq);
    cout <<"队列长度: "<< qLen <<"\t";
    cout <<"front:"<< front <<",rear:"<< rear << endl;
```

```
        }
        //再入队一部分
        for(j = 0; j < Mq/2 + 1; j++){
            x = j + 10;
            Enqueue1(x);
            cout << x <<"入队后:"<<"\t";
            ShowList(queuearray, Mq);
            cout <<"队列长度: "<< qLen <<"\t";
            cout <<"front:"<< front <<",rear:"<< rear << endl;
        }
        return 0;
    }
```

运行结果如表 3-5 所示。

表 3-5　队列操作结果示例

操作	元素	队　列	长度	front	rear	状态
入队	1	1,0,0,0,0,0,0,0,0,0	1	0	0	
入队	2	1,2,0,0,0,0,0,0,0,0	2	0	1	
入队	3	1,2,3,0,0,0,0,0,0,0	3	0	2	
入队	4	1,2,3,4,0,0,0,0,0,0	4	0	3	
入队	5	1,2,3,4,5,0,0,0,0,0	5	0	4	
入队	6	1,2,3,4,5,6,0,0,0,0	6	0	5	
出队	1	0,2,3,4,5,6,0,0,0,0	5	1	5	
出队	2	0,0,3,4,5,6,0,0,0,0	4	2	5	
出队	3	0,0,0,4,5,6,0,0,0,0	3	3	5	
出队	4	0,0,0,0,5,6,0,0,0,0	2	4	5	
出队	5	0,0,0,0,0,6,0,0,0,0	1	5	5	
入队	10	0,0,0,0,0,6,10,0,0,0	2	5	6	
入队	11	0,0,0,0,0,6,10,11,0,0	3	5	7	
入队	12	0,0,0,0,0,6,10,11,12,0	4	5	8	
入队	13	0,0,0,0,0,6,10,11,12,13	5	5	9	
入队	14	14,0,0,0,0,6,10,11,12,13	6	5	0	
入队	15	14,15,0,0,0,6,10,11,12,13	7	5	1	
入队	16	14,15,16,0,0,6,10,11,12,13	8	5	2	
入队	17	14,15,16,17,0,6,10,11,12,13	9	5	3	
入队	18	14,15,16,17,18,6,10,11,12,13	10	5	4	满
入队	19	14,15,16,17,18,6,10,11,12,13	10	5	4	
出队	6	14,15,16,17,18,0,10,11,12,13	9	6	4	
出队	10	14,15,16,17,18,0,0,11,12,13	8	7	4	
出队	11	14,15,16,17,18,0,0,0,12,13	7	8	4	
出队	12	14,15,16,17,18,0,0,0,0,13	6	9	4	
出队	13	14,15,16,17,18,0,0,0,0,0	5	0	4	
出队	14	0,15,16,17,18,0,0,0,0,0	4	1	4	
出队	15	0,0,16,17,18,0,0,0,0,0	3	2	4	
入队	20	0,0,16,17,18,20,0,0,0,0	4	2	5	

续表

操作	元素	队　　列	长度	front	rear	状态
入队	21	0,0,16,17,18,20,21,0,0,0	5	2	6	
入队	22	0,0,16,17,18,20,21,22,0,0	6	2	7	
入队	23	0,0,16,17,18,20,21,22,23,0	7	2	8	
入队	24	0,0,16,17,18,20,21,22,23,24	8	2	9	
入队	25	25,0,16,17,18,20,21,22,23,24	9	2	0	
入队	26	25,26,16,17,18,20,21,22,23,24	10	2	1	满
入队	27	25,26,16,17,18,20,21,22,23,24	10	2	1	
出队	16	25,26,0,17,18,20,21,22,23,24	9	3	1	
出队	17	25,26,0,0,18,20,21,22,23,24	8	4	1	
出队	18	25,26,0,0,0,20,21,22,23,24	7	5	1	
出队	20	25,26,0,0,0,0,21,22,23,24	6	6	1	
出队	21	25,26,0,0,0,0,0,22,23,24	5	7	1	
出队	22	25,26,0,0,0,0,0,0,23,24	4	8	1	
出队	23	25,26,0,0,0,0,0,0,0,24	3	9	1	
出队	24	25,26,0,0,0,0,0,0,0,0	2	0	1	
出队	25	0,26,0,0,0,0,0,0,0,0	1	1	1	
出队	26	0,0,0,0,0,0,0,0,0,0	0	1	1	空
出队	−1	0,0,0,0,0,0,0,0,0,0	0	1	1	空
出队	−1	0,0,0,0,0,0,0,0,0,0	0	1	1	空
入队	10	0,10,0,0,0,0,0,0,0,0	1	1	1	
入队	11	0,10,11,0,0,0,0,0,0,0	2	1	2	
入队	12	0,10,11,12,0,0,0,0,0,0	3	1	3	
入队	13	0,10,11,12,13,0,0,0,0,0	4	1	4	
入队	14	0,10,11,12,13,14,0,0,0,0	5	1	5	
入队	15	0,10,11,12,13,14,15,0,0,0	6	1	6	

表 3-5 中,元素为−1 时表示队列为空,无数据可出。

4. 基于队列首尾指针实现顺序存储队列操作

在这种方法中,将 rear 指向队尾可用空位置,利用 front 和 rear 指针进行队列满和空状态判断,运算过程中只需要维护队首和队尾指针两个关键量,不需要进行长度计算,相对简单一些。

类似 front 和 rear 指针更新的情形,由于存在队尾追上队首的情况,rear 可能比 front 大,也可能比 front 小,所以若一个循环队列的最大尺寸为 M,同时考虑数组的起始游标从 0 开始,队列满的判断条件要改为(rear＋1)％M＝front,队列的长度为(rear−front＋M)％M。这时,由于队满时会空出一个元素位置,front＝rear 只能在队列为空时出现,消除了歧义。判断队列为空的条件仍为 front＝rear,队列初始状态时 front＝rear＝0,指向第一个位置。

程序 3-5　基于队列首尾指针实现顺序存储队列操作。

```
//获取队列长度
int GetLength()
{
    int len = 0;
```

```
    len = (rear - front + Mq) % Mq;
    return len;
}


//将 x 加入队列
void Enqueue2(int x)
{
    if(((rear + 1) % Mq) == front){        //判断队列是否为满
        cout <<"Full queue"<< endl;        //队列已满
        return;
    }else{
        queuearray[rear] = x;              //x 的值送入队列
        rear = (rear + 1) % Mq;            //更新队尾指针
    }
}
//出队列,返回值为出队元素值,如果队列为空,则返回 - 1
int Dequeue2()
{
    int VFront = - 1;                      //出队元素值
    if(rear == front){
        cout <<"Empty queue"<< endl;       //队列为空
    }else{
        VFront = queuearray[front];        //队列的队首值送出
        queuearray[front] = 0;             //复位出队位置元素值
        front = (front + 1) % Mq;          //更新队首指针
    }
    return VFront;
}


int main(){
    int j;
    MakeNull();
    cout <<"初始队列是:"<< endl;
    ShowList(queuearray,Mq);
    cout <<"front:"<< front <<",rear:"<< rear << endl;
    //下面开始各种状态测试
    //先入队一部分
    int x = 0;
    for(j = 0;j < Mq + 2 + 1;j++){
        x = j + 1;
        Enqueue2(x);
        cout << x <<"入队后:"<< endl;
        ShowList(queuearray,Mq);
        cout <<"队列长度: "<< GetLength()<< endl;;
        cout <<"front:"<< front <<",rear:"<< rear << endl;
    }
    for(j = 0;j < Mq/2 + 1;j++){
        x = j + 1;
        Enqueue2(x);
        cout << x <<"入队后:"<< endl;
        ShowList(queuearray,Mq);
```

```
        cout <<"队列长度: "<< GetLength()<< endl;;
        cout <<"front:"<< front <<",rear:"<< rear << endl;
}
//出队一部分
int len = GetLength();
for(j = 0;j < len/2 + 2;j++){
        x = Dequeue2();
        cout << x <<"出队后:"<< endl;
        ShowList(queuearray,Mq);
        cout <<"队列长度: "<< GetLength()<< endl;
        cout <<"front:"<< front <<",rear:"<< rear << endl;
}
//再入队一部分
for(j = 0;j < Mq;j++){
        x = j + 10;
        Enqueue2(x);
        cout << x <<"入队后:"<< endl;
        ShowList(queuearray,Mq);
        cout <<"队列长度: "<< GetLength()<< endl;
        cout <<"front:"<< front <<",rear:"<< rear << endl;
}
//再出队一部分
len = GetLength();
for(j = 0;j < len/2 + 3;j++){
        x = Dequeue2();
        cout << x <<"出队后:"<< endl;
        ShowList(queuearray,Mq);
        cout <<"队列长度: "<< GetLength()<< endl;
        cout <<"front:"<< front <<",rear:"<< rear << endl;
}
//再入队一部分
for(j = 0;j < Mq/2;j++){
        x = j + 20;
        Enqueue2(x);
        cout << x <<"入队后:"<< endl;
        ShowList(queuearray,Mq);
        cout <<"队列长度: "<< GetLength()<< endl;
        cout <<"front:"<< front <<",rear:"<< rear << endl;
}

len = GetLength();
for(j = 0;j < len + 2;j++){
        x = Dequeue2();
        cout << x <<"出队后:"<< endl;
        ShowList(queuearray,Mq);
        cout <<"队列长度: "<< GetLength()<< endl;
        cout <<"front:"<< front <<",rear:"<< rear << endl;
}
//再入队一部分
for(j = 0;j < Mq/2;j++){
        x = j + 20;
```

```
        Enqueue2(x);
        cout << x <<"入队后:"<< endl;
        ShowList(queuearray, Mq);
        cout <<"队列长度: "<< GetLength()<< endl;
        cout <<"front:"<< front <<",rear:"<< rear << endl;
    }

    return 0;
}
```

获取队列长度 getLength()不是该算法必需的,是为了让读者能够了解程序的执行过程中队列长度的变化。

初始队列为"0,0,0,0,0,0,0,0,0,0",front＝0,rear＝0,长度为10。经过几轮入队和出队操作后的运行结果如表 3-6 所示。

表 3-6　队列操作结果示例

操作	元素	队　　列	长度	front	rear	状态
入队	1	1,0,0,0,0,0,0,0,0,0	1	0	1	
入队	2	1,2,0,0,0,0,0,0,0,0	2	0	2	
入队	3	1,2,3,0,0,0,0,0,0,0	3	0	3	
入队	4	1,2,3,4,0,0,0,0,0,0	4	0	4	
入队	5	1,2,3,4,5,0,0,0,0,0	5	0	5	
入队	6	1,2,3,4,5,6,0,0,0,0	6	0	6	
入队	7	1,2,3,4,5,6,7,0,0,0	7	0	7	
入队	8	1,2,3,4,5,6,7,8,0,0	8	0	8	
入队	9	1,2,3,4,5,6,7,8,9,0	9	0	9	满
入队	10	1,2,3,4,5,6,7,8,9,0	9	0	9	满
入队	11	1,2,3,4,5,6,7,8,9,0	9	0	9	满
入队	12	1,2,3,4,5,6,7,8,9,0	9	0	9	满
入队	13	1,2,3,4,5,6,7,8,9,0	9	0	9	满
入队	1	1,2,3,4,5,6,7,8,9,0	9	0	9	满
入队	2	1,2,3,4,5,6,7,8,9,0	9	0	9	满
入队	3	1,2,3,4,5,6,7,8,9,0	9	0	9	满
入队	4	1,2,3,4,5,6,7,8,9,0	9	0	9	满
入队	5	1,2,3,4,5,6,7,8,9,0	9	0	9	满
入队	6	1,2,3,4,5,6,7,8,9,0	9	0	9	满
出队	1	0,2,3,4,5,6,7,8,9,0	8	1	9	
出队	2	0,0,3,4,5,6,7,8,9,0	7	2	9	
出队	3	0,0,0,4,5,6,7,8,9,0	6	3	9	
出队	4	0,0,0,0,5,6,7,8,9,0	5	4	9	
出队	5	0,0,0,0,0,6,7,8,9,0	4	5	9	
出队	6	0,0,0,0,0,0,7,8,9,0	3	6	9	
入队	10	0,0,0,0,0,0,7,8,9,10	4	6	0	
入队	11	11,0,0,0,0,0,7,8,9,10	5	6	1	

续表

操作	元素	队　列	长度	front	rear	状态
入队	12	11,12,0,0,0,0,7,8,9,10	6	6	2	
入队	13	11,12,13,0,0,0,7,8,9,10	7	6	3	
入队	14	11,12,13,14,0,0,7,8,9,10	8	6	4	
入队	15	11,12,13,14,15,0,7,8,9,10	9	6	5	满
入队	16	11,12,13,14,15,0,7,8,9,10	9	6	5	满
入队	17	11,12,13,14,15,0,7,8,9,10	9	6	5	满
入队	18	11,12,13,14,15,0,7,8,9,10	9	6	5	满
入队	19	11,12,13,14,15,0,7,8,9,10	9	6	5	满
出队	7	11,12,13,14,15,0,0,8,9,10	8	7	5	
出队	8	11,12,13,14,15,0,0,0,9,10	7	8	5	
出队	9	11,12,13,14,15,0,0,0,0,10	6	9	5	
出队	10	11,12,13,14,15,0,0,0,0,0	5	0	5	
出队	11	0,12,13,14,15,0,0,0,0,0	4	1	5	
出队	12	0,0,13,14,15,0,0,0,0,0	3	2	5	
出队	13	0,0,0,14,15,0,0,0,0,0	2	3	5	
入队	20	0,0,0,14,15,20,0,0,0,0	3	3	6	
入队	21	0,0,0,14,15,20,21,0,0,0	4	3	7	
入队	22	0,0,0,14,15,20,21,22,0,0	5	3	8	
入队	23	0,0,0,14,15,20,21,22,23,0	6	3	9	
入队	24	0,0,0,14,15,20,21,22,23,24	7	3	0	
出队	14	0,0,0,0,15,20,21,22,23,24	6	4	0	
出队	15	0,0,0,0,0,20,21,22,23,24	5	5	0	
出队	20	0,0,0,0,0,0,21,22,23,24	4	6	0	
出队	21	0,0,0,0,0,0,0,22,23,24	3	7	0	
出队	22	0,0,0,0,0,0,0,0,23,24	2	8	0	
出队	23	0,0,0,0,0,0,0,0,0,24	1	9	0	
出队	24	0,0,0,0,0,0,0,0,0,0	0	0	0	空
出队	−1	0,0,0,0,0,0,0,0,0,0	0	0	0	空
出队	−1	0,0,0,0,0,0,0,0,0,0	0	0	0	空
入队	20	20,0,0,0,0,0,0,0,0,0	1	0	1	
入队	21	20,21,0,0,0,0,0,0,0,0	2	0	2	
入队	22	20,21,22,0,0,0,0,0,0,0	3	0	3	
入队	23	20,21,22,23,0,0,0,0,0,0	4	0	4	
入队	24	20,21,22,23,24,0,0,0,0,0	5	0	5	

正如图 3-15(a)和(b)所示,当队列为空和队列为满时,判断条件都是 front＝rear,因此提出了两种处理方式来解决这个歧义问题:

第一种方式设立了一个长度变量,以区分循环队列是"空"还是"满"。

第二种方式少用一个数组元素空间,这样判断队列满的条件为(rear＋1)％queue_size＝front,其中 queue_size 为队列数组最大数量,队列空的条件是 rear＝front,消除了歧义。

3.5　小　　结

本章学习了数据结构、线性表、栈和队列,这些内容是数据结构的基础内容,需要熟练掌握。本章内容在后续知识的学习、工作实践中都具有非常重要的意义。

读者需要了解和掌握以下内容。

(1) 数据结构的定义及分类。

(2) 数据结构的逻辑结构、存储结构和数据操作。

(3) 线性表的定义、存储结构及插入和删除操作。

(4) 栈的定义、存储结构及入栈和出栈操作。

(5) 队列的定义、存储结构及入队和出队操作。

3.6　习　　题

1. 数据结构涉及哪几个方面的内容?

2. 数据结构有哪几种分类?

3. 数据存储结构存储方法有哪些?

4. 跟踪调试顺序线性表插入程序 3-1,考察插入操作步骤和数据的变化。

5. 跟踪调试顺序线性表删除程序 3-2,考察删除步骤和数据的变化。

6. 参考顺序线性表插入程序 3-1 和程序 3-2,编写代码实现对字符串的处理。

7. 假定学生的成绩单由学号 stNo、姓名 stName、成绩 stScore 组成,基于链表与结构体编写程序实现按成绩降序排列的学生成绩以及相关的插入、删除、查找和列表显示功能。

8. 跟踪调试程序 3-3 中,考察进栈和出栈处理后,stack 数组中数据的变化。

9. 一个栈的入栈序列为 ABCDE,进栈和出栈可以穿插进行,试编程验证下列出栈序列,指出哪些出栈序列是正确的,哪些是不可能出现的。

A. ABCDE　　　　B. EDCBA　　　　C. DCEBA　　　　D. ECDBA

10. 改写程序 3-4 调用代码片段及数据,跟踪调试验证队列入和出的边界情况,包括循环队列在首位置循环入队、中间位置入队出队、末尾位置出队等情况,考察入队和出队操作后队列中数据的变化。

11. 改写程序 3-5 调用代码片段及数据,跟踪调试验证队列入和出的边界情况,包括循环队列在首位置循环入队、中间位置入队出队、末尾位置出队等情况,考察入队和出队操作后队列中数据的变化。

12. 参考程序 3-5,采用字符数组编写代码实现对字符串队列的处理。

13. 采用链表结构,编写代码实现对字符串队列的处理。

第 **4** 章

树与二叉树

4.1 树的基本概念和术语

在用计算机解决一个具体问题时,采用什么样的数据结构取决于要解决问题的数据特点,首先要对数据进行分析,找出数据之间的相互关系,并将数据及数据之间的关系存储到计算机中,然后设计算法,编写程序。在前面所讲到的数据之间的关系都是线性关系,即每一个数据都只有一个直接前趋和一个直接后继。而现实生活中并非所有的数据都是线性关系。例如,在组织结构体系中,领导归属一个上级,但他并非只有一个下属;在棋类游戏中,每一种棋盘状态都是由上一种状态得到的,但它却可以派生出多种状态。要存储上述数据及其关系,不适于采用线性数据结构,必须采用非线性结构。例如,图 4-1 就可以反映出企业组织结构中领导与下属的关系:A 代表最高领导者,B、C、D 代表中层管理者,而 E、F、G、H、I、J 均代表基层管理者。

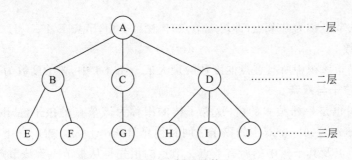

图 4-1　树形结构

因这种数据结构形似一棵自然界中倒立的树,所以把这种对数据而言有一个直接前趋和多个直接后继的一对多的关系称为树。树形结构是节点之间有分支,并具有层次关系的结构。树形结构在客观世界中是大量存在的,在计算机领域中,磁盘上信息组织的目录结构就是一棵树,树中节点为包含有目录名或文件名的每个目录项或文件项;根目录下包含有若干目录项和文件项,每个子目录下又包含有若干子目录项和文件项,以此类推。具有规律性的二叉树是树结构中最为常用的一种,一般树可以采用二叉树的方式来存储。

4.1.1 树的定义

树(tree)是 n(n≥0)个节点的有限集合。当 n＝0 时称为空树,否则,在任一个非空树中:

(1) 有且仅有一个根节点;

(2) 除根节点之外的其余节点可分为 m(m≥0)个互不相交的集合 T1,T2,…,Tm,且其中每一个集合本身又是一棵树,并且称为根的子树。

这是一个递归定义,在树的定义中又用到了树本身。树的递归定义描述出了树的固有特性,即一棵树是由若干棵子树构成的,而子树又可由若干棵更小的子树构成。

如图 4-1 所示的树中,A 为根节点,其余的节点分为三个互不相交的有限集合:T1＝{B,E,F},T2＝{C,G},T3＝{D,H,I,J}。T1、T2 和 T3 都是根 A 的子树,而它们本身也是一棵树。例如,T1 是一棵树,其根为 B,其余节点分为互不相交的两个集合{E}和{F},而{E}和{F}本身又是仅有一个根节点的树。

4.1.2 树的基本术语

在对树进行进一步学习时,需要了解和掌握相关的术语。

1. 节点的度

树中每个节点的子树个数称为此节点的度。图 4-1 中,节点 A 的度数为 3,节点 E 的度数为 0。度大于 0 的节点称为分支节点(又称非终端节点),在分支节点中,每个节点的分支数就是该节点的度。

2. 叶节点

度数为零的节点称为叶节点(即终端节点)。图 4-1 中,节点 E、F、G、H、I、J 为叶节点。

3. 树的度数

树的度数是指该树中所有节点的度数的最大值。图 4-1 中,树的度数为 3。

4. 节点的孩子与双亲

节点的子树也是一棵独立的树,这棵子树的根称为该节点的孩子(child),该节点称为孩子的双亲(parent),同一个双亲的孩子之间互称兄弟(brother)。推广一下,可以用祖先和子孙来称呼根节点及其子树中的所有节点。节点的祖先是从根节点到该节点所经分支上的所有节点。图 4-1 中,节点 H 的祖先是 A、D。相反地,以某节点为根的子树中的任一节点均称为该节点的子孙。图 4-1 中,节点 A 的子孙为 B、C、D、E、F、G、H、I、J。

5. 树的深度

一棵树中节点的最大层次值称为这棵树的深度。树中每个节点相对于根有一个层次。根节点的层次值为 1,沿树的分支可从根节点直接到达的节点的层次值为 2,从层次值为 2 的节点直接到达的节点的层次值为 3,以此类推。图 4-1 中,树的深度为 3。

6. 森林

森林是零棵或多棵不相交的树的集合。森林的概念与树非常接近。只要把一棵树的根节点去掉,就可以变成森林。图 4-1 中,若把节点 A 去掉,就变成了由三棵树组成的森林。

反之,如果把由 n 棵独立的树组成的森林加上一个根节点,而把这 n 棵树作为此根的子树,则使森林变成了树。

7. 有序树

如果在树 T 中各个子树 T1,T2,…,Tn 的相对次序是有意义的(即不能互换),则称 T 为有序树;否则称为无序树。在有序树中,改变子树的相对次序就变成了另一棵树。

4.1.3　树的表示

树结构可以用不同的形式来表示。

1. 树形图表示法

树形图是最常用的一种表示树的方法。如图 4-1 所示,它是将根节点画在最上方,节点从上向下展开,节点之间的关系通过连线表示,形似一棵倒悬的自然界中的树。

2. 文氏图表示法

文氏图(Venn diagram)是一种用集合包含关系来表示树的方法,每棵树对应一个圆形,圆内包含根节点和子树。例如,某城市 A 分成 B、C、D 三个区。其中,B 区有两个住宅小区 E 和 F;C 区仅有一个住宅小区 G;D 区又有 H、I 和 J 三个住宅小区。这种表示法如图 4-2(a)所示。从图 4-2 中可以看出各子树互不相交,没有交集。

3. 凹入表示法

每棵树的根对应一个条形,子树的根对应一个较短的条形,且树根在上,子树的根在下,兄弟间等长,一个节点的条形要求不小于其子节点的长度,主要用于树的直观显示或打印输出。例如,某本书的一章 A 可以分成 B、C、D 三节,其中 B 节分为 E 和 F 两个主题;C 节只有一个主题 G;D 节又分为 H、I 和 J 三个主题,如图 4-2(b)所示。

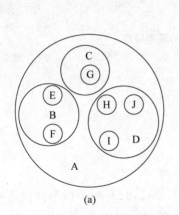

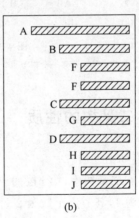

(a)　　　　　　　　　　(b)

图 4-2　树的不同表示法

(a) 文氏图表示法;(b) 凹入表示法

4.1.4　树的逻辑结构特点

树形结构的逻辑特征可用树中节点之间的父子关系来描述:树中任一节点都可以有零

个或多个后继节点(即子树),但至多只能有一个直接前趋(即双亲)节点。树中只有根节点无前趋节点,叶节点无后继节点。显然,父子关系是非线性的,所以树形结构是非线性结构。

4.2　二　叉　树

二叉树是树形结构的一个重要类型,许多实际问题抽象出来的数据结构往往是二叉树的形式,即使是一般的树也能相应地转换为二叉树,而且二叉树的存储结构及其算法都较为简单,因此二叉树显得尤为重要。

4.2.1　二叉树的定义

二叉树是每个节点最多有两棵子树的树结构,通常子树被称作"左子树"(left subtree)和"右子树"(right subtree)。一般左、右子树不能互换。

二叉树是 n(n≥0)个节点的有限集合,当 n=0 时为空集,若二叉树为空集,称为空二叉树。二叉树可以是空二叉树,或者由一个根节点和两棵互不相交的左子树和右子树组成,左、右子树也可以是空二叉树。因此二叉树共有五种基本形态,如图 4-3 所示。其中图 4-3(a)为空二叉树,图 4-3(b)为仅有一个根节点的二叉树,图 4-3(c)为右子树为空的二叉树,图 4-3(d)为左子树为空的二叉树,图 4-3(e)为左右均非空的二叉树。

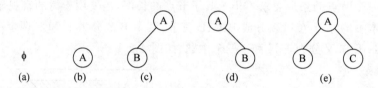

图 4-3　二叉树的基本形态

(a) 空二叉树;(b) 只有一个根节点;(c) 右子树为空;(d) 左子树为空;(e) 左右子树均非空

4.2.2　二叉树的性质

二叉树具有如下性质。

性质 4-1　在二叉树中,第 i 层的节点数最多为 $2^{i-1}(i \geq 1)$ 个。

例如,层次为 1,其节点个数为 $2^{i-1}=2^{1-1}=2^0=1$,只有一个根节点在第一层上;层次为 2,则节点个数为 $2^1=2$;第 n 层最多节点数为 2^{n-1}。

性质 4-2　在深度为 k 的二叉树中节点总数最多为 $2^k-1(k \geq 1)$。

这是将二叉树中每一层上节点的最大数相加而得,即

$$\sum_{i=1}^{k} 2^{i-1} = 2^k - 1$$

性质 4-3　对任何一棵二叉树 T,设 n_0、n_1、n_2 分别是度数为 0(终端节点数)、1、2 的节点数,则有

$$n_0 = n_2 + 1$$

换句话说,度数为 0 的节点(即叶节点)比度数为 2 的节点多一个。

如果一棵深度为 k 的二叉树,共有 2^k-1 个节点,则此二叉树称为满二叉树,即树中的每层都含有最多的节点。满二叉树的叶节点都集中在二叉树的最下一层,并且除叶节点之外的每个节点度数均为 2。对一棵满二叉树,从第 1 层的根节点开始,自上而下、自左向右采用层序遍历的方式将二叉树各个节点进行编号,则给出了满二叉树的顺序表示法,图 4-4(a)是一棵顺序编号的满二叉树。

如果深度为 k 且有 n 个节点的二叉树,能够与深度为 k 的顺序编号的满二叉树从 1 到 n 标号的节点相对应,则称这样的二叉树为完全二叉树。完全二叉树中若有度为 1 的节点,则只可能有一个,且该节点只有左孩子而无右孩子。图 4-4(b)是完全二叉树,所有的节点都连续集中在最左边,与图 4-4(a)中满二叉树的编号对应。图 4-4(c)中节点 10 在右侧,没有与图 4-4(a)中满二叉树的编号对应,是非完全二叉树。

显然,满二叉树是完全二叉树的特例,但完全二叉树不一定是满二叉树。满二叉树中不存在度数为 1 的节点,每个分支节点都有两棵高度相同的子树;完全二叉树中只有最下面两层节点的度数可以小于 2,并且最下一层的节点都集中在该层最左边的若干位置上。

性质 4-4　对任何一棵完全二叉树,若共有 n 个节点,则其深度为 $[\text{lb}n]+1$,其中 $[\text{lb}n]$ 表示取下限整数。

设完全二叉树的深度为 k,根据完全二叉树的定义可知,k-1 层满二叉树的节点个数为 n 时,有 $2^{k-1}-1<n\leqslant 2^k-1$,即 $2^{k-1}\leqslant n<2^k$;

对不等式取对数,有 $k-1\leqslant \text{lb}n<k$;由于 k 是整数,所以具有 n 个节点的完全二叉树,其深度为 $[\text{lb}n]+1$。

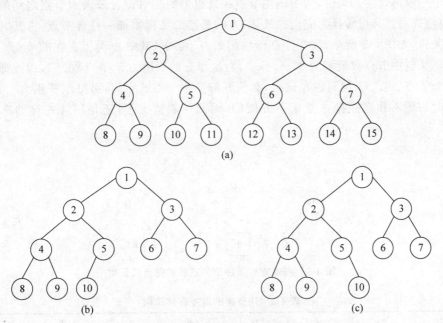

(a)

(b)　　　　　　　　　　　(c)

图 4-4　满二叉树和完全二叉树

(a) 满二叉树;(b) 完全二叉树;(c) 非完全二叉树

性质 4-5　设完全二叉树有 n 个节点,对其中任意的节点编号 i(1≤i≤n),有:

(1) 若 i≠1,则 i 的双亲编号是[i/2];若 i＝1,则 i 是根节点,无双亲。

(2) 若 2i≤n,则 i 的左子树编号是 2i;若 2i＞n,则 i 无左子树。

(3) 若 2i+1≤n,则 i 的右子树编号是 2i+1;若 2i+1＞n,则 i 无右子树。

此特性可以用归纳法进行证明。

例如,图 4-4(a)中 9 号节点的双亲是 4 号节点。图 4-4(b)中对 4 号节点而言,其左子树是 8 号节点,其右子树是 9 号节点;对 6 号节点而言,由于节点数仅有 10 个,所以它没有左、右子树。

4.2.3　二叉树的存储结构

对于二叉树存储,可以采用顺序存储,也可以采用链式存储,现分别进行讨论。

1. 二叉树的顺序存储

二叉树的顺序存储是使用顺序表(数组)存储二叉树。对于二叉树中的满二叉树和完全二叉树采用顺序存储,没有浪费内存的情况。对于图 4-4(b)的二叉树,其存储结构如表 4-1 所示。

表 4-1　图 4-4(b)的二叉树的顺序存储结构

节点	1	2	3	4	5	6	7	8	9	10
地址	0	1	2	3	4	5	6	7	8	9

对于一般形式的二叉树,为了能用节点在数组中的相对位置来表示节点之间的逻辑关系,需要将普通二叉树转换为完全二叉树,方法是给二叉树添加一些虚节点,将其"拼凑"成完全二叉树,如图 4-5 所示,其顺序存储结构如表 4-2 中,其中 Φ 为不存在的节点。在深度为 k 的二叉树中节点数最多为 $2^k-1(k≥1)$,这里 k 的取值为 3,节点数为 7,因此即使该树仅有三个节点 A、B、C,但顺序存储时,必须开辟 7 个节点的空间,可见浪费很大。另外,顺序存储时的插入和删除操作是很不方便的,因此一般情况下,还是用链式存储来表示二叉树。

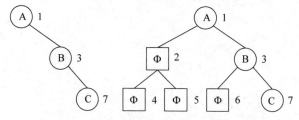

图 4-5　右单支树添加虚节点后的完全二叉树

表 4-2　单支树的顺序存储结构

节点	A	Φ	B	Φ	Φ	Φ	C
地址	0	1	2	3	4	5	6

2. 二叉树的链式存储

树中每个节点可能有多个子树,而二叉树中每个节点最多只能有两棵子树,即只能有左子树和右子树。利用二叉链表来实现对树的存储,将树中节点的左指针指向该节点的第一个子树,将节点的右指针指向第二棵子树,如图 4-6 所示。

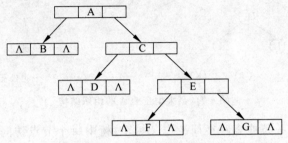

图 4-6 树的链式存储形式

当用链表来表示二叉树时,每个节点需要几个域可根据需要来设定,常用的是设定三个域,即数据域、左子树域、右子树域。节点的结构为

lchid	data	rchild

相应的程序实现代码见程序 4-1。

程序 4-1 链表二叉树数据结构。

```
typedef char datatype;              //给 char 这种数据类型一个别名——datatype
typedef struct lkBinTreenode        //定义二叉树类型的结构体
{
    datatype data;                  //数据域
    struct lkBinTreenode * lchild, * rchild;//在结构体中定义指针型的左子树域和右子树域
} lkBinTree;                        //可以用 lkBinTree 来定义链表二叉树变量
```

在一棵二叉树中,所有类型为 lkBinTreenode 的节点,再加上一个指向根节点的 lkBinTree 型头指针 T,就构成了二叉树的存储结构,这种存储结构称为二叉链表。程序 4-1 中定义了 datatype,是为了在对不同的数据类型进行处理时不需要更改结构体代码。

但在使用多重链表存储二叉树时,也会浪费存储空间。因为每个节点不一定都有左、右子树,所以链表中还是会出现许多空域的。设树 T 的度数为 k,有 n 个节点采用定长节点,每个节点具有 k 个链域,则共有 nk 个链域。另外,由于 n 个节点只有 n−1 个分支相连接,一个分支就对应一个链域,故仅需 n−1 个链域,因此空链域的个数为 nk−(n−1)＝n(k−1)+1。

4.3 二叉树的遍历

遍历二叉树是二叉树的一种重要的运算。例如,某企业 A 的组织结构采用二叉树结构,如图 4-7 所示。它共分五级:第一级为企业本部;第二级为企业下属公司;第三级为公司下属各子公司;第四级为子公司下属各部门;第五级为各部门下属的办公室。现要统计

整个企业各单位的人员情况,即搜集每一个节点的有关信息,则须从根节点开始进行二叉树的遍历。

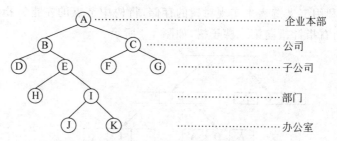

图 4-7　某大型企业 A 的组织结构

所谓遍历是指沿某条搜索路径周游二叉树,对树中每个节点访问一次且仅访问一次。遍历一个线性结构很容易,只需从开始节点出发顺序扫描每个节点即可。但是二叉树是一个非线性结构,每个节点可以有两个直接后继节点,即左子树节点和右子树节点,因此需要寻找一种规律来系统地访问树中各节点。

4.3.1　二叉树遍历的递归算法

二叉树的定义是递归的,一棵非空的二叉树是由根节点、左子树、右子树这三个基本部分组成的,因此遍历一棵非空二叉树的问题可分解为三个子问题:访问根节点;遍历左子树;遍历右子树。若分别用 D、L 和 R 表示上述三个子问题,则有 DLR、LDR、LRD、DRL、RDL、RLD 六种次序的遍历方案。其中前三种方案是以先左后右的次序遍历根的两棵子树,而后三种方案则是以先右后左的次序遍历根的两棵子树。由于二者对称,故只讨论前三种次序的遍历方案。

在遍历方案 DLR 中,因为访问根的操作是在遍历其左、右子树之前进行的,故称为前序遍历(或先根遍历)。类似地,LDR 和 LRD 分别称为中序遍历(或中根遍历)和后序遍历(或后根遍历),三种遍历节点搜索方向如图 4-8 所示。通常将三种遍历得到的节点序列分别简称为二叉树的前序序列、中序序列和后序序列。

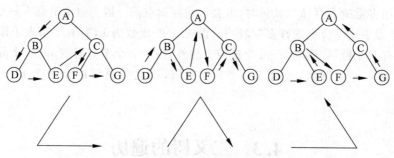

图 4-8　二叉树三种遍历搜索方向

显然遍历左、右子树的子问题和遍历整棵二叉树的原问题具有相同的特征属性,因而很容易写出如下三种遍历的递归算法。

1. 前序遍历二叉树

若二叉树非空,则依次进行如下操作:

(1) 访问根节点;

(2) 前序遍历左子树;

(3) 前序遍历右子树。

2. 中序遍历二叉树

若二叉树非空,则依次进行如下操作:

(1) 中序遍历左子树;

(2) 访问根节点;

(3) 中序遍历右子树。

3. 后序遍历二叉树

若二叉树非空,则依次进行如下操作:

(1) 后序遍历左子树;

(2) 后序遍历右子树;

(3) 访问根节点。

图 4-7 中二叉树的三种递归遍历过程如图 4-9 所示。

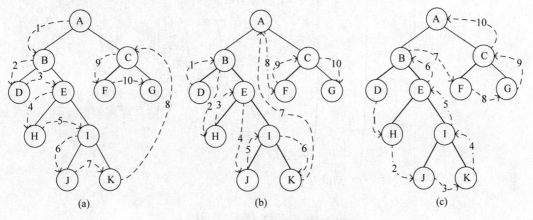

图 4-9　二叉树三种递归遍历过程

(a) 前序遍历二叉树;(b) 中序遍历二叉树;(c) 后序遍历二叉树

在上述递归算法中,递归的终止条件是二叉树为空,此时应为空操作。访问根节点所做的处理应视具体问题而定,在此不妨假设访问根节点是打印输出节点数据。

若以二叉链表作为存储结构,前序遍历算法代码如程序 4-2 所示。

程序 4-2　前序遍历算法。

```
void PreOrder(lkBinTree * t)            //前序遍历二叉树 t
{
    if(t!= NULL)                        //二叉树 t 非空
    {
        cout <<"\t"<< t-> data;        //访问节点 t
        PreOrder(t-> lchild);          //前序遍历 t 的左子树
        PreOrder(t-> rchild);          //前序遍历 t 的右子树
```

```
        }
    }
```

为了便于理解递归算法 PreOrder,结合上述代码示例,用图 4-10 来表示递归调用的执行过程。图 4-10 中的"主调用"即外层程序中第一次调用此过程;"左→"表示继续遍历当前根节点的左子树(以当前根节点的左子树域的值为实参调用递归过程);同样以"右→"表示遍历右子树;方括号"["所包含的是一次调用所执行的操作。前序遍历图 4-7 中二叉树节点的访问次序为 A、B、D、E、H、I、J、K、C、F、G。

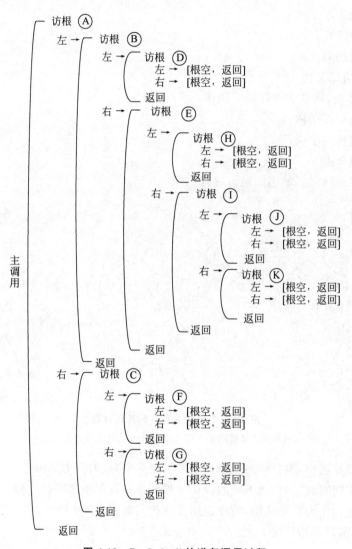

图 4-10   PreOrder()的递归调用过程

类似地,中序遍历算法代码如程序 4-3 所示。

程序 4-3   中序遍历算法。

```
void InOrder(lkBinTree * t)              //中序遍历二叉树 t
{
    if(t!= NULL)                         //二叉树 t 非空
```

```
    {
            InOrder(t->lchild);        //中序遍历 t 的左子树
            cout <<"\t"<< t->data;     //访问节点 t
            InOrder(t->rchild);        //中序遍历 t 的右子树
    }
}
```

对于图 4-7 所示的二叉树,函数 InOrder 运行后输出的中序序列为 D、B、H、E、J、I、K、A、F、C、G。

同样,后序遍历算法代码如程序 4-4 所示。

程序 4-4　后序遍历算法。

```
void PostOrder(lkBinTree * t)          //后序遍历二叉树 t
{
    if(t!= NULL)                       //二叉树 t 非空
    {
            PostOrder(t->lchild);      //后序遍历 t 的左子树
            PostOrder(t->rchild);      //后序遍历 t 的右子树
            cout <<"\t"<< t->data;     //访问节点 t
    }
}
```

和上面类似,对图 4-7 所示的二叉树,算法 PostOrder 输出的后序序列为 D、H、J、K、I、E、B、F、G、C、A。

4.3.2　链表二叉树的建立

遍历是二叉树各种操作的基础,可以在遍历过程中对节点进行各种操作,如求已知节点的双亲节点、求已知节点的子树节点、判定节点所在层次等;也可以在遍历过程中生成节点,建立二叉树的存储结构。程序 4-5 实现了一个用递归方法按前序序列建立链表二叉树。

程序 4-5　前序递归建立链表二叉树。

```
/**
前序递归建立链表二叉树
T 为链表二叉树,chars 为输入的二叉树字符数组,len 为字符数组长度
*/
static int count = 0;                  //记录递归过程中字符数组已处理的字符数
lkBinTree * CreatePreOrderBitree(lkBinTree * T,char chars[],int len)
{
    char ch;
    if(count >= len){
        T = NULL;
        return T;
    }
    ch = chars[count++];
    if(ch == '#'){
        T = NULL;                      //字符为"#",表示虚拟节点,T 置空
    }else{
```

```
            T = (lkBinTree * )malloc(sizeof(lkBinTree));    //分配内存
            T -> data = ch;    //把 ch 的值赋给指针 T 所指的对象的数据成员 data
            T -> lchild = CreatePreOrderBitree(T -> lchild,chars,len);    //递归创建左子树
            T -> rchild = CreatePreOrderBitree(T -> rchild,chars,len);    //递归创建右子树
        }
        return T;                       //返回二叉树
    }

    int main(){
        lkBinTree * T = NULL;
        char chars[] = "AB##CD##EF##G##";
        int len = sizeof(chars)/sizeof(chars[0]) - 1;
        count = 0;
        T = CreatePreOrderBitree(T,chars,len);
        cout << endl <<"PreOrder:"<< endl;
        PreOrder(T);                    //前序遍历
        cout << endl <<"InOrder: "<< endl;
        InOrder(T);                     //中序遍历
        cout << endl <<"PostOrder: "<< endl;
        PostOrder(T);                   //后序遍历
        return 0;
    }
```

CreatePreOrderBitree()是递归函数,为了确定迭代过程中处理的中序序列字符位置,在第 5 行定义了一个静态整型变量 count,用于记录递归过程中字符数组已处理的字符数,初始值为 0。

第 6～24 行定义了前序建立二叉树函数 CreatePreOrderBitree(),传入参数为树 T、中序序列字符数组 chars[]和数组长度 len。第一次调用时,T 为空(NULL)。

第 8 行定义局部变量 ch,用于保存从字符数组 chars 中取到的下一个字符。

第 9～12 行判断是否已经处理完所有字符,如果处理完所有字符,T=NULL 并返回。

第 13 行取出当前字符赋值给 ch,并将 count+1。

第 15 和 16 行的条件判断检查取到的字符是否为♯,本例中用♯表示虚拟空节点。如取到的是♯空节点,则令 T 为 NULL。程序会结束条件分支,跳转到第 23 行,返回当前的二叉树 T。

第 17～22 行是对非空节点的处理(ch 的值不为♯)。

第 18 行为 T 分配存储空间,得到 T 是 linkBinTree 类型的指针。

第 19 行将字符 ch 赋值给 T 的数据域 data。

第 20 行递归调用 CreatePreOrderBitree()函数创建 T 的左子树 T—>lchild。

第 21 行递归调用 CreatePreOrderBitree()函数创建 T 的右子树 T—>rchild。

else 分支结束后,执行第 23 行,返回当前的二叉树 T。

第 26～39 行是 main()函数,调用 CreatePreOrderBitree()函数创建 T,并对 T 进行遍历验证。

第 27 行定义 linkBinTree 类型指针 T,并赋初值为 NULL。

第 28 行定义待处理的中序序列字符数组 chars,其中用♯符号表示空节点。读者在练习时,可以改变字符数组 chars 创建不同的二叉树。

　　第 29 行是获取字符数组 chars 的长度 len。注意,如果数组空间大于中序序列字符数,则 len 为中序序列字符数而不能是字符数组长度。

　　第 31 行调用 CreatePreOrderBitree()函数构造二叉树 T,调用参数为初始二叉树 T、字符数组 chars 和字符数组长度 len,返回值是创建后的二叉树 T。

　　第 32 行向控制台输出"PreOrder:",表示准备开始对得到的二叉树 T 进行前序遍历。

　　第 33 行对二叉树 T 进行前序遍历,并输出前序遍历结果。

　　类似地,第 34 行和 35 行、第 36 行和 37 行分别进行中序和后序遍历并输出遍历结果。

　　二叉树的前序遍历、中序遍历和后序遍历程序代码已经在前面给出,因此程序 4-5 中不再重复列出,练习时可以将相关代码复制到同一个源代码文件中并运行程序。

　　读者可以参考第 2 章递归中考察程序运行过程的方法,采用调试模式运行代码,考察迭代过程中 T 值的变化,进一步理解二叉树的创建和遍历原理。

　　运行代码,建立如图 4-11 所示的二叉树,三种递归遍历结果如表 4-3 所示。

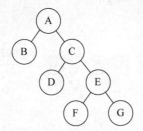

图 4-11　二叉树示例

表 4-3　二叉树的建立及遍历结果

前序遍历	A	B	C	D	E	F	G
中序遍历	B	A	D	C	F	E	G
后序遍历	B	D	F	G	E	C	A

　　对图 4-11 所示的二叉树,按下列次序读入字符 ABD＃＃EH＃＃IJ＃＃K＃＃CF＃＃G＃＃可建立相应的二叉链表。

　　上面介绍了按前序序列建立链表二叉树的方法,而对于中序遍历,中序序列在某些特定情况下不能确定是左子树还是右子树,因此如果中序序列建立二叉树,需要对序列做出左、右子树标记,避免创建出的二叉树与原树不符。

4.3.3　二叉树遍历的非递归算法

　　以上介绍的是三种遍历的递归函数,它清晰、易读,下面讨论二叉树遍历的非递归算法。非递归函数要用栈来保存遍历过程中经过的各个节点,这里以中序遍历为例进行说明。

　　用非递归实现中序遍历二叉树时,需从根节点开始,沿左边搜索整棵二叉树,寻找二叉树中最左端的节点,并依次将沿途遇到的各节点入栈保存(栈中保存的是指向各节点的指针)。当入栈后的某节点的左子树为空时,结束左子树遍历,取出栈顶节点(即刚刚入栈的节点),访问该节点数据(如打印输出),然后将该节点的右子树作为新的树根,继续搜索其右子树中最左端的节点，以此类推。

　　若该节点无右子树，则栈顶元素出栈，访问该节点数据，然后将其右子树作为新的根节点继续上述搜索，直到栈空为止，如图 4-12 所示。

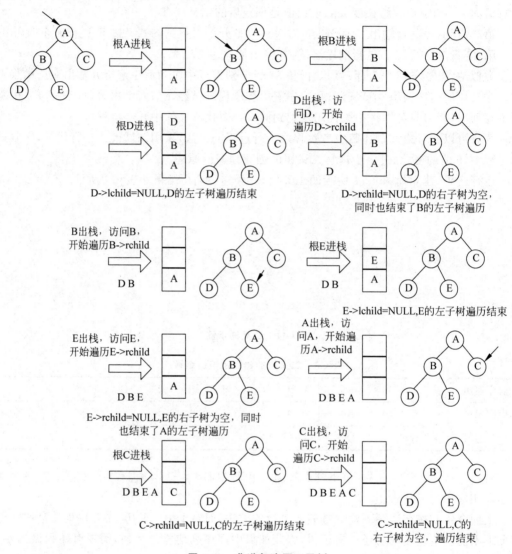

图 4-12　非递归遍历二叉树

　　具体函数如程序 4-6 所示。

　　程序 4-6　中序遍历非递归算法。

```
#define M 10
//二叉树遍历的非递归算法
void InorderNonrecursive(lkBinTree * tr)
{
    lkBinTree * workingnode;
    int top,finishflag = 0;
    lkBinTree * nodestack[M];              //定义栈
    top = -1;
```

```
workingnode = tr;
while(!finishflag){
      if(workingnode!= NULL){
            top++;
            if(top > M-1){                         //判断栈满
                  finishflag = 1;                  //结束标志
                  cout <<"栈满"<< endl;
            }else{
                  nodestack[top] = workingnode;        //节点 workingnode 入栈
                  workingnode = workingnode->lchild;   //继续搜索 workingnode 的左子树
            }
      }else if(top < 0){                            //判断栈空
            finishflag = 1;                         //设置结束标志
      }else{
            workingnode = nodestack[top--];          //出栈,栈顶元素赋给 p,栈顶指针减 1
            cout <<"\t"<< workingnode->data;         //访问根节点
            workingnode = workingnode->rchild;       //准备搜索当前节点的右子树
      }
}
```

运行结果与中序遍历链表二叉树程序 4-3 相同,为 B、A、D、C、F、E、G。

从上述可以看出,代码比递归遍历算法复杂。

4.4 线索二叉树

在二叉树的遍历中,得到了前序序列、中序序列和后序序列三种线性序列,除了第一个节点和最后一个节点以外,其余节点都有且仅有一个直接前趋节点和一个直接后继节点。为了区别树形结构中前趋(即双亲)节点和后继(即子树)节点的概念,对上述三种线性序列,均在某节点的前趋和后继之前冠以其遍历次序名称,如"前序前趋节点""前序后继节点"。

对图 4-11 进行三种遍历的结果见表 4-4。观察表 4-4,对图 4-11 所示的二叉树节点 C,其前序前趋节点是 K,前序后继节点是 F;中序前趋节点是 F,中序后继节点是 G;后序前趋节点是 G,后序后继节点是 A。但是就该树的逻辑结构而言,C 的前趋节点是 A,后继节点是 F 和 G。

表 4-4 对图 4-11 的三种遍历结果

前序遍历	A	B	D	E	H	I	J	K	C	F	G
中序遍历	D	B	H	E	J	I	K	A	F	C	G
后序遍历	D	H	J	K	I	E	B	F	G	C	A

当用二叉链表作为二叉树的存储结构时,因为每个节点中只有指向其左、右子树节点的指针域,所以从任一节点出发只能直接找到该节点的左、右子树,一般情况下无法直接找到

该节点在某种遍历序列中的前趋节点和后继节点。若每个节点设立五个域,除数据域和左、右子树域外,再增加前趋域和后继域两个指针域,分别指向遍历时得到的前趋节点和后继节点,这样虽然可行,但将大大降低存储空间的利用率,可以用另一种实现方法——线索二叉树。

4.4.1　线索二叉树的描述

在 n 个节点的二叉链表中,空链域是 n+1,如图 4-13 所示,D、E、C 这几个节点的左右指针并没有完全用上,造成了内存的浪费。可以将这些空指针域利用起来,使其指向节点在某种遍历次序下的前趋或后继,原本不空的指针域仍指向其左、右子树。把附加的指向前趋和后继的指针称为"线索",加上了线索的二叉链表称为线索链表,相应二叉树称为线索二叉树。加上线索后,含有空子节点的节点在按某种次序遍历检索时能够根据线索直接找到前趋节点和后继节点,也就是说有助

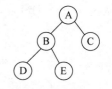

图 4-13　空链域二叉树

于快速找到只有一个子节点的节点或者叶节点在某种遍历次序下的前趋节点和后继节点。

为了区分一个节点的指针域是指向其子树的指针,还是指向其前趋或后继的线索,可在每个节点中增加两个线索标志域,这样线索链表中的节点结构为:

ltag	lchild	data	rchild	rtag

其中:

左线索标志 $ltag = \begin{cases} 0, & \text{lchild 是指向节点的左子树的指针} \\ 1, & \text{lchild 是指向节点的前趋的左线索} \end{cases}$

右线索标志 $rtag = \begin{cases} 0, & \text{rchild 是指向节点的右子树的指针} \\ 1, & \text{rchild 是指向节点的后继的右线索} \end{cases}$

线索标志是整数类型,而不是子树的指针,从而可以提高存储空间的利用率。

如图 4-14 所示,节点 A 和 B 的 lchild 和 rchild 都为 0,表明这两个节点的指针域是指向其子树的指针;点 C、D、E 三个节点的 lchild 和 rchild 都为 1,表明这些是空指针域,指向节点在某种遍历次序下的前趋节点或后继节点。

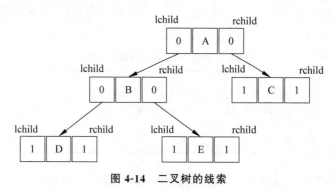

图 4-14　二叉树的线索

线索链表存储二叉树的数据结构如程序 4-7 所示。

程序 4-7　线索二叉树数据结构。

```
typedef struct bttreenode
{
    int ltag, rtag;
    char data;
    struct bttreenode * lchild, * rchild;
} ThreadBinTree;
```

对二叉树以某种次序遍历，并在遍历过程中用线索取代空指针的过程称为线索化。对一棵给定的二叉树，按不同的遍历进行线索化所得到的线索树是不同的，对分别用前序遍历、中序遍历、后序遍历进行线索化得到的线索树，分别称为前序线索树、中序线索树和后序线索树。

如图 4-15(a)所示的二叉树，它的中序线索树如图 4-15(b)所示，线索树链表如图 4-15(c)所示。图中的实线表示指针，虚线表示线索。节点 D 的左线索为空，表示 D 是中序序列的首节点，它没有前趋节点；节点 I 的右线索为空，表示 I 是中序序列的末节点，它没有后继节点。显然在线索二叉树中，一个节点是叶子节点的充要条件为：它的左、右线索标志均是 1。从图 4-15(c)中可以看出，中序线索化后，左子树节点 D、B、G、E、H 的右线索指针组成的节点顺序，就是中序遍历的顺序，而节点 I、H、G 的左线索指针组成的节点顺序，就是中序遍历的逆序。同时注意到，除了整个树最左侧节点外，其余各个子树的最左侧节点能够通过线索与前面的节点进行关联，如 A 与 G、H 与 C。

图 4-15(d)是(a)的前序线索树，节点 A 是前序序列的首节点，它没有前趋节点；节点 I 的右线索为空，表示 I 是前序序列的末节点，它没有后继节点。

图 4-15(e)是(a)的后序线索树，节点 D 是后序序列的首节点，它没有前趋节点；节点 A 是后序序列的末节点，它没有后继节点。

从上面可以看出，线索化前，只有一个子节点或者叶子节点在按某种次序遍历时，难以明确直接前趋节点和直接后继节点，加上线索后，对这类节点的遍历可以很方便通过线索确定前趋节点和后继节点，提高了效率。

从前面介绍的线索二叉树原理可以知道，只能对只有一个子节点或者叶子节点加线索，当一个节点左、右子树都存在时，说明左、右两个指针域都有具体的子节点指向，这时候该节点没有线索，节点在遍历序列中的位置只能通过相关节点的线索结合遍历规则进行判断。

4.4.2　二叉树的线索化

在对一棵二叉树进行线索化时，该二叉树的初始状态应为：每个节点的线索标志域均为 0，若一个节点有左子树或右子树，则相应的指针域指向子树，否则为空，在线索化的过程中加入线索。

对一棵二叉树进行某种遍历次序的线索化，显然就是对该二叉树进行这种遍历的过程，只不过在访问节点时，不是简单地输出节点的值，而是对指针域为空的节点加线索。

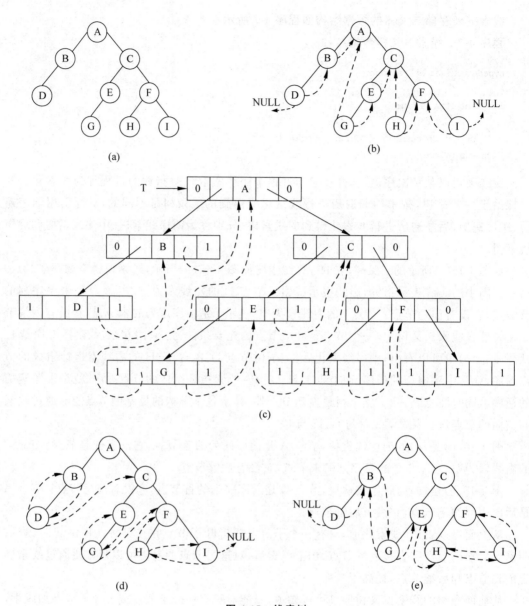

图 4-15　线索树

(a) 二叉树；(b) 中序线索树节点序列：D、B、A、G、E、C、H、F、I；

(c) 中序线索树链表；(d) 前序线索树的逻辑表示节点序列：A、B、D、C、E、G、F、H、I；

(e) 后序线索树的逻辑表示节点序列：D、B、G、E、H、I、F、C、A

二叉树中序线索化具体规则如下：

(1) 若当前节点的左子树非空，则将左线索标志域置 0，继续检索左子树，直至找到中序序列中第一个节点。

(2) 若当前节点的左指针域为空，则将左线索标志域置 1，同时把前趋节点的指针域赋给当前节点的左指针域，即给当前节点加左线索。

图 4-15(c)中节点 I 的左指针域为空，左线索标志域为 1，将前趋节点 F 的指针域赋给

节点 I 的左指针域,即给节点 I 加左线索。

(3) 若当前节点的右指针域为空,则将右线索标志域置 1,以便当访问下一个(即后继)节点时,给它加右线索。

图 4-15(c)中 B 的右指针域为空,将右线索标志域置为 1,当找到下一个后继节点 A 时,将 A 的指针赋给前趋节点 B 的右指针域,即前趋节点 B 的右线索指向 A。

(4) 若前趋节点不空,或者说当前节点不是序列中的第一个节点,同时前趋节点的右线索标志域为 1(表示此节点的右指针域为空)时,则将当前节点的指针赋给前趋节点的右指针域,即给前趋节点加右线索。这个过程类似于人们排队,在后面的人到来之前,前面的人不知道后面的人是谁,只有当后面的人到达后,告诉前面的人"我站你后面",前面的人才能确定后面的人,换句话说是后面的人告诉前面的人是谁站在他后面。

图 4-15(c)中 B 不是序列中的第一个节点,前趋节点 D 的右指针域为空,即 D 的右线索标志域为 1,这时,将 B 的指针赋给前趋节点 D 的右指针域,即在处理 B 时为前趋节点 D 加右线索指向 B。

(5) 将当前节点的指针赋给保存前趋节点指针的变量,以便当访问下一个节点时,此当前节点成为前趋节点。

(6) 右子树非空时,继续为右子树加中序线索。

从上面的二叉树中序线索化过程可以看出,右线索是通过两次递归调用完成的,上一次递归调用时设置线索标志,下一次递归调用时加线索指针。

下面给出一个用递归方法对二叉树进行中序线索化的算法。其中 preNode 用来保存前趋节点的指针,preNode 的初始值为空,参数 thrdt 初始值指向待线索化的二叉树的当前节点。

程序 4-8 二叉树中序线索化。

```
//中序二叉树线索化,算法中处理线索标志
void InOrderThreadedBinTree(ThreadBinTree * thrdt, ThreadBinTree * & prevNode)
{
        if(thrdt == NULL){            //当二叉树为空时结束递归
            return;
        }
        if(thrdt -> lchild!= NULL){    //规则1: 左指针域非空,左线索标志域置0,继续处理左子树
            thrdt -> ltag = 0;
            InOrderThreadedBinTree(thrdt -> lchild, prevNode);    //继续处理左子树
        }else{//当 thrdt -> lchild == NULL 时,规则2: 左指针域为空,将左线索标志域置1,同时把前
                趋节点的指针域赋给当前节点的左指针域,即为当前节点加左线索
            thrdt -> ltag = 1;
            thrdt -> lchild = prevNode;        //为当前节点加前趋线索
        }
        if(thrdt -> rchild!= NULL){                //右指针域非空,右线索标志域置0
            thrdt -> rtag = 0;
        }else{//此时 thrdt -> rchild = NULL,规则3: 右指针域为空,则将右线索标志域置1,以便当访
                问下一个(即后继)节点时,为它加右线索
            thrdt -> rtag = 1;                //为右指针域为空的节点加右线索标记
```

```
    }

    if(prevNode!= NULL&&prevNode->rtag==1){//规则4:前趋节点不为空,同时前趋节点的右
线索标志域为1时,将当前节点的指针赋给前趋节点的右指针域,即为前趋节点加右线索
        prevNode->rchild = thrdt;        //为前趋节点加后继线索
    }
    prevNode = thrdt;                //规则5:把刚访问过的当前节点设置为下一个节点的前趋节点
    if(thrdt->rtag==0){
        InOrderThreadedBinTree(thrdt->rchild, prevNode);
                                //规则6:右子树非空时,为右子树加中序线索
    }
}
```

上面的线索化算法中处理了线索标志,无须在创建二叉树时处理线索标志。

运行程序,设置初始字符数组为"ABD＃＃＃CEG＃＃＃FH＃＃I＃＃",利用前序遍历创建二叉树,可以得到图4-15(a)二叉树的内存结构如图4-16所示,其中 ltag、rtag 在下一步线索化中处理,其值为系统分配的某个随机数,lchild 或 rchild 地址为 0x00000000 表示子树为空,图中的内存地址值随着计算环境可能会有所不同。

第1次调用 InOrderThreadedBinTree()时,前一个节点 prevNode 为空,当前节点为A,其左子树非空,应用规则1,进入第6行的 if 判断,将左线索标志置0,根据中序遍历规则执行第8行继续沿左子树搜索序列中第一个节点,由于没有找到第一个节点,此时节点 prevNode 为空。第2次进入 InOrderThreadedBinTree()时,当前节点为B,其左子树非空,进入第6行的 if 判断,将左线索标志置0,根据中序遍历规则继续沿左子树搜索序列中第一个节点。第3次进入 InOrderThreadedBinTree()时,当前节点为D,其左子树为空,应用规则2,进入第9行的 else 分支,将D左线索标志置1(第10行),此时找到了中序序列中的第一个节点,为该节点设置前趋点为 prevNode(第11行),即 prevNode 告诉D:"我站你前面。"接下来运行到第15、16行,由于D右指针域为空,则将右线索标志域置1,而右线索则等到找到下一个节点时再补充完整。运行到第21行将D设置为下一个节点的 prevNode。这时D的处理结束,处理B节点时的第8行是递归处理D的入口,递归返回到处理B节点时的第8行。

继续处理节点B,B的右指针域为空,应用规则3,则将右线索标志域置1,以便当访问到下一个(即后继)节点时,为它加右线索,运行到第16行,将B右线索标志置1,右线索则等到找到下一个节点时再补充完整。运行到第18行,应用规则4为前趋节点加右线索。此时,前趋节点 prevNode 为D,不为空,同时D的右线索标志域为1,将当前节点B赋给前趋节点的右指针域,为前趋节点D加右线索B,即B告诉D:"我站你后面。"接下来执行第21行,将B作为下一个节点的前一个节点 prevNode。这时B的处理结束,递归返回到处理A节点时的第8行。

多次递归运行程序,应用规则1～规则6完成对二叉树的中序线索化。

对图4-16中的二叉树进行中序线索化处理后,可以得到图4-15(c)所示线索树,线索化结果如图4-17所示,可以从中考察各个节点 ltag、rtag、data 的值。

Name	Value
T	0x006c16c0
ltag	-842150451
rtag	-842150451
data	65 'A'
lchild	0x006c1680
ltag	-842150451
rtag	-842150451
data	66 'B'
lchild	0x006c1560
ltag	-842150451
rtag	-842150451
data	68 'D'
lchild	0x00000000
rchild	0x00000000
rchild	0x00000000
rchild	0x006c1520
ltag	-842150451
rtag	-842150451
data	67 'C'
lchild	0x006c14e0
ltag	-842150451
rtag	-842150451
data	69 'E'
lchild	0x006c13d0
ltag	-842150451
rtag	-842150451
data	71 'G'
lchild	0x00000000
rchild	0x00000000
rchild	0x00000000
rchild	0x006c1390
ltag	-842150451
rtag	-842150451
data	70 'F'
lchild	0x006c1350
ltag	-842150451
rtag	-842150451
data	72 'H'
lchild	0x00000000
rchild	0x00000000
rchild	0x006c1310
ltag	-842150451
rtag	-842150451
data	73 'I'
lchild	0x00000000
rchild	0x00000000

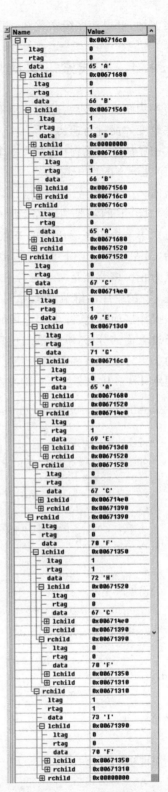

图 4-16 图 4-15(a)前序创建线索二叉树结果   图 4-17 图 4-15(a)二叉树中序线索化结果

类似地,可得前序线索化和后序线索化算法。

4.4.3   在线索二叉树中检索节点

转换为线索链表后,原本为空的子树变为非空,二叉树的遍历不能用前面的方法,需要做一些改变才能进行遍历。

在中序线索二叉树中,查找一个二叉树 * p 的中序后继节点分为如下两种情形:

（1）若 * p 的右子树为空,则 p—＞rchild 为右线索,直接指向 * p 的中序后继节点 r,如图 4-18(a)所示。

（2）若 * p 的右子树非空,则 * p 的中序后继必是其右子树中第一个中序遍历到的节点,也就是从 * p 的右子树开始,沿左指针链往下查找,直到找到一个没有左子树的节点为止。该节点是 * p 的右子树中"最左下"的节点,它就是 * p 的中序后继节点 r,如图 4-16(b)所示。

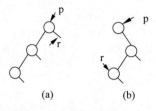

图 4-18   求中序后继节点
(a) 右子树为空；(b) 右子树非空

从操作层面看,实际上起作用的是 ltag、rtag。

经过上面的分析,不难给出中序线索二叉树中求中序后继节点的算法,如程序 4-9 所示。为了更好地理解和掌握搜索逻辑,程序 4-9 中增加了输出中间运行结果的语句。

程序 4-9   中序线索二叉树搜索后继节点。

```
ThreadBinTree * InOrderNext(ThreadBinTree * p)
{
    ThreadBinTree * next;                    //后继节点
    cout <<"中序搜索节点"<< p->data <<"的后继节点"<< endl;
    if(p->rtag == 1){
        if(p->rchild!= NULL){//当 p->rchild 为 NULL 时表示是最后一个节点,无须输出后继
                            节点
            cout << p->data <<"右线索标识为 1,直接跳转到线索节点"<< p->rchild->data <<
endl;
        }
        next = p->rchild;                    //p->rchild 是右线索,指向 * p 的后继节点
    }else{
        cout <<"节点"<< p->data <<":rtag == 0,搜索节点"<< p->data <<"的后继节点"<< endl;
        p = p->rchild;                       //从 * p 的右子树开始查找
        while(p->ltag == 0){                 //当 * p 不是最左下节点时,继续查找
            cout <<"节点"<< p->data <<":ltag == 0,搜索节点"<< p->data <<"的左子树"<<
endl;
            p = p->lchild;
        }
        next = p;
    }
    return next;                             //返回后继节点
}
```

可以使用类似的方法,在中序线索二叉树中查找节点 * p 的中序前趋节点。同样分为两种情况。

（1）若 * p 的左子树为空，则 p－＞lchild 为左线索，直接指向 * p 的中序前趋节点，如图 4-19(a)所示。

（2）若 * p 的左子树非空，则从 * p 的左子树出发，沿右指针链往下查找，直到找到一个没有右子树的节点为止。该节点是 * p 的左子树中"最右下"的节点，它是 * p 的左子树中最后一个中序遍历到的节点，即 * p 的中序前趋节点，如图 4-19(b)所示。

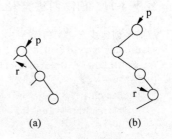

图 4-19 求中序前趋节点

（a）左子树为空；（b）左子树非空

4.4.4 遍历线索二叉树

遍历某种次序的线索二叉树，要从该次序下的开始节点出发，依次找到节点在该次序下的后继节点，直到最终节点。

上面已经讨论了求中序后继节点的算法，则在中序线索二叉树上进行中序遍历的算法可描述为：首先从根节点起，沿左指针链寻找整个中序序列的第一个节点；访问节点（示例中是打印输出操作），然后利用上述求中序后继节点的算法得到下一个节点，依次进行下去，直到中序后继节点为空时为止。简而言之，中序遍历线索二叉树的过程分为两个步骤，第一步是找到第一个节点，第二步是依次对中序线索二叉树搜索后继节点。中序遍历线索二叉树的代码实现如程序 4-10 所示。

程序 4-10 中序遍历线索二叉树。

```
//中序遍历线索二叉树
void InOrderThreadBinTreeTraverse(ThreadBinTree * thrdt)//thrdt 指向中序线索二叉树的根节点
{
    if(thrdt!= NULL){
        //沿左指针链寻找整个中序序列的第一个节点
        while(thrdt - > ltag == 0){
            cout <<"节点"<< thrdt - > data <<":ltag == 0,搜索节点"<< thrdt - > data <<"的左子
树"<< endl;
            thrdt = thrdt - > lchild;          //继续沿左指针链搜索
        }
        //while 循环结束,表明找到了中序序列的第一个节点
        //下面开始按中序遍历规则,将中序序列节点输出
        do{
            cout <<"找到节点:"<< thrdt - > data << endl;
                                    //访问节点( * thrdt),继续按中序搜索后继节点
            thrdt = InOrderNext(thrdt);      //找( * thrdt)的中序后继节点
        }while(thrdt!= NULL);
    }
    cout <<"这是最后一个节点,中序遍历线索二叉树结束"<< endl;
}
```

由于中序序列的最终节点的线索为空，所以 do 语句终止条件是 thrdt!＝NULL。显然这种算法无须设栈，因此若对一棵二叉树要经常遍历，或查找节点在指定次序下的前趋节点和后继节点，其存储结构采用线索树为宜。

如果要实现遍历线索二叉树，还需要前序创建线索二叉树的实现代码，如程序 4-11 所示。

程序 4-11　前序创建线索二叉树。

```
//前序创建线索二叉树
static int charIdx = 0;                              //静态变量,在全局同步
ThreadBinTree * CreateThreadBinTree(ThreadBinTree * T, char chars[], int len)
{
    char ch;
    if(charIdx >= len){

        T = NULL;
        return T;
    }
    ch = chars[charIdx++];
    if(ch == '#'){
        T = NULL;
    }else{
        T = (ThreadBinTree * )malloc(sizeof(ThreadBinTree));
        T -> data = ch;
        T -> lchild = CreateThreadBinTree(T -> lchild, chars, len);
        T -> rchild = CreateThreadBinTree(T -> rchild, chars, len);
    }
    return T;
}
int main(){
    char chars[] = "ABD###CEG###FH##I##";      //二叉树前序序列
    int len = sizeof(chars) / sizeof(chars[0]) - 1;
    ThreadBinTree * T = NULL;
    charIdx = 0;
    T = CreateThreadBinTree(T, chars, len);     //前序创建线索二叉树
    ThreadBinTree * PreT = NULL;
    InOrderThreadedBinTree(T, PreT);            //中序线索化
    InOrderThreadBinTreeTraverse(T);            //中序遍历线索二叉树
    return 0;
}
```

对图 4-15(a)所示的线索二叉树中序遍历结果为 D、B、A、G、E、C、H、F、I。
其遍历搜索过程如下。

节点 A：ltag==0,搜索节点 A 的左子树;

节点 B：ltag==0,搜索节点 B 的左子树;

找到节点：D;

中序搜索节点 D 的后继节点;

D 右线索标识为 1,直接跳转到线索节点 B;

找到节点：B;

中序搜索节点 B 的后继节点;

B 右线索标识为 1,直接跳转到线索节点 A;

找到节点：A;

中序搜索节点 A 的后继节点;

节点 A：rtag==0,搜索节点 A 的后继节点;

节点 C：ltag==0,搜索节点 C 的左子树;

节点 E：ltag==0，搜索节点 E 的左子树；

找到节点：G；

中序搜索节点 G 的后继节点；

G 右线索标识为 1，直接跳转到线索节点 E；

找到节点：E；

中序搜索节点 E 的后继节点；

E 右线索标识为 1，直接跳转到线索节点 C；

找到节点：C；

中序搜索节点 C 的后继节点；

节点 C：rtag==0，搜索节点 C 的后继节点；

节点 F：ltag==0，搜索节点 F 的左子树；

找到节点：H；

中序搜索节点 H 的后继节点；

H 右线索标识为 1，直接跳转到线索节点 F；

找到节点：F；

中序搜索节点 F 的后继节点；

节点 F：rtag==0，搜索节点 F 的后继节点；

找到节点：I；

中序搜索节点 I 的后继节点；

这是最后一个节点，中序遍历线索二叉树结束。

4.5 二叉排序树

4.5.1 二叉排序树的定义

二叉排序树(binary sort tree)又称为二叉查找树(binary search tree)，它或者是一棵空树，或者是一棵具有如下性质的非空二叉树。

(1) 若它的左子树非空，则左子树上所有节点的值均小于根节点的值；

(2) 若它的右子树非空，则右子树上所有节点的值均大于根节点的值；

(3) 左、右子树本身又各是一棵二叉排序树。

从二叉排序树的定义可得出二叉排序树的一个重要性质：按中序遍历该树所得到的中序序列是一个递增有序序列。例如，图 4-20 所示的二叉排序树，若对其进行中序遍历，则得到的节点序列为 4、10、13、15、25、50、58、60、69。

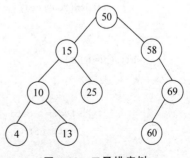

图 4-20 二叉排序树

4.5.2　二叉排序树的节点结构

在下面讨论二叉排序树的操作中,仍使用二叉树链表作为存储结构,其节点结构如程序 4-12 所示。

程序 4-12　二叉排序树链表结构。

```
typedef struct bstreenode
{
    int data;
    struct bstreenode * lchild, * rchild;
} bstree;
```

4.5.3　二叉排序树的插入

在二叉排序树中插入新节点,要保证插入后仍符合二叉排序树的定义即可。插入过程如下:

(1) 若二叉排序树为空,则待插入节点 *NewNode 作为根节点插入到空树中;

(2) 当二叉排序树非空时,若待插节点的数据域 NewNode—>data 小于树根节点的数据域 t—>data,则将待插节点 *NewNode 插入根的左子树中,否则将 *NewNode 插入根的右子树中。

而在子树中的插入过程又和在树中的插入过程相同,如此进行下去,直到把节点 *NewNode 作为一个新的树叶插入二叉排序树中,或者直到发现树中已有节点 *NewNode 为止。显然上述的插入过程是递归定义的,易于写出递归算法。但由于插入的过程是从根结点开始逐层向下查找插入位置,因此容易写出插入过程的非递归算法,实现代码如程序 4-13 所示。

程序 4-13　二叉排序树的插入。

```
//将新节点 * NewNode 插入到二叉排序树 t 中,函数返回插入 * NewNode 后二叉排序树的根指针
bstree * InsertBst(bstree * t, bstree * NewNode)
{
    bstree * f, * p;                    //f 记录插入点的父节点
    if(t == NULL){//原树为空,返回 NewNode 作为根指针
        return(NewNode);
    }
    p = t;                              //令 p = t,从树根开始搜索新节点的父节点
    while(p!= NULL){
        f = p;                          //假定当前节点 p 为插入点的父节点,并用 f 记录
                                        下来,每次循环不断更新 f
        if(NewNode - > data == p - > data){
            return(t);                  //树中已有节点 * NewNode,无须插入
        }
        if(NewNode - > data < p - > data){
```

```
                p = p - > lchild;               //在左子树中查找插入位置
            }else{
                p = p - > rchild;               //在右子树中查找插入位置
            }
        }
        //while循环结束时f保存的是最后一个可插入位置,即新节点的父节点,将新节点插入f的左
    子树或右子树
        if(NewNode - > data < f - > data){
            f - > lchild = NewNode;              //将 * NewNode 插入为 * f 的左孩子
        }else{
            f - > rchild = NewNode;              //将 * NewNode 插入为 * f 的右孩子
        }
        return(t);                              //原树非空,仍返回 t 作为根指针
    }
```

上面的代码中,分为两个步骤,第一步是找到可插入位置 f(通过 while 循环实现),即
f 是插入点的父节点;第二步是根据规则插入到 f 的子树。while 循环根据排序树的性质,
逐步判断寻找合适的插入位置。每一次循环中 f 记录当前处理的节点 p,当 p 为空时循环结
束,f 保存上一次循环找到的可插入节点,也就是可以挂接新节点 NewNode 的节点。然后
根据排序规则,判断 NewNode 挂接在 f 的左子树还是右子树。

例如,在图 4-20 所示的二叉排序树上插入数据域为 59 的节点的过程如图 4-21 所示。
由于插入前二叉排序树非空,故将 59 插入 50 的右子树上;又因 50 的右子树不空,将 59 再
和右子树的根 58 比较,因 59＞58,则应插入 58 的右子树上;以此类推,直至最后因
59＜60,且 60 的左子树为空,故将 59 作为 60 的左子树插入树中。

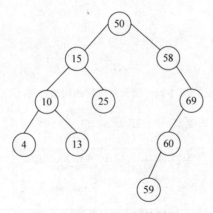

图 4-21　二叉排序树的插入

4.5.4　二叉排序树的生成

二叉排序树的生成,是从空的二叉排序树开始,每输入一个节点数据,将一个新节点插
入到当前已生成的二叉排序树中。

生成二叉排序树的程序代码如程序 4-14 所示。注意,程序中使用 −1 作为结束标志,
应用时要注意根据实际情况进行修改,将结束标志值修改为样本数据中不会出现的值。

程序 4-14　生成二叉排序树。

```
bstree * CreateBst(int datas[])              //建立二叉排序树
{
    int dataIdx = 0;                         //datas 数组元素位置初始指向第一个元素
    bstree * t, * NewNode;
    int nodeV, endflag = - 1;
    t = NULL;                                //设置二叉排序树的初态为空树
    cout <<"创建排序树..."<< endl;
    nodeV = datas[dataIdx++];   //读取 datas 数组当前的元素值,同时元素位置指向下一个元素
    while(nodeV!= endflag){                  //未到结束标志时,继续循环
        NewNode = (bstree * )malloc(sizeof(bstree));   //申请新节点
        NewNode - > lchild = NULL;           //左子树赋初值
        NewNode - > rchild = NULL;           //右子树赋初值
        NewNode - > data = nodeV;            //节点数据赋值
        t = InsertBst(t, NewNode);           //将新节点 * NewNode 输入到树 t 中
        nodeV = datas[dataIdx++];            //读取下一个数据
    }
    return(t);
}
```

设数据元素的输入次序为 25、20、51、17、38、74、−1,按上述算法生成的二叉排序树的过程如图 4-22 所示。

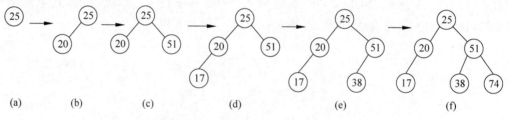

(a)　　　　(b)　　　　(c)　　　　(d)　　　　(e)　　　　(f)

图 4-22　二叉排序树的构造过程

生成的二叉排序树内存数据如图 4-23 所示。

Name	Value
⊟ T	0x006c16c0
├ data	25
├⊟ lchild	0x006c1680
│├ data	20
│├⊟ lchild	0x006c1520
││├ data	17
││├⊞ lchild	0x00000000
││└⊞ rchild	0x00000000
│└⊞ rchild	0x00000000
└⊟ rchild	0x006c1560
├ data	51
├⊟ lchild	0x006c14e0
│├ data	38
│├⊞ lchild	0x00000000
│└⊞ rchild	0x00000000
└⊟ rchild	0x006c13d0
├ data	74
├⊞ lchild	0x00000000
└⊞ rchild	0x00000000

图 4-23　图 4-22 所示二叉排序树计算结果

因为二叉排序的中序序列是一个有序序列,所以对于一个任意的数据元素序列构造一棵二叉排序树,再对其进行中序遍历,其实质就是对此数据元素序列进行排序,使其变为有序序列。

4.5.5 二叉排序树的查找

根据二叉排序树的定义,查找数据域等于给定值 key 的元素的过程为:

(1) 与根节点的数据域进行比较。若给定值 key 等于根节点的数据域,则说明查找成功。

(2) 若给定值 key 小于根节点的数据域,则继续在根的左子树中查找。

(3) 若给定值 key 大于根节点的数据域,则继续在根的右子树中查找。

(4) 若沿着某条路径碰到一个终端节点还未查到数据域为给定值 key 的节点,则查找失败。

显然这是一个递归查找过程,其递归算法如程序 4-15 所示。

程序 4-15 二叉排序树的查找。

```
bstree * FindBst(bstree * bst, int key)
{
    if(bst == NULL){
        return(NULL);                      //bst 为空,查找失败返回空指针
    }else{
        if(key == bst -> data){
            return(bst);                   //查找成功返回指向找到节点的指针
        }else if(key < bst -> data){
            return(FindBst(bst -> lchild,key));   //向左子树继续查找
        }else{
            return(FindBst(bst -> rchild,key));   //向右子树继续查找
        }
    }
}
```

例如,对图 4-20 所示的二叉排序树查找数据域为 25 的元素时,首先用 25 同根节点 50 进行比较,因为 25<50,故向 50 的左子树继续查找;再用 25 同当前根节点 15 进行比较,因 25>15,故向 15 的右子树进行查找;再用 25 同当前根节点 25 进行比较,二者相等,返回指向数据域为 25 的节点的指针,整个查找过程结束,查找函数共执行了 3 次。

若在图 4-20 中查找数据域为 75 的元素时,首先用 75 同根节点 50 进行比较,因 75>50,故向 50 的右子树继续查找;再用 75 同当前根节点 58 进行比较,因 75>58,故向 58 的右子树进行查找;再用 75 同当前根节点 69 进行比较,因 75>69,故向 69 的右子树进行查找,此时右子树为空,查找失败,返回空指针,整个查找过程结束。

图 4-22 所示二叉排序树的创建及查找代码如程序 4-16 所示。

程序 4-16 图 4-22 二叉排序树的构造及查找代码。

```
//中序遍历从小到大输出二叉排序树
void ShowBstAsc(bstree * bst){
    if(bst!= NULL){
```

```
            ShowBstAsc(bst - > lchild);
            cout <<"\t"<< bst - > data;
            ShowBstAsc(bst - > rchild);
        }
    }

int main(){
    int dataV[ ] = {25,20,51,17,38,74, - 1};


    bstree * T = NULL;
    cout <<"创建的二叉排序树: "<< endl;
    T = CreateBst(dataV);
    ShowBstAsc(T);
    //搜索二叉排序树
    bstree * ret = NULL;
    cout << endl <<"二叉排序树的查找:"<< endl;
    int targetV = 25;
    cout << endl <<"查找目标: "<< targetV << endl;
    ret = FindBst(T,targetV);            //在二叉排序树中查找
    if(ret!= NULL){
            cout <<"找到目标: "<< ret - > data << endl;
    }else{
            cout << endl <<"没找到!"<< endl;
    }
    //插入节点
    int NewV = 18;
    cout << endl <<"二叉排序树插入新节点:"<< NewV << endl;
    bstree * newNode = NULL;
    newNode = (bstree * )malloc(sizeof(bstree));
    newNode - > data = NewV;
    newNode - > lchild = NULL;
    newNode - > rchild = NULL;
    T = InsertBst(T,newNode);
    ShowBstAsc(T);

    NewV = 75;
    cout << endl <<"二叉排序树插入新节点:"<< NewV << endl;
    newNode = (bstree * )malloc(sizeof(bstree));
    newNode - > data = NewV;
    newNode - > lchild = NULL;
    newNode - > rchild = NULL;
    T = InsertBst(T,newNode);
    ShowBstAsc(T);
    cout << endl << endl;
    return 0;
}
```

程序运行结果：

创建排序树…

创建的排序二叉树：
        17   20   25   38   51   74

二叉排序树的查找：

找到目标：25
找到目标：25

二叉排序树插入新节点：18
        17   18   20   25   38   51   74
二叉排序树插入新节点：75
        17   18   20   25   38   51   74   75

4.5.6　二叉排序树的删除

在二叉排序树进行删除操作时，一般在满足二叉排序树基本特性的前提下，尽可能少地更改原树结构，这样可以减少操作，提高效率。至于想在现有基础上增加其他的特性，如平衡性等，则采用红黑树等其他数据结构。

在二叉排序树中删除一个指定的元素时，首先找到被删除元素所在的节点 p 与它的父节点 f，然后根据 p 节点自身的属性以及子树的情况分别处理。

（1）p 为叶子节点（即左、右子树均为空）。

此时直接删除该节点，修改其父节点对应的左或右指针为空。叶节点为根节点、左分支、右分支的情况如图 4-24 所示。

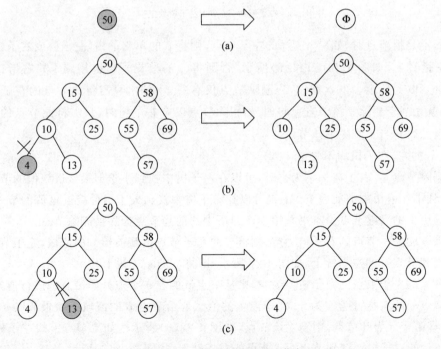

图 4-24　二叉排序树删除叶节点

（a）叶节点为根节点；（b）左分支；（c）右分支

（2）p 为单支子树（即只有左子树或只有右子树）。

当 p 为根节点时，如果右子树为空，删除根节点后只剩下左子树，于是令左子树作为新的根节点，如图 4-25(a)所示；反之，令右子树作为新的根节点，如图 4-25(b)所示。

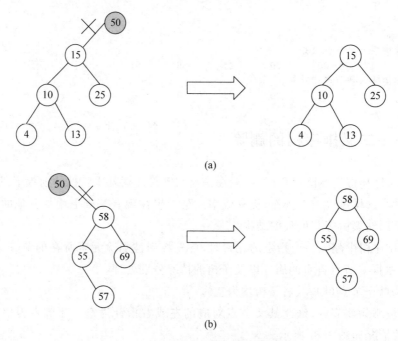

(a)

(b)

图 4-25 二叉排序树删除单支子树根节点
(a) 右子树为空；(b) 左子树为空

当 p 不是根节点时，如果 p 是 f 的左子节点，则将 p 的单支子树（左子树或右子树）链接到 f 的左指针上，如图 4-26(a)和(b)所示，否则将 p 的单支子树链接到 f 的右指针上，如图 4-26(c)和(d)所示。也就是说，当删除节点仅有左子树时，只需将此节点的左子树替换它自己，就相当于删除了该节点。同理，当删除节点仅有右子树时，只需将此节点的右子树替换它自己就相当于删除了该节点。

（3）p 的左、右子树均不为空。

当删除节点左、右子树都不为空时，可以在左子树中找到小于但最接近该值的节点替换它，即找到中序遍历中的前趋节点；也可以在右子树中找到大于但最接近该值的节点替换，即中序遍历中的后继节点。本书采用中序遍历中的前趋节点为替换删除节点。

如果 p 的左子节点的右子树为空，则将 p 的左子节点值赋值给 p 的值域，左子节点的左子树链接到节点 p 的左指针上，如图 4-27 所示，即将 p 的左子树上移。

如果 p 的左子节点的右子树不为空，则从节点 p 的左子节点开始沿右链进行搜索，直到发现某节点 s 的右指针为空为止，将节点 s 的值赋值给节点 p 的值域。如果节点 s 的左子树为空，即节点 s 为叶节点，则删除该节点，如图 4-28(a)所示。如果节点 s 的左子树非空，则将节点 s 的左子树链接到节点 s 父节点的右指针上，如图 4-28(b)所示。

在二叉排序树中删除元素 x 的函数如程序 4-17 所示。程序中，如果节点 s 的左子树为空，在处理时将其左子树指针（为空）链接到父节点的右指针等同删除节点，同时简化了程序。

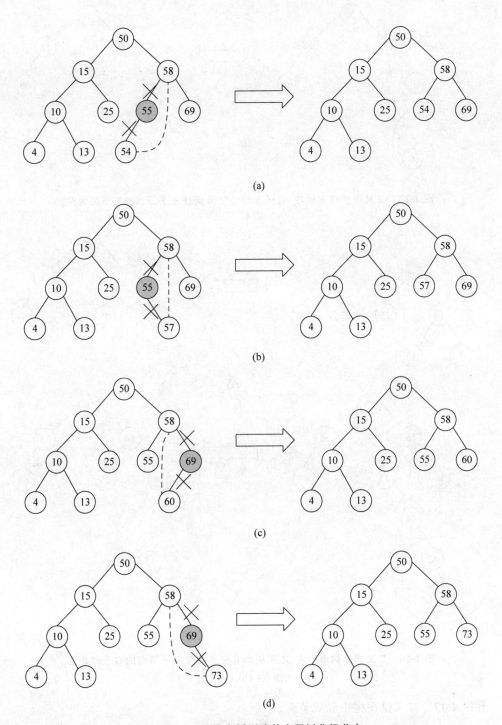

图 4-26   二叉排序树删除单支子树非根节点

（a）p 是 f 的左子节点，且 p 的左子节点不为空；（b）p 是 f 的左子节点，且 p 的右子节点不为空；
（c）p 是 f 的右子节点，且 p 的左子节点不为空；（d）p 是 f 的右子节点，且 p 的右子节点不为空

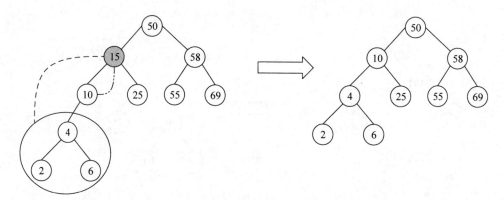

图 4-27　二叉排序树删除左、右子树均非空节点且左子节点的右子树为空

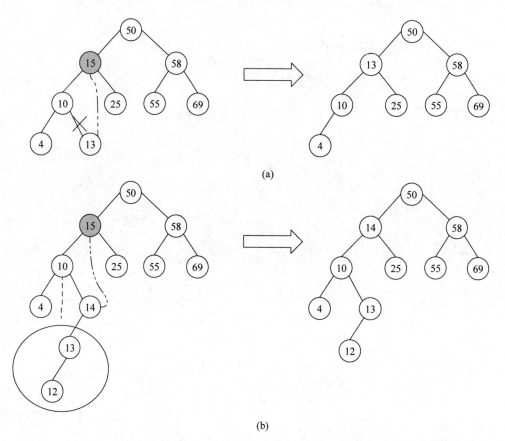

(a)

(b)

图 4-28　二叉排序树删除左、右子树均非空节点且左子节点的右子树非空

(a) s 为叶节点；(b) s 左子树非空

程序 4-17　二叉排序树中删除节点。

```
//在二叉排序树中删除元素 x,若原树为空,返回 0; 若没有找到,则返回 - 1; 若正常删除,则返回 1。
int DeleteBst(bstree * BT, int x)
{
    int flag;                          //用于标记找到元素
    bstree * p, * f, * t, * s;
```

```
if(BT == NULL){                    //若原树为空,返回
    return 0;
}
p = BT;
f = NULL;
flag = 0;
while(p!= NULL){                   //寻找目标元素
    if(p -> data == x){            //找到目标元素
        flag = 1;
        break;
    }else if(x < p -> data){       //如果 x 比当前节点小,则沿左子树继续查找
        f = p;                     //令 f = p,将 p 作为新的父节点,p 指向下一级的左子树
        p = p -> lchild;
    }else{                         //如果 x 比当前节点大,则沿右子树继续查找
        f = p;                     //令 f = p,将 p 作为新的父节点,p 指向下一级的右子树
        p = p -> rchild;
    }
}

if(p == NULL){
    cout <<"没有找到!"<< endl;    //找不到
    return - 1;
}
if((p -> lchild == NULL)&&(p -> rchild == NULL)){   //左、右子树均为空,p 为叶子节点
    if(p == BT){                   //p 为根节点,见图 4-24(a)
        BT = NULL;
    }else if(p == f -> lchild){
        f -> lchild = NULL;        //修改其父节点的左指针,见图 4-24(b)
    }else{
        f -> rchild = NULL;        //修改其父节点的右指针,见图 4-24(c)
    }
    delete p;                      //删除 p
}else if((p -> lchild == NULL)||(p -> rchild == NULL)){
                                   //只有左子树或只有右子树,p 为单支子树
    if(p == BT){                   //p 为根节点
        if(p -> lchild == NULL){
            BT = p -> rchild;
//删除根节点,如果左子树为空,删除后只剩下右子树,于是令右子树作为新的根,见图 4-25(b)
        }else{
            BT = p -> lchild;
//删除根节点,如果左子树非空,删除后只剩下左子树,于是令左子树作为新的根,见图 4-25(a)
        }
    }else{                         //p 为单支子树但不是根节点
        if((p == f -> lchild)&&(p -> lchild!= NULL)){
                                   //p 是 f 的左子节点,且 p 的左子节点不为空,见图 4-26(a)
            f -> lchild = p -> lchild;   //将 p 的左子树链接到 f 的左指针上
        }else if((p == f -> lchild)&&(p -> rchild!= NULL)){
                                   //p 是 f 的左子节点,且 p 的右子节点不为空,见图 4-26(b)
            f -> lchild = p -> rchild;   //将 p 的右子树链接到 f 的左指针上
        }else if((p == f -> rchild)&&(p -> lchild!= NULL)){
                                   //p 是 f 的右子节点,且 p 的左子节点不为空,见图 4-26(c)
            f -> rchild = p -> lchild;   //将 p 的左子树链接到 f 的右指针上
```

```
                    }else if((p == f -> rchild)&&(p -> rchild!= NULL)){
                                    //p 是 f 的右子节点,且 p 的右子节点不为空,见图 4-26(d)
                        f -> rchild = p -> rchild;   //将 p 的右子树链接到 f 的右指针上
                    }
                }
                delete p;
            }else if((p -> lchild!= NULL)&&(p -> rchild!= NULL)){   //p 的左、右子树均不为空
                t = p;
                s = t -> lchild;                    //从节点 p 的左子节点开始搜索新的值
                while(s -> rchild!= NULL){           //沿右链搜索右指针为空的节点 s
                    t = s;
                    s = s -> rchild;
                }
                p -> data = s -> data;              //将找到的中序直接前驱节点 s 的值赋值给节点 p 的值域
                if(t == p){
                  //如果 t 与 p 相同,表示没有执行 while 循环,直接将 p 的左子树上移,如图 4-27 所示.
                    p -> lchild = s -> lchild;          //p 的左子节点的左子树链接到 p 的左指针上
                }else{
                    t -> rchild = s -> lchild;
                            //节点 s 的左子树链接到父节点的右指针上,见图 4-28(a)和图 4-28(b)
                }
                delete s;
            }
        return 1;
}
//测试图 4-24～图 4-28
int main(){
    int dataV[] = {50,15,10,4,13,25,58,55,54,69, -1};          //图 4-24 中删除 4、13
    //int dataV[] = {50,15,10,4,13,25, -1};                    //图 4-25(a)中删除 50
    //int dataV[] = {50,58,55,54,69, -1};                      //图 4-25(b)中删除 50
    //int dataV[] = {50,15,10,4,13,25,58,55,54,69, -1};        //图 4-26(a)中删除 55
    //int dataV[] = {50,15,10,4,13,25,58,55,57,69, -1};        //图 4-26(b)中删除 55
    //int dataV[] = {50,15,10,4,13,25,58,55,69,60, -1};        //图 4-26(c)中删除 69
    //int dataV[] = {50,15,10,4,13,25,58,55,69,73, -1};        //图 4-26(d)中删除 69
    //int dataV[] = {50,15,10,4,2,6,25,58,55,69, -1};          //图 4-27 中删除 15
    //int dataV[] = {50,15,10,4,13,25,58,55,69, -1};           //图 4-28(a)中删除 15
    //int dataV[] = {50,15,10,4,14,25,58,55,69,13,12, -1};     //图 4-28(b)中删除 15
    //int dataV[] = {50,15,10,4,13,25,58,55,54,69, -1};        //图 4-28(b)中删除 50

    bstree * T = NULL;
    cout <<"创建的排序二叉树:"<< endl;
    T = CreateBst(dataV);
    ShowBstAsc(T);

    int delv = 4;
    cout << endl <<"二叉排序树删除节点:"<< delv << endl;
    int reT = DeleteBst(T, delv);
    ShowBstAsc(T);
    cout << endl << endl;
    return 0;
}
```

依次交替更改 dataV 的注释,多次调试运行上面程序中的 main 函数,考察删除节点后二叉排序树的变化,对比图 4-24～图 4-28,理解二叉排序树的删除过程。

4.6　小　　结

树和二叉树是一类具有层次或嵌套关系的非线性结构,被广泛地应用于计算机领域,尤其是二叉树最重要、最常用。本章着重介绍了树及二叉树的概念;二叉树的性质和存储结构;二叉树的三种遍历操作;线索二叉树的有关概念和运算。同时介绍了树的二叉链表表示,可使对其操作转化为对二叉树的操作。最后还讨论了二叉排序树。

二叉树是数据结构中的重要内容之一,读者需要了解和掌握以下内容。

(1) 树和二叉树的定义、术语、性质。

(2) 二叉树的链式存储结构。遍历二叉树是二叉树中各种运算的基础,希望能灵活运用各种次序的遍历算法,实现二叉树的其他运算。

(3) 二叉树的线索化及二叉排序树,目的是加速遍历过程和有效利用存储空间。读者应掌握在中序线索树中,检索给定节点的中序后继节点和前趋节点的方法。作为一种树的应用,既可以利用它完成指定节点的查找,又可以在建立和遍历它的过程中实现对一组无序数据的排序,读者应掌握其查找和排序方法。

4.7　习　　题

1. 试修改程序 4-5,实现数值域数据类型为字符串的二叉树的创建和前序遍历。

2. 试编写代码实现二叉树前序线索化。

3. 试编写代码实现前序线索二叉树遍历。

4. 编写代码实现基于中序线索二叉树中对某个节点的搜索,如在图 4-15 中查找节点 G。

5. 试修改二叉排序树搜索代码,统计查找次数。

6. 跟踪调试二叉排序树查找程序,记录搜索过程。

7. 试编写不同的样本数据,跟踪调试二叉排序树删除节点程序,理解节点删除原理。

8. 如果调整图 4-20 中初始序列为 4、10、13、15、25、50、58、60、69,重新创建的排序二叉树具有什么特点? 搜索效率有什么变化?

第 5 章

图

在现实生活中会遇到多路径的问题,例如运动会比赛的时间安排问题。设某院校计算机系的运动会选拔赛共设有七个项目的比赛,即 100m、400m、1500m、跳高、跳远、铅球、铁饼。规定每个选手最多参加三项比赛,报名表如表 5-1 所示。

表 5-1　参赛选手和比赛项目

姓名	第一项	第二项	第三项
王	100m	400m	跳远
李	铁饼	铅球	
刘	1500m		
张	跳高	100m	跳远
赵	跳远	400m	
郑	1500m	跳远	
周	400m	铅球	
钱	铁饼	100m	

要设计一个比赛日程表,在尽可能短的时间内安排完比赛,为此设计一个图(见图 5-1),图中顶点代表比赛项目:A(100m)、B(400m)、C(1500m)、D(跳远)、E(跳高)、F(铅球)、G(铁饼),由于同一个选手参赛的项目是不能在同一时间内比赛的,所以在所有两个不能同时进行的比赛项目之间连一条边,根据表 5-1 中每个运动员报名的项目,A 应与 B、D、E、G 连线。比赛项目的时间安排问题可以抽象为对图 5-1 进行"涂色"操作,每一种颜色表示一个比赛时间,涂上相同颜色

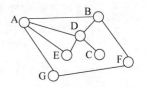

图 5-1　比赛项目关系

的顶点是可以安排在一起比赛的项目,即用尽可能少的颜色去给图中每个顶点涂色,使得任意两个无边相连的顶点涂上相同的颜色。例如,图中顶点 B、C、E 和 G 不相邻,可以涂上颜色 1;A 和 F 不相邻,可以涂上颜色 2;D 可以涂上颜色 3。这样安排三个时间进行比赛即可。

从上述示例中可看出,当数据元素之间既非线性关系又非层次关系时,就需要用图结构来解决。在图结构中,节点之间不构成层次结构;图结构对节点(图结构中称为顶点)的前趋和后继个数都不加限制,即节点之间的关系可以是多对多的,图中任意两个节点之间都可能相关。

5.1 图的定义及常用术语

5.1.1 顶点和边

在图中,顶点(vertex)集合 V 和边(edge)集合 E 组成了图(graph)G,通常将图 G 的顶点集和边集分别记为 V(G)和 E(G),图 G 记为 G=(V,E)。V 是顶点的有穷非空集合,E 是 V 中顶点偶对(称为边)的有穷集合。E(G)可以是空集,若 E(G)为空,则图 G 只有顶点而没有边,就是说一个图可以没有边,但不能没有顶点。

5.1.2 有向图和无向图

对于一个图 G,若图中每条边都是无方向的,则称为无向图(undirected graph),图 5-1 即为无向图;若图中的每条边都是有方向的,则称为有向图(directed graph)。

在无向图中边的顶点对是无序的,用圆括号表示,即(v_i,v_j)和(v_j,v_i)表示同一条边。

在有向图中,一条有向边是由两个顶点组成的有序对,有序对通常用尖括号表示。例如$<v_i,v_j>$表示一条有向边,v_i 是边的始点(起点),v_j 是边的终点。因此,$<v_i,v_j>$和$<v_j,v_i>$是两条不同的有向边。有向边也称为弧(arc),与射箭类似,边的始点称为弧尾(tail),边的终点称为弧头(head)。

例如,图 5-2 中 G1 是一个有向图,图中边的方向是用从始点指向终点的箭头表示的,图 G1 顶点集为 $V(G1)=\{v_1,v_2,v_3\}$。边集为 $E(G1)=\{<v_1,v_2>,<v_2,v_1>,<v_3,v_1>\}$。

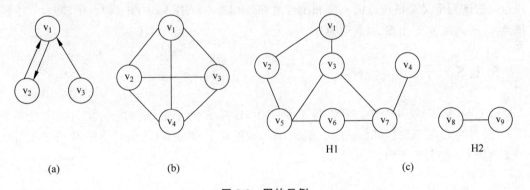

图 5-2 图的示例

(a) G1; (b) G2; (c) G3

在图 5-2 中的 G2 和 G3 均是无向图,它们的顶点集和边集分别为
$V(G2)=\{v_1,v_2,v_3,v_4\}$
$E(G2)=\{(v_1,v_2),(v_1,v_3),(v_1,v_4),(v_2,v_3),(v_2,v_4),(v_3,v_4)\}$
$V(G3)=\{v_1,v_2,v_3,v_4,v_5,v_6,v_7,v_8,v_9\}$

$E(G3) = \{(v_1, v_2), (v_1, v_3), (v_2, v_5), (v_3, v_5), (v_3, v_7), (v_5, v_6), (v_4, v_7), (v_6, v_7), (v_8, v_9)\}$

在不考虑顶点到其自身的边的情况下,图 G 的顶点数 n 和边数 e 满足下述关系:

- 若 G 是无向图,则 $0 \leqslant e \leqslant n(n-1)/2$;
- 若 G 是有向图,则 $0 \leqslant e \leqslant n(n-1)$;
- 有 $n(n-1)/2$ 条边的无向图称为无向完全图(undirected complete graph);
- 有 $n(n-1)$ 条边的有向图称为有向完全图(directed complete graph)。

显然完全图是具有最多的边数、任意一对顶点间均有边相连的图。例如,图 5-2 中的 G2 是具有 4 个顶点的无向完全图。

5.1.3　顶点邻接

若(v_i, v_j)是一条无向边,则称顶点 v_i 和 v_j 互为邻接点,或称 v_i 和 v_j 相邻接,并称(v_i, v_j)关联于顶点 v_i 和 v_j,或称(v_i, v_j)为顶点 v_i 和 v_j 相关联的边。如图 5-2 中的 G2,与顶点 v_1 相邻的顶点是 v_2、v_3 和 v_4,而关联于顶点 v_2 的边是(v_1, v_2)、(v_2, v_3)和(v_2, v_4)。

若$<v_i, v_j>$是一条弧,则称顶点 v_i 邻接到 v_j,顶点 v_j 邻接于顶点 v_i。

5.1.4　度

无向图中顶点 v 的度(degree)是关联于该顶点的边的数目,记为 D(v)。图 5-2 中 G2 的顶点 v_1 的度为 3。

若 G 为有向图,把以 v 为头,即终止于 v 的弧的条数称为 v 的入度(indegree),记为 ID(v);把以顶点 v 为尾,即起始于 v 的弧的条数称为 v 的出度(outdegree),记为 OD(v);顶点 v 的度则定义为该顶点的入度和出度之和,即 D(v)=ID(v)+OD(v)。图 5-2 中 G1 的顶点 v_1 的入度为 2,出度为 1,度为 3。

5.1.5　子图

设 G=(V,E)是一个图,若 V′是 V 的子集,E′是 E 的子集,则 G′=(V′,E′)也是一个图,并称其为 G 的子图(subgraph)。例如,图 5-3 给出了有向图 G1 的若干子图,图 5-4 给出了无向图 G2 的若干子图。

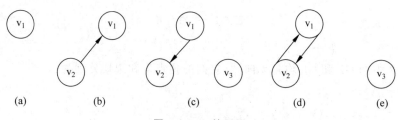

(a)　　　(b)　　　(c)　　　(d)　　　(e)

图 5-3　G1 的子图

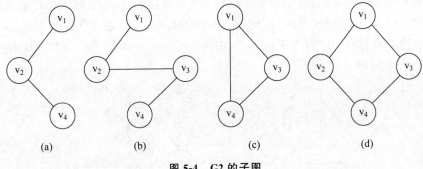

图 5-4　G2 的子图

5.1.6　路径与连通

在无向图 G 中,若存在一个顶点序列 v_p、v_{i1}、v_{i2}、$\cdots$、v_q,如果将这些点用边 (v_p, v_{i1})、(v_{i1}, v_{i2})、$\cdots$、(v_{in}, v_q) 连接,若 (v_p, v_{i1})、(v_{i1}, v_{i2})、$\cdots$、(v_{in}, v_q) 也在图中,即 (v_p, v_{i1})、(v_{i1}, v_{i2})、$\cdots$、(v_{in}, v_q) 这些边属于 E(G),则称顶点 v_p 到 v_q 存在一条路径,即在图中存在经过这些点连通的路径。若 G 是有向图,则路径也是有向的,它由 E(G) 中的有向边 $<v_p, v_{i1}>$,$<v_{i1}, v_{i2}>$,$\cdots$,$<v_{in}, v_q>$ 组成。路径长度定义为该路径上边或弧的数目。若一条路径上除了 v_p 和 v_q 可以相同外,其余顶点均不相同,则称此路径为一条简单路径。起点和终点相同($v_p = v_q$)的简单路径称为简单回路或简单环(cycle)。

例如,在图 5-2 中 G2 的顶点序列 v_1、v_2、v_4、v_3 是一条从顶点 v_1 到顶点 v_3 的长度为 3 的简单路径;顶点序列 v_1、v_2、v_3、v_1、v_4 是一条从顶点 v_1 到顶点 v_4 的长度为 4 的路径,但不是简单路径;顶点序列 v_1、v_2、v_3、v_1 是一个长度为 3 的简单环。

在有向图 G1 中,顶点序列 v_1、v_2、v_1 是一个长度为 2 的有向简单环。

在无向图 G 中,若从顶点 v_i 到顶点 v_j 有路径,则称 v_i 和 v_j 是连通的。若 G 中任意两个不同的顶点都连通,则称 G 为连通图(connected graph)。例如,图 5-2 中 G2 是连通图。

无向图 G 的极大连通(称为极大是因为如果此时加入任何一个不在图 G 点集中的点都会导致它不再连通)子图称为 G 的连通分量(connected component)。显然,任何连通图的连通分量只有一个,即是其自身;而非连通的无向图有多个连通分量。例如,图 5-2 中的 G3 是非连通图,它有两个连通分量 H1 和 H2。

在有向图 G 中,若对于 V(G) 中任意两个不同的顶点 v_i 和 v_j 都存在从 v_i 到 v_j 和从 v_j 到 v_i 的路径,则称 G 是强连通图。换句话说,如果 G 中有一个回路,它至少包含每个节点一次,则 G 中任两个节点都是互相可达的,该有向图 G 是强连通图。有向图 G 的极大强连通子图称为 G 的强连通分量。显然,强连通图只有一个强连通分量,即其自身。非强连通的有向图有多个强连通分量。例如,图 5-2 中的 G1 不是强连通图,因为 v_3 到 v_2 没有路径,但它有两个强连通分量,如图 5-3(d) 和 (e) 所示。

5.1.7　权和网

在一个图中,每条边可以标上具有某种含义的数值,此数值称为该边的权(weight),通常设定权为非负实数。例如,对于一个反映城市交通线路的图,边上的权可表示该条线路的长度或等级;对于一个反映工程进度的图,边上的权可表示从前一子工程到后一子工程所需的天数。边上带有权的图称作带权图,也常称作网(network)。图 5-5 中 M1 是一个无向网,M2 是一个有向网。

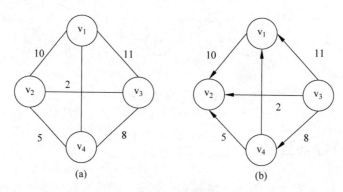

图 5-5 权和网

(a) M1:无向网;(b) M2:有向网

5.2 图 的 存 储

如何在计算机中存储图结构是图应用的基础,图的存储方法比较多,本节介绍图的两种常用存储结构,即邻接矩阵和邻接链表。

5.2.1 邻接矩阵表示法

邻接矩阵表示法是用一个二维数组来表示图中顶点间的相邻关系。设 $G=(V,E)$ 是具有 n 个顶点的图,则 G 的邻接矩阵是具有如下性质的 n 阶方阵:

$$A[i,j]=\begin{cases}1, & (v_i,v_j) \text{ 或 } <v_i,v_j> \text{ 是 } E(G) \text{ 中的边} \\ 0, & i=j \\ \infty, & (v_i,v_j) \text{ 或 } <v_i,v_j> \text{ 不是 } E(G) \text{ 中的边}\end{cases} \tag{5-1}$$

图 5-2 中的有向图 G1 和无向图 G2 的邻接矩阵分别为 $A1$ 和 $A2$。矩阵的行、列号对应于图中节点的序号。

$$A1=\begin{pmatrix}0 & 1 & \infty \\ 1 & 0 & \infty \\ 1 & \infty & 0\end{pmatrix}, \quad A2=\begin{pmatrix}0 & 1 & 1 & 1 \\ 1 & 0 & 1 & 1 \\ 1 & 1 & 0 & 1 \\ 1 & 1 & 1 & 0\end{pmatrix}$$

若 G 是网络,则邻接矩阵可定义为

$$A[i,j]=\begin{cases}w_{ij}, & (v_i,v_j) \text{ 或 } <v_i,v_j> \text{ 是 } E(G) \text{ 中的边} \\ 0, & i=j \\ \infty, & (v_i,v_j) \text{ 或 } <v_i,v_j> \text{ 不是 } E(G) \text{ 中的边}\end{cases} \tag{5-2}$$

其中，w_{ij} 表示边上的权值；∞表示一个计算机允许的、大于所有边上权值的数。图 5-6 即为一个无向网及其邻接矩阵。

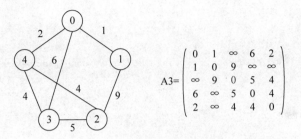

图 5-6　无向网及其邻接矩阵

不难看出，无向图的邻接矩阵是对称的，而有向图的邻接矩阵不一定对称。用邻接矩阵来表示一个具有 n 个顶点的有向图时需要 n^2 个单元来存储邻接矩阵；对有 n 个顶点的无向图则只需存入下三角阵，故只需 $n(n+1)/2$ 个单元。另外，对图中每个顶点除了用邻接矩阵表示其相邻关系外，有时还需存储各顶点的有关信息，这时需要再用向量来存储这些信息。

若图中顶点信息是 0 至 n−1 的编号，则仅需令权值为 1，存储一个邻接矩阵就可以表示图。若是网络，则权为某一数据类型 adjtype 的值。下面给出建立一个无向网络的算法程序实现代码，其中输出顶点符号调用第 3 章的 ShowList(char list[],int n) 函数。

程序 5-1　无向网邻接矩阵。

```
# define MaxV 9999999.9                        //边的权重无穷大
typedef char vextype;                          //顶点的数据类型
typedef double adjtype;                         //权值类型
typedef struct
{
    vextype * vexs;                            //顶点,符号为字符串
    adjtype ** arcs;                           //按完全图预设边矩阵
}AdjMatrix;

//根据节点符号查询位置,用于顶点为字符时比较
int FindEleIdx(char vlist[],char vi,int nvlink)
{
    for(int k = 0;k < nvlink;k++){
        if(vlist[k] == vi){
            return k;
        }
    }
    return −1;
}

//根据节点符号查询位置,用于顶点为字符串时比较
int FindEleIdx(char * vlist[],char * vi,int nvlink)
{
    for(int ij = 0;ij < nvlink;ij++){
        if(!strcmp(vlist[ij],vi)){              //strcmp()函数若两个字符串相等,则返回零
```

```
                    return ij;
                }
            }
        return -1;
    }


    void CreatAdjMatrixNoDir(AdjMatrix * g, int nVs, char vcodes[], int nelink, int elinks[][3])
                                                    //建立无向网络
    {
        int i,j,k;
        float w;
        //初始化 g
        g->vexs = (vextype * )malloc(sizeof(vextype) * nVs);      //动态创建顶点数组
        g->arcs = (adjtype ** )malloc(sizeof(adjtype * ) * nVs);  //动态创建边数组
        for(i = 0;i < nVs;i++){
            g->arcs[i] = (adjtype * )malloc(sizeof(adjtype) * nVs);
        }


        //构造顶点集合
        for(i = 0;i < nVs;i++){
            g->vexs[i] = vcodes[i];
        }


        //邻接矩阵初始化边集合
        for(i = 0;i < nVs;i++){
            for(j = 0;j < nVs;j++){
                if(i == j){
                    g->arcs[i][j] = 0;               //距自身为 0
                }else{
                    g->arcs[i][j] = MaxV;            //其余权重设置为极大值
                }
            }
        }


        for(k = 0;k < nelink;k++){                    //对边进行遍历
            i = FindEleIdx(g->vexs,elinks[k][0],nVs); //根据读到的第一个节点名检索位置
            j = FindEleIdx(g->vexs,elinks[k][1],nVs); //根据读到的第二个节点名检索位置
            if(i == -1||j == -1){//如果没有找到对应的顶点,跳转到下一条边.
                continue;
            }
            w = elinks[k][2];                         //读取权重
            g->arcs[i][j] = w;                        //矩阵赋值
            g->arcs[j][i] = w;                        //无向图,对称矩阵
        }
    }


    //打印邻接矩阵
    void Show_GraphMat(AdjMatrix g, int n){
        int i,j;
        cout <<"\t";
        for(i = 0; i < n; ++i){
```

```
                cout << g.vexs[i]<<"\t";
        }
        cout << endl;
        for(i = 0; i < n; ++i){
                //在行首,输出顶点的名称
                cout << g.vexs[i]<<":\t";
                for(j = 0; j < n; ++j){
                        if(g.arcs[i][j] == MaxV){
                                cout <<"∞\t";
                        }else{
                                cout << g.arcs[i][j]<<"\t";
                        }
                }
                cout << endl;
        }
        cout << endl;
}


int main(){
        int nVs = 5;                                    //图的顶点数

        char vcodes[] = "ABCDE";                         //节点符号
        int elinks[][3] = {{'A','B',1},{'A','D',6},{'A','E',2},{'B','C',9},{'C','D',5},{'C','E',4},
{'D','E',4}};                                           //边及权重
        int nelink = (sizeof(elinks) / sizeof(elinks[0]));    //图的边(弧)数

        AdjMatrix g;
        CreateAdjMatrixNoDir(&g,nVs,vcodes,nelink,elinks);    //创建一个邻接矩阵加权图
        cout <<"顶点:\t";
        ShowList(g.vexs,nVs);
        cout <<"邻接矩阵:"<< endl;
        Show_GraphMat(g,nVs);

        return 0;
}
```

上面的代码中,因为顶点集合 V 不能为空,而边集合 E 可以为空,也可能是非完全图,因此边的集合要做初始化,便于程序后续处理,初始化的值一般为 0,也可以根据具体问题设置成其他的特定值。

运行程序结果:

```
顶点:      A      B      C      D      E
邻接矩阵:
           A      B      C      D      E
     A:    0      1      ∞      6      2
     B:    1      0      9      ∞      ∞
     C:    ∞      9      0      5      4
     D:    6      ∞      5      0      4
     E:    2      ∞      4      4      0
```

　　用邻接矩阵来表示图,容易判定图中任意两个顶点之间是否有边相连,并容易求得各个顶点的度数。对于无向图,邻接矩阵第 i 行元素数之和就是图中第 i 个顶点的度数;对于有向图,第 i 行元素数之和是顶点 i 的出度,第 i 列元素数之和是顶点 i 的入度。如果要用邻接矩阵来检测图 G 中共有多少条边,则必须按行、按列对每个元素进行检测。这样所花的时间是较多的,所以用邻接矩阵来表示图也有其局限性。

5.2.2　邻接链表表示法

　　图的邻接链表存储类似于树的子树链表表示法,对于图 G 中的每个顶点 v_i,把所有邻接于 v_i 的顶点连成一个单链表,链表中的节点表示依附于 v_i 的边(对有向图是以 v_i 为尾的弧),这个单链表就称为顶点 v_i 的邻接链表(adjacency list)。

　　在链表部分中共有 n 个链表(n 为顶点数),即每个顶点和若干表节点组成。在邻接链表存储结构中存在两种节点:头节点和表节点。如果从简化操作考虑,可以用邻接链表第一个节点存储头节点。邻接链表中每个表节点均有两类域:一类是邻接点域(adjvex),用以存放顶点及权重等相关信息;另一类是链域(next),用于记录下一个与 v_i 相邻接的顶点的指针,将邻接链表的所有表节点链在一起。

　　邻接链表的另一部分是一个表头节点向量,用来存储 n 个表头节点。向量的下标与顶点数组中顶点的序号相同,这样就可以随机访问任一个顶点的链表。

　　在上述结构中,每个顶点与邻接点组成链表,链表中的第一个节点是出发顶点,其余节点是与出发顶点相邻接的顶点,除顶点外,其余的节点的链表指针分别指向下一个与顶点邻接的顶点,整个图由各个顶点的链表组成链表数组。

　　例如,对于图 5-2 中的 G1 和 G2,其邻接链表如图 5-7 和图 5-8 所示,其中 ∧ 表示 NULL。在图 5-8 中,与 v_1 连接的顶点有 v_2、v_3、v_4,采用上面介绍的存储结构,v_1 表节点 adjvex=1,链域(next)指向 v_2,v_2 的链域(next)指向下一个与 v_1 邻接的顶点 v_3,v_3 的链域(next)指向下一个与 v_1 邻接的顶点 v_4。

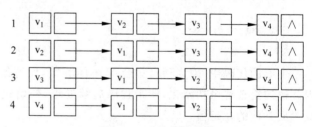

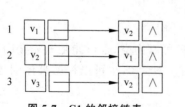

图 5-7　G1 的邻接链表　　　　　　图 5-8　G2 的邻接链表

　　若无向图 G 有 n 个顶点、e 条边,则邻接链表需 n 个表头节点和 2e 个表节点,每个表节点有两个域。显然,对于边很少的图,用邻接链表比用邻接矩阵要节省存储单元。

　　邻接链表作为图的一种存储方式,在存储稀疏图上相对于邻接矩阵有相当大的空间节省。如一个稀疏图的顶点个数为 n,边数为 e。用邻接矩阵存储需要 n^2 空间,而真正进行存储的只有 2e 个空间,剩下的 n^2-2e 都浪费了。但是对于邻接链表,存储空间只需要 n+2e 个,相对于邻接矩阵减少了很多。

在无向图的邻接链表中,一个表节点实际上代表了一条依附于 v_i 的边,因此第 i 个链表可以表示出依附于顶点 v_i 的所有的边,因而第 i 个链表中的表节点数就是顶点 v_i 的度数。

在有向图的邻接链表中,一个表节点实际上代表了一条以 v_i 为尾的弧,因此第 i 个链表可以表示出从 v_i 发出的所有的弧,因而第 i 个链表中的表节点数是顶点 v_i 的出度。

邻接链表虽然在空间上有很大的优势,但是对于一个有向图,如果需要查找每个顶点的出度就需要遍历整个邻接链表,效率很低,因此若要计算 v_i 的入度,可以另外再建立一个逆邻接链表,使第 i 个链表表示到达 v_i 的所有弧。图 5-9 即为图 G1 的逆邻接链表。邻接链表反映的是顶点出度的情况,逆邻接链表反映的是顶点的入度情况。

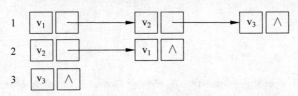

图 5-9 G1 的逆邻接链表

邻接链表程序实现代码如程序 5-2 所示。其中 CreatAdjList()是创建邻接链表的函数,输入参数 ga 是表节点 edgenode 的指针数组,每个数组元素存储一个节点及连接的边节点,简单地说 ga 是链表数组。nVs 表示节点数,字符串数组 Vcodes[]表示节点编码,nlnk 表示边数,字符串数组 elinks[][2]存储边的起点和终点,起点在前,终点在后。CreatAdjList()函数首先创建每个顶点的初始链表节点 ga[i],并进行初始化,令 ga[i]顶点与 vcodes[]一一对应,令 ga[i]的下一顶点为空(ga[i]->next=NULL)。然后根据 elinks 为每个顶点创建链表,先根据起止点创建新节点 NewNode。ga 中起点的顺序与 Vcodes[]一致,但 elinks 中起点的顺序未必与 Vcodes[]一致,例如第一条边是(v3,v2),而 Vcodes[]的第一个顶点是 v1,因此需要根据 elinks[j]的起点调用函数 FindVPos()返回该边所在的 ga 下标 curi,再调用 insertnext()将新节点 NewNode 添加到 ga[curi]->next 中。处理完所有的 elinks 元素,完成邻接链表的创建。insertnext()添加新节点时,需要判断当前的链表是否为空,如果为空,则令 next 直接指向该新节点,否则,递归调用 insertnext()将新节点添加到尾部。

程序 5-2 邻接链表实现代码。

```
typedef struct node
{
    char * adjvex;                      //邻接点域
    struct node * next;                 //链域
}edgenode;                              //表节点

//根据节点符号查询位置
int FindVPos(edgenode * ga[],char * vi,int nVs)
{
    //找到顶点编号为 vi 的节点
    for(int ij = 0;ij < nVs;ij++){
        if(!strcmp(ga[ij] -> adjvex,vi)){
            return ij;                  //顶点编号为 vi 的节点脚标
        }
```

```
        }
        return - 1;
    }

    //添加链域(next)
    edgenode * InsertNext(edgenode * CurNext, edgenode * NewNode)
    {
        if(CurNext == NULL){//如果 CurNext = NULL,则找到了链表尾,将新节点作为尾
            CurNext = NewNode;
        }else{//将 NewNode 插入 CurNext -> next 的尾
            CurNext -> next = InsertNext(CurNext -> next, NewNode);
        }
        return CurNext;
    }

    //创建邻接链表
    void CreatAdjList(edgenode ** ga, int nVs, char * VCodes[], int nlnk, char * elinks[][2])
    {
        int i,j;
        char * vi, * vj;
        edgenode * NewNode;
        //创建每个顶点的初始链表节点
        for(i = 0; i < nVs; i++){
            ga[i] = (edgenode * )malloc(sizeof(edgenode));
            ga[i] -> adjvex = VCodes[i];
            ga[i] -> next = NULL;
        }

        //为每个顶点创建链表
        for(j = 0; j < nlnk; j++){                           //遍历顶点
            vi = elinks[j][0];
            vj = elinks[j][1];
            //创建新节点
            NewNode = (edgenode * )malloc(sizeof(edgenode)); //由系统分配一个新节点
            NewNode -> adjvex = vj;                          //将 j 的值赋给新节点的邻接点域
            NewNode -> next = NULL; .

            int curi;                                        //顶点编号为 vi 的节点脚标
            curi = FindVPos(ga, vi, nVs);                    //在 ga 中找到顶点 vi 的游标

            if(curi == - 1){                                 //如果编号 vi 节点不存在,则退出
                cout << endl <<"出现异常!"<< endl;
                exit( - 1);
            }

            //调用函数递归添加到尾部
            ga[curi] -> next = InsertNext(ga[curi] -> next, NewNode);
        }
    }

    void ShowAdjList(edgenode * ga[], int LenLink){
        int i;
        edgenode * tempga = NULL;
        for(i = 0; i < LenLink; i++){
```

```
        cout <<"\t";
        tempga = ga[i];                                        //取一个链表
        while(tempga!= NULL){
                cout << tempga -> adjvex;                      //输出顶点编号
                if(tempga -> next!= NULL){                     //输出后续占位符号
                        cout <<" → ";
                }else{
                        cout << endl;
                }
                tempga = tempga -> next;
        }
    }
}

int main(){
    char * vcodes[] = {"v1","v2","v3"};                        //顶点
    int nVs = (sizeof(vcodes) / sizeof(vcodes[0]));            //图的顶点数
    char * elinks[3][2] = {{"v2","v1"},{"v1","v3"},{"v1","v2"}}; //邻接链表数据
    int neLink = (sizeof(elinks) / sizeof(elinks[0]));         //图链表中有效边的数量
    edgenode ** ga = NULL;                                     //声明邻接链表图

    ga = (edgenode ** )malloc(sizeof(edgenode * ) * nVs);      //动态创建链表节点数组
    CreatAdjList(ga,nVs,vcodes,neLink,elinks);                 //创建邻接链表图
    ShowAdjList(ga,nVs);                                       //显示图

    return 0;
}
```

本例中以图 5-9 图 G1 的逆邻接链表为例,程序运行结果:

```
v1 → v3 → v2
v2 → v1
v3
```

内存数据结构如图 5-10 所示。

Name	Value
⊟ ga[0]	0x006b1680
⊞ adjvex	0x0048254c "v1"
⊟ next	0x006b13d0
⊞ adjvex	0x00482544 "v3"
⊟ next	0x006b1390
⊞ adjvex	0x00482548 "v2"
⊞ next	0x00000000
⊟ ga[1]	0x006b1560
⊞ adjvex	0x00482548 "v2"
⊟ next	0x006b14e0
⊞ adjvex	0x0048254c "v1"
⊞ next	0x00000000
⊟ ga[2]	0x006b1520
⊞ adjvex	0x00482544 "v3"
⊞ next	0x00000000

图 5-10 图 5-9 中 G1 逆邻接链表生成结果

5.3　图　的　遍　历

图的遍历是从图的某个顶点出发,访问图中其余的顶点且每个顶点只能访问一次。也就是说,给定一个无向图 G(V,E)和顶点集合 V(G)中的任一顶点 v,则从 v 出发,顺着 G 中的某些边可以访问图中其余的顶点,且每个顶点仅被访问一次,这个过程叫图的遍历 (traversing graph)。

图的遍历比树的遍历复杂,这是由于图可能存在回路,所以在访问了某个顶点后,有可能顺着一条回路再次访问到一个被访问过的顶点。如图 5-2 中的 G2,在访问了顶点 v_1 后,顺着<v_1,v_3,v_4,v_1>或<v_1,v_2,v_3,v_1>或<v_1,v_2,v_3,v_4,v_1>等多条路径都可再次访问到顶点 v_1。因此在遍历过程中,必须标记每个被访问过的顶点,以免某个顶点被访问多次。为此,可定义一个访问标志数组 visited[],数组元素的初始状态为 0,一旦顶点 v_i 被访问,就置 visited[i]为 1。

图的遍历方法通常有两种:深度优先搜索法和广度优先搜索法。

5.3.1　深度优先搜索法

深度优先搜索(depth first search,DFS)的搜索过程是:

(1)访问给定起始顶点 v,选取与顶点 v 相邻接且未被访问过的顶点 w 并访问之。

(2)以顶点 w 为起始点,访问相邻接且未被访问过的顶点作为新起点。

(3)重复上述访问过程,当到达一个所有相邻接的顶点都已被访问过的顶点 v_i 时,就退回到上一个被访问过的顶点 v_{i-1}。若与其相邻接的顶点也都被访问过,就再退回到此顶点的直接前趋 v_{i-2};若顶点 v_{i-2} 尚有未曾访问过的邻接顶点 v_j,就以 v_j 作为新起点,并访问之。

(4)重复以上操作过程,直到从任意一个已访问过的顶点出发,再也找不到未被访问过的顶点为止,则遍历终止。

(5)在访问过程中,若顶点被访问过,则访问标志数组 visited[i]置为 1。

例如,对图 5-11 中的图进行深度优先搜索,若从顶点 v_1 开始搜索,则一种访问顺序可为: $v_1 \rightarrow v_2 \rightarrow v_4 \rightarrow v_8 \rightarrow v_5 \rightarrow v_3 \rightarrow v_6 \rightarrow v_7$。

带权图深度优先搜索算法程序实现代码如程序 5-3 所示。

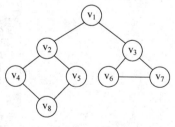

图 5-11　遍历图

程序 5-3　带权图深度优先搜索。

```
#define MAX 10
//邻接链表加权图中邻接边
typedef struct EdgeNode{        //邻接链表节点,即边
    int adjvex;                 //边的终点对应节点数据对象在图顶点数组 vertices[]中的游标序号
```

```
        int weight;              //边所对应的权值
        struct EdgeNode * next;//同一起点的下一条边
}ENode;
```

//邻接链表加权图中顶点
```
typedef struct VertNode{
        char VCode;              //顶点代码,一般是顶点符号,如 A、B、C 等
        ENode * firstarc;        //该顶点第一条边,邻接链表
}VNode;
```

//邻接链表加权图
```
typedef struct AdjList{
        VNode vertices[MAX];
        int vexnum;                          //顶点数
        int arcnum;                          //边数
}LGraph;
```

//找到顶点代码 vi 节点在图顶点数组 G.vertices[]中的索引位置,即游标
```
int FindVIdx(LGraph G,char vi,int nVs)
{
        for(int ij = 0;ij < nVs;ij++){
                if(G.vertices[ij].VCode == vi){   //字符比较
                        return ij;
                }
        }
        return - 1;
}
```

//创建邻接链表加权有向图
```
void CreatLinkWeight(LGraph &G, int nVs, char VCodes[], int nelink, int elinks[][3])
{
        int i, j, k, w;
        char v1,v2;
        ENode * pE;
        G. vexnum = nVs;
        G. arcnum = nelink;

        //根据给定的顶点数组创建图顶点数组,其中如果顶点用字母表示需要以字符形式保存到顶
          点整型数组中
        for (i = 0;i < nVs;i++){
                G.vertices[i].VCode = VCodes[i];
                G.vertices[i].firstarc = NULL;
        }

        //构造邻接边
        for(k = 0;k < nelink;k++){
                //获取 nelink 条边及权值
                v1 = elinks[k][0];
                v2 = elinks[k][1];
                w = elinks[k][2];
                i = FindVIdx(G,v1,nVs);                 //获取单链表的位置
```

```
        if(i == -1){                      //如果编号 vi 节点不存在,则出现异常,跳到下一条边
            cout << endl <<"出现异常!顶点"<< v1 <<"未找到!"<< endl;
            continue;                      //继续处理下一条边
        }
        j = FindVIdx(G, v2, nVs);          //找到要存放顶点的下标
        if(j == -1){                       //如果编号 vi 节点不存在,则出现异常,跳到下一条边
            cout << endl <<"出现异常!顶点"<< v2 <<"未找到!"<< endl;
            continue;                      //继续处理下一条边
        }
        //将新边加到原来边前面,若要加在后面则要用递归
        pE = (ENode * )malloc(sizeof(ENode));
        pE -> adjvex = j;                  //链接顶点的下标
        pE -> weight  = w;
        pE -> next = G. vertices[i]. firstarc;   //令新边节点的 next 指针指向第一条边节点
        G. vertices[i]. firstarc = pE;     //将第一条改为新边节点
    }
}
//对游标为 vIdx 的节点递归深度遍历
void Dfs(LGraph &G,  int vIdx, int visited[])
{
    ENode  * p;
    cout <<"\t"<< G. vertices[vIdx]. VCode;   //访问节点,这里以输出节点编号为例
    visited[vIdx] = 1;                     //设置访问标记为 1
    p = G. vertices[vIdx]. firstarc;       //头节点的第一条边
    while(p){   //沿着 p 深度搜索,直到搜索到末端,出现 next 为空时结束 while 循环,返回到递
                //归的上一层
        if (!visited[p -> adjvex]){        //沿着 p 找下一个,向纵深方向搜索,即深度优先
            Dfs(G, p -> adjvex, visited);
        }
        p = p -> next;                     //取头节点的下一条边的终点,沿着下一分支搜索
    }
}
//递归深度优先遍历
void DfsTraverse(LGraph &G, int visited[])
{
    int i;
    //初始化遍历状态数组
    for (i = 0; i < G. vexnum; ++i){
        visited[i] = 0;                    //初始设置为未访问
    }

    for(i = 0; i < G. vexnum; ++i){         //对所有顶点进行深度优先搜索
        if (!visited[i]){//检查节点的访问状态,如果没有访问过,则调用深度优先搜索函数
            Dfs(G, i, visited);            //对当前顶点进行深度优先搜索
        }
    }
    cout << endl <<"深度优先遍历完成!"<< endl;
}

int main()
{
    int nelink = 7;                        //边数
```

```
    char vcodes[] = "ABCDE";                        //顶点集合
    int nVs = 5;                                    //图的顶点数
    int elinks[][3] = {{'A','B',12},{'A','E',3},{'B','C',34},{'C','D',3},{'D','A',2},{'D','B',
3},{'E','C',3}};
    nelink = (sizeof(elinks) / sizeof(elinks[0]));  //图链表中有效边的数量

    LGraph G;
    int * visited;                                  //访问状态数组
    visited = (int * )malloc(sizeof(int) * nVs);
    CreatLinkWeight(G,nVs,vcodes,nelink,elinks);    //创建一个邻接链表加权图
    DfsTraverse(G,visited);                         //遍历这个邻接链表
    return 0;
}
```

上面的代码中 DfsTraverse() 从第一个节点开始，依序以各顶点为起点，调用 Dfs() 深度优先搜索各条边的顶点。本例中，以 A 为起点，函数 Dfs() 搜索过程如下：

(1) 首先访问顶点 A，取 A 的第一条边的终点 E。

(2) 递归访问 E 的第一条边终点 C。

(3) 递归访问 C 的第一条边终点 D。

(4) 递归访问 D 的第一条边的终点 B。

(5) 递归访问 B 的第一条边的终点 C，而 C 已经访问过，取 B 的下一条边，B 只有一条以 B 为起点的边，因此下一条边的终点为 NULL，结束 while 循环，递归函数返回到 D。

(6) 取 D 的下一条边，下一条边的终点是 A，A 已访问，再取 D 的下一条边，为空 NULL，结束 while 循环，递归函数返回到 C。

(7) 取 C 的下一条边，C 只有一条以 C 为起点的边，因此下一条边的终点为 NULL，结束 while 循环，递归函数返回到 E。

(8) 取 E 的下一条边，E 只有一条以 E 为起点的边，因此下一条边的终点为 NULL，结束 while 循环，递归函数返回到 A。

(9) 取 A 的第二条边的终点 B，while 循环体中的 if 判断发现 B 已经访问过，继续取 A 的下一条边。A 只有两条以 A 为起点的边，因此下一条边的终点为 NULL，结束 while 循环。

(10) 这时已经深度优先遍历以 A 为起点的有向边的所有顶点。

(11) 返回 DfsTraverseRe()，检查第二个节点的访问状态，如果没有访问过，则继续以第二个顶点为起点调用 Dfs() 进行深度优先遍历。以此类推，直到所有的节点都访问结束，完成整个图的深度优先遍历。

本例有向图如图 5-12 所示，程序运行结果：

```
A    E    C    D    B
```

上面代码中，分支搜索顺序与边的顺序有关，例如，调整{'A','B',12},{'A','E',3}为{'A','E',3},{'A','B',12}，则结果为：

```
A    B    C    D    E,
```

即先从 A 的 B 分支遍历。实际问题中，可以根据问题特点确定分支搜索顺序，例如，从最小权重的边开始搜索等。

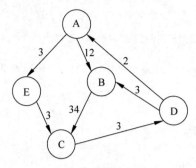

图 5-12　深度优先搜索加权有向图示例

5.3.2　广度优先搜索法

广度优先搜索(breadth first search,BFS)的搜索过程是:

(1) 在图 G 中先访问给定顶点 v,而后访问所有与 v 相邻接的顶点 $v_1, v_2, \cdots, v_n$。

(2) 依次访问与 $v_1, v_2, v_3, \cdots, v_n$ 相邻接的所有未曾访问过的顶点。

(3) 从这些被访问过的顶点出发,访问与它们相邻接的所有未曾访问过的顶点,直到所有的顶点都被访问,则搜索结束。

这种搜索过程的特点为从一个顶点出发,广泛搜索与该顶点相邻接的所有顶点,称为广度优先搜索。

例如对图 5-11 进行广度优先搜索,若从顶点 v_1 开始搜索,则顶点访问顺序为:v_1、v_2、v_3、v_4、v_5、v_6、v_7、v_8。

由此可见,广度优先搜索是从起始点出发,由近及远,按层访问每一个顶点。若顶点 v_i 先于顶点 v_j 被访问,则与 v_i 相邻接的顶点也将先于 v_j 相邻接的顶点被访问。因此在算法中需设置一个队列依次保存被访问过的顶点。

广度优先搜索算法实现代码如程序 5-4 所示。

程序 5-4　带权图广度优先遍历。

```
# include < queue >
//基于队列非递归广度优先搜索
void BFSQueue(LGraph &G, int visited[])
{
    int i;
    for (i = 0; i < G.vexnum; i++){              //初始化访问标志数组
        visited[i] = 0;
    }
    queue < int > qVnodeVisited;

    for (i = 0; i < G.vexnum; i++){
        if (visited[i]){                         //如果访问过该节点,跳过
            contine;
            }
            visited[i] = 1;
            cout << G.vertices[i].VCode << " ";   //访问该节点
```

```
        qVnodeVisited.push(i);                    //访问过的入队列
        while (!qVnodeVisited.empty()){            //队列不为空时
            int x = qVnodeVisited.front();
                    //从队列中取上一轮记录的第一个节点,遍历该节点的下一级节点
            qVnodeVisited.pop();                   //将第一个元素出队
            ENode * pE = G.vertices[x].firstarc;   //取第一个邻接顶点
            while (pE){//访问未被访问过的邻接顶点,即该顶点的下一级节点
                    if (!visited[pE->adjvex]){
                        visited[pE->adjvex] = 1;
                        cout << G.vertices[pE->adjvex].VCode << " ";
                        qVnodeVisited.push(pE->adjvex);
                                //需要记录访问的下一级节点,以便下一轮继续遍历
                    }
                    pE = pE->next;   //继续搜索序号 x 顶点的下一个直接后继子节点,
                                     //广度优先
            }
        }
    }
    cout << endl <<"广度优先遍历完成!"<< endl;
}


int main()
{
    char vcodes[] = "ABCDE";
    int nVs = 5;                                 //图的顶点数
    int elinks[][3] = {{'A','B',12},{'A','E',3},{'B','C',34},{'C','D',3},{'D','A',2},{'D','B',
3},{'E','C',3}};
    int nelink = 7;

    LGraph G;
    int * visited;                               //遍历记录数组
    visited = (int *)malloc(sizeof(int) * nVs);
    CreatLinkWeight(G,nVs,vcodes,nelink,elinks); //创建一个邻接链表加权图
    BFSQueue(G,visited);                         //广度优先遍历

    return 0;
}
```

上面的程序采用队列暂存遍历的节点,队列存储某一层上的所有节点序号,然后逐个出队进行下一层的广度优先遍历。其中:

第 11~31 行的 for 循环,按顶点序列顺序遍历所有的顶点。

第 12~14 行判断该节点是否访问过,如果访问过则跳过,继续处理下一个节点。

第 15 行设置访问状态为 1,表示访问过。

第 16 行访问数据。在具体的项目中,一般是对访问到的数据进行相关的处理,本教材以输出节点标识的方式表示已经访问过。

第 17 行将该节点的序号入队,该序号对应节点标识在 vertices[]中的下标。

第 18~30 行是对该节点进行广度优先搜索。

第 19 行从队列中取节点的下标 x,这里是上一次入队的节点序号。

第 20 行将队列中的第一个元素 x 出队。

第 21 行取该节点的第一条边的终点。

第 22～29 行的 while 循环开始对该节点进行广度搜索。

第 23～27 行对取到的第一条边进行处理。

第 23 行判断是否访问过取到的节点 pE,如果没有访问过则执行 if 分支。

第 24 行设置访问状态为 1,表示访问过。visited[pE->adjvex] = 1。

第 25 行输出节点 pE 标识,表示访问数据。

第 26 行将节点 pE 的序号入队,在后续遍历下一层时从队列取出。

第 28 行取 vertices[x] 的下一条边的终点,也就是 vertices[x] 的下一个直接后继。

本例中广度优先搜索函数 BFSQueue() 遍历的过程如下:

首先访问第一个节点 A,同时,将 A 的序号入队。接下来的 while 循环对 A 的下一层进行广度优先遍历。

取 A 的第一条边的终点 E,设置 E 的访问标识为 1,输出 E,将 E 的序号 4 入队。

取 A 的下一条边的终点 B,不为空,继续执行 while 循环。设置 B 的访问标识为 1,输出 B,将 B 的序号 1 入队。

取 A 的下一条边的终点,因 A 只有两条边,因此尝试去第三条边的终点为空,终止第 22 行的广度搜索 while 循环。

程序跳转到第 18 行的队列不为空的 while 循环。

将上一次循环中的第一个入队的元素(E 的序号 4)出队,取 E 的第一条边的终点 C,C 没有访问过,设置 C 的访问标识为 1,输出 C,将 C 的序号 2 入队。

取 E 的下一条边的终点,为空,终止第 22 行的以 E 为起点的广度搜索 while 循环。

程序跳转到第 18 行的队列不为空的 while 循环,开始对下一个顶点 B 的下一层广度优先遍历。

取 B 的第一条边的终点 C,C 已经访问过,跳过第 23～27 行,取 B 的下一条边的终点,为空,终止第 22 行的以 B 为起点的广度搜索 while 循环。

程序跳转到第 18 行的队列不为空的 while 循环,开始对下一个顶点 C 的下一层广度优先遍历。

取 C 的下一条边的终点 D,D 没有访问过,设置 D 的访问标识为 1,输出 D,将 D 的序号 3 入队。

取 C 的下一条边的终点,为空,终止第 22 行的以 C 为起点的广度搜索 while 循环。

程序跳转到第 18 行的队列不为空的 while 循环,开始对下一个顶点 D 的下一层广度优先遍历。

取 D 的下一条边的终点 B,B 已经访问过,跳过第 23～27 行。

取 D 的下一条边的终点 A,A 已经访问过,跳过第 23～27 行。

取 D 的下一条边的终点,为空,终止第 22 行的以 D 为起点的广度搜索 while 循环。

这时队列为空,第 18 行的 while 循环结束,跳转到下一次 for 循环。

第二次 for 循环取到的节点是 B,而 B 已经访问过,跳过。

后面的 for 循环取到的节点 C、D、E,均已经访问过,结束 for 循环,完成对图的广度优先遍历。

本例运行结果：

A E B C D

5.4 最短路径

图中两个顶点间的最短路径问题，是图结构的一个重要的实际应用。例如，在交通网中若用顶点表示城市，那么两城市间是否有道路、道路有多少条、哪一条最短或最省时间或费用最少是交通运输、旅行等活动最关心的问题。

5.4.1 单源最短路径的概念

单源最短路径是指给定带权的有向图 $G=(V,E)$ 和源点 V，求源点 V 到图的其余顶点间的最短路径。

以图 5-13 中有向图为例，图中给定各条边上的权（为非负权），源点为 v_1。从图可得，v_1 至 v_2 的最短路径是 $<v_1,v_3,v_4,v_2>$，其路径的长度是 $10+15+20=45$。虽然从 v_1 至 v_2 的这条路径由三条边组成，但仍然比路径 $<v_1,v_2>$ 短，因为 $<v_1,v_2>$ 边上的权是 50；从 v_1 至 v_3 的最短路径是 $<v_1,v_3>$，其路径长度为 10；从 v_1 至 v_4 的最短路径是 $<v_1,v_3,v_4>$，长度为 25；从 v_1 至 v_5 的最短路径是 $<v_1,v_5>$，其路径长度为 45；从 v_1 至 v_6 没有通路，因此不存在最短路径。所谓有向图的最短路径是指经过的边上的权值之和最小的路径。

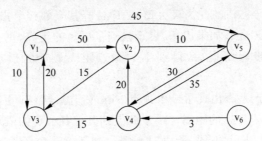

图 5-13 单源最短路径加权有向图

5.4.2 单源最短路径的计算方法

vSt 为源点到其他各顶点的最短路径的算法应从数据结构和算法两方面考虑。下面讨论有向图单源最短路径的 Dijkstra 算法。

1. 存储结构

在计算最短路径时，需要考虑有向图、各点历经状态、历经路径等信息的存储方式。

1）有向图

设有向图 G 有 n 个节点，并用加权邻接矩阵 cost 表示有向图 G。在加权邻接矩阵中，

cost[i][j]为有向边<v_i,v_j>上的权；若<v_i,v_j>不在 E(G)中，即 v_i 至 v_j 不存在直接的边，因为要计算最短路径，设置其为极大值 cost[i][j]=∞；若 i=j，即点到自身，则 cost[i][j]置为零。

2）历经状态 visited

在计算最短路径的过程中，需要判断从节点 vSt 到某顶点的最短路径是否已经得到。因此设置一个布尔向量 visited，若 visited[i]=1，则表示从源点 vSt 至节点 v_i 的最短路径已经求出；若 visited[i]=0，则表示从源点 vSt 至节点 v_i 的最短路径尚未求出。算法中 visited[i]的初始状态为零。

3）最短路径长度 dist

dist[u]表示当前找到的从源点 vSt 到某节点 u 的最短路径的长度。向量 dist 的初态为 dist[u]=cost[vSt][u]。最终数组 dist 记录了从源点到图中其余各顶点的最短路径长度。

4）最短路径途经节点 pathpre

向量 pathpre 的分量 pathpre[i]表示某节点 vSt 到节点 v_i 经过的上一个节点，如果直接连接，则记录的是源点。

2. 求图中最短路径的算法

最短路径计算过程：

（1）进行最短路径计算的初始化操作，设置每个点初始求解状态为 0，visited[i]=0，根据邻接矩阵设置从源点到其余各顶点对应距离 dist[i]=cost[vSt][i]，其中 vSt 为源点的顶点序号。同时，如果 dist[i]非无穷大，即 v_i 与源点连通，顶点序号 pathpre[i]=vSt，否则设置 pathpre[i]=-1，表示不连通。

（2）源点初始化。源点到自身的距离为 0，dist[vSt]=0；源点访问状态设置为 1，visited[vSt]=1。源点的路径为自身，设置路径序号为-1，pathpre[vSt]=-1。

（3）先找到与源点 vSt 最近的顶点 NextV，即求源点 vSt 到其他未访问节点的最短路径。设置初始最短距离 nextShort 为极大值，顺序选择其余邻接节点，并判断其与源点的距离是否为 dist[i]<nextShort，如果成立，表示找到了更短的距离，更新 nextShort，否则继续处理下一个顶点。本步骤结束后，得到了与源点距离最近的顶点的序号 NextV，设置 visited[NextV]=1。

（4）其他未访问的点是否出现了经由顶点 NextV 与源点 vSt 更短的距离，如果有，则更新其他未访问节点与源点 vSt 的距离。由于源点到其他各节点的最短路径形成是在不断地试探中得到，不同的路径长度不同，所以对于源点到任意一个还没有求得最短路径节点 w 的最短路径可能是<v,w>，也可能是经过已求得最短路径的节点而终止于 w 的路径。这样，当求出某个节点 NextV 的最短路径之后，就有可能对其他尚未最终确定最短路径的节点 w 产生影响，因此需要进行处理。修改分量 dist[w]的表达式可表示为

$$dist[w] = MIN\{dist[w], dist[NextV] + cost[NextV][w]\}$$

其中，MIN{…}表示求集合中元素的最小值即最短路径。

（5）重复过程（3）和过程（4），直到求出所有源点 v 到其他各节点的最短路径为止。

单源最短路径算法实现代码如程序 5-5 所示。

程序 5-5　计算单源最短路径。

```
//创建加权有向图,即有向网,邻接矩阵
void CreatAdjMatrixWeightDir(AdjMatrix * g, int nVs, char VCodes[], int nelink, int elinks[][3])
```

```
{
    int i,j,k;
    float w;
    //初始化 g
    g -> vexs = (char * )malloc(sizeof(char) * nVs);          //动态创建顶点数组
    g -> arcs = (double ** )malloc(sizeof(double * ) * nVs);  //动态创建边数组
    for(i = 0;i < nVs;i++){
        g -> arcs[i] = (double * )malloc(sizeof(double) * nVs);
    }

    //构造顶点集合
    for(i = 0;i < nVs;i++){
        g -> vexs[i] = VCodes[i];
    }
    //邻接矩阵初始化边集合
    for(i = 0;i < nVs;i++){
        for(j = 0;j < nVs;j++){
            if(i == j){
                g -> arcs[i][j] = 0;                          //距自身为 0
                continue;
            }
            g -> arcs[i][j] = MaxV;                           //其余权重设置为极大值
        }
    }

    for(k = 0;k < nelink;k++){                                //对边进行遍历
        i = FindEleIdx(g -> vexs,elinks[k][0],nVs);          //根据读到的第一个节点名检索位置
        j = FindEleIdx(g -> vexs,elinks[k][1],nVs);          //根据读到的第二个节点名检索位置
        if(i == -1||j == -1){//如果没有找到对应的顶点,跳转到下一条边
            continue;
        }
        w = elinks[k][2];
        g -> arcs[i][j] = w;                                 //有向图
    }
}
//输出双精度距离数组
void ShowDist(double dist[],int n){
    cout <<"\t";
    for(int i = 0;i < n;i++){
        cout << dist[i];
        if(i < n - 1){
            cout <<"\t";                                     //制表位分隔
        }else{
            cout << endl;
        }
    }
}
//检查是否存在仍未处理的顶点,如果存在,返回顶点的下标,否则返回 - 1
int NotVisit(int visited[],int nVs){
    for(int i = 0;i < nVs;i++){
        if(visited[i] == 0){
```

```
            return i;
        }
    }
    return - 1;
}
//计算未处理顶点数
int NumofNotVisited(int visited[ ],int nVs){
    int Num = 0;
    for( int i = 0; i < nVs;i++){
        if(visited[ i] == 0){
            Num++ ;
        }
    }
    return Num;
}
//打印运行过程中的数据
void PrintRuntimeDatas(AdjMatrix * g, int nVs, int visited[ ], int pathpre[ ], double dist[ ]){
    cout <<"顶点:\t\L";
    for(int i = 0; i < nVs; ++i){
        cout << g - > vexs[ i]<<"\t";
    }
    cout << endl;
    cout <<"visited:"<<"";
    ShowList(visited,nVs);
    cout <<"pathpre:"<<"";
    ShowList(pathpre,nVs);
    cout <<"dist:"<<"\t";
    ShowDist(dist,nVs);
}
//求解单源最短路径
void ShortPath(AdjMatrix * g, int vSt, int nVs, int pathpre[ ], double dist[ ])
{
    double ** cost = g - > arcs;
    int i,j,w,NextV,nextShort;
    int * visited = (int * )malloc(sizeof(int) * nVs);
    //最短路径计算初始化
    for(i = 0;i < nVs;i++){
        visited[ i] = 0;              //设置每个点初始求解状态 0
        dist[ i] = cost[vSt][ i];     //从源点 A 到对应顶点距离

        if(dist[ i]< MaxV){
            pathpre[ i] = vSt;        //初始确定 vSt 为源点
        }else{                        //vSt 与该点之间无连线,距离是非常大的数
            pathpre[ i] = - 1;        //无连线设置顶点序号为 - 1
        }
    }

    //源点初始化
    pathpre[vSt] = - 1;               //vSt 为源点时,前一个顶点序号为 - 1
    dist[vSt] = 0;                    //vSt 到自身的距离为 0
    visited[vSt] = 1;                 //为 1 表明该顶点已经被计算过
```

```
    //输出初始化结果
        cout <<"初始化结果:"<< endl;
        PrintRuntimeDatas(g, nVs, visited, pathpre, dist);

        cout << endl <<"开始搜索源点"<< g->vexs[vSt]<<"到其他顶点的最短路径:"<< endl;
    //计算 vSt 到其余顶点的最短路径
NextV = -1;        //设置下一个顶点的初始值为-1,如果运行结束仍为-1表明没有找到下一个顶点
    int lastNextV = -1;                    //上一次找到的顶点,初始值为-1
    int NumOfLeft = NumofNotVisited(visited,nVs);    //剩余未访问的顶点数
    while(NumOfLeft > 0){                    //只要还有点未处理,就继续循环
        if(NumOfLeft == 1){
            int lastOneIdx = NotVisit(visited,nVs);
            cout <<"这是最后一个顶点:"<< g->vexs[lastOneIdx]<< endl;
            //更新最后一个节点的访问状态
            visited[lastOneIdx] = 1;
            break;                        //只剩一个顶点,即最后一个顶点,无须继续计算
        }
        //在未访问过的顶点中搜索与源点距离最近的邻接顶点
        cout <<"在未访问节点中搜索距离源点"<< g->vexs[vSt]<<"最近的点."<< endl;
nextShort = MaxV;            //初始值设置为无穷大,如果搜索后没有找到顶点,说明没有路径
        for(j = 0;j < nVs;j++){//确定下一个顶点
            if(j == vSt){
                continue;                //源点不需要重复计算
            }
            if(visited[j] == 1){
                continue;                //已经被计算过,不需要重复计算
            }
            if(dist[j]< nextShort){
                NextV = j;                //找到更短的路径,更新 NextV
                nextShort = dist[j];
            }
        }
        if(NextV == -1){
            cout <<"没有找到源点"<< g->vexs[vSt]<<"到其他未访问顶点的路径.结束循环."
<< endl;    //如果第一次就没有找到距离更近的点,说明源点到其他未访问点没有路径,结束处理.
            break;
        }
        //找到了与源点距离最近的顶点的序号 NextV
        if(lastNextV!= NextV){
            lastNextV = NextV;
        }else{//两次均找到同一个顶点,结束循环
            cout <<"      两次均找到同一个顶点:"<< g->vexs[NextV]<< endl;
            break;
        }
        visited[NextV] = 1;
        cout <<"在未访问过的顶点中找到了与源点"<< g->vexs[vSt]<<"距离最近的顶点"<< g->
vexs[NextV]<< endl;
        PrintRuntimeDatas(g, nVs, visited, pathpre, dist);    //输出中间结果,便于考察和理解
计算逻辑
        //找到新的路径节点 NextV 后,其他未访问的节点可能会出现经由 NextV 的更短的路径,检
查是否存在更短的路径并更新路径及距离
```

```
        for(w = 0;w < nVs;w++){
            if(visited[w] == 1){
                continue;                  //已经被计算过,不需要重复计算
            }
            if((dist[NextV] + cost[NextV][w])< dist[w]){//出现了更短的路径
                cout <<"顶点"<< g -> vexs[w]<<"("<< dist[w]<<")出现了途经顶点"<< g -> vexs
[NextV]<<"与源点"<< g -> vexs[vSt]<<"距离("<< dist[NextV] + cost[NextV][w]<<")更近的新路径"
<< endl;
                dist[w] = dist[NextV] + cost[NextV][w];    //更新最短路径长度
                pathpre[w] = NextV;        //记录路径
                PrintRuntimeDatas(g, nVs, visited, pathpre, dist);
            }
        }
        cout << endl;
        NumOfLeft = NumofNotVisited(visited,nVs);
    }
    //全部顶点处理结束
    cout << endl <<"最终结果:"<< endl;
    PrintRuntimeDatas(g, nVs, visited, pathpre, dist);
}
//打印最短路径结果
void PrintPath(char VCodes[], int vSt, int nVs, int pathpre[], double dist[]){
    char * path = (char * )malloc(sizeof(char) * nVs);
    int findpath = 0;                     //路径是否存在,0:不存在,1:存在
    //打印路径与距离
    cout << VCodes[vSt]<<"到各点的最短路径及距离:"<< endl;
    for(int i = 0;i < nVs;i++){
        if(pathpre[i] == - 1){            //前面的顶点仍未确定,路径不成立,跳过
            continue;
        }
        findpath = 1;                     //路径存在
        path[0] = VCodes[i];              //先存储终点
        int indxV = 1;                    //当前路径下一个顶点的存储位置
        int tempidx = pathpre[i];         //取终点前面的点
        while(tempidx!= 0&&tempidx!= - 1){
            path[indxV++] = VCodes[tempidx];
                        //顶点有效,顶点标识保存到 path[indxV],indxV++指向下一个存储位置
            tempidx = pathpre[tempidx];   //继续取当前路径前面的顶点
        }
        if(tempidx!= - 1){                //判断是否到达源点
            path[indxV] = VCodes[vSt];
        }else{
            indxV -- ; //indxV 指向下一个空位, -- 则指向 path 中保存的最后一个顶点的下标
        }
        if(indxV == 0){                   //如果只有一个顶点,则表示与源点之间无路径
            continue;
        }
        for(int j = indxV;j > 0;j -- ){
                //倒序输出途径各顶点,因要输出" ->",最后一个顶点在 for 循环结束后再输出
            cout << path[j]<<" ->";
        }
```

```
            cout << path[j]<<":"<< dist[i]<< endl;
        }
        if(findpath == 0){//路径不存在
            cout <<"无!"<< endl;
        }
        cout << endl;
}


int main(){
    AdjMatrix g;
    int nVs = 0;                            //图的顶点数
    int nelink = 0;                         //图的边(弧)数
    char vcodes[] = "ABCDE";
    int
elinks[][3] = {{'A','E',100},{'A','B',10},{'A','D',30},{'B','C',50},{'C','E',10},{'D','C',20},
{'D','E',60}};

    nVs = strlen(vcodes);

    nelink = (sizeof(elinks) / sizeof(elinks[0]));
    CreatAdjMatrixWeightDir(&g,nVs, vcodes,nelink,elinks);    //创建一个加权邻接矩阵
    int i = 0;
    int * pathpre = (int * )malloc(sizeof(int) * nVs);
                            //保存以 vSt 为源点到达某顶点最短路径的前一个顶点下标
    double * dist = (double * )malloc(sizeof(double) * nVs);
                                //保存以 vSt 为源点到达某顶点的最短距离
    int vSt = 0;                            //起点序号
    if(vSt > nVs - 1){
        cout << endl <<"顶点序号"<< vSt <<"不存在!"<<"顶点序号范围:0 - "<< nVs - 1 << endl;
        exit( - 1);
    }
    cout <<"图:"<< endl;
    Show_GraphMat(g,nVs);
    ShortPath(&g,vSt,nVs, pathpre, dist);
    cout << endl << vcodes[vSt]<<"到各点的最短距离:"<< endl;
    for(i = 0;i < nVs;i++){
        cout << g. vexs[i]<<":"<< dist[i];
        if(i < nVs - 1){
            cout <<"\t";
        }
    }
    cout << endl;
    //打印路径与距离
    PrintPath(vcodes, vSt, nVs, pathpre, dist);
    return 0;
}
```

上面的代码中,ShortPath()是求解最短路径的核心函数:

第 89～97 行,是对节点访问状态 visited、路径长度 dist 和路径节点 pathpre 初始化,pathpre[i]存储的是从源点到 i 点最短路径中 i 前面的一个顶点。

第 99～101 行是对选定的源点进行初始化,源点到自身经过的上一个顶点为空,令 pathpre[vSt]＝－1,源点到自身的距离 dist[vSt]为 0,源点是出发点,设置其访问状态 visited[vSt]为 1。

第 108～163 行,是源点到其余顶点最短路径的计算。

第 108 行,设置下一个顶点的初始值为－1,如果运行结束仍为－1 表明没有找到下一个顶点。

第 109 行的 lastNextV 记录上一次找到的最近点,初始值为－1。如果两次找到的最近点相同,意味着无更短路径,结束求解。

第 110 行,获取剩余未访问的顶点数 NumOfLeft,如果 NumOfLeft＞0,表明还有点未被处理完,执行 112 行的 while 循环。

第 112～118 行,检查剩余未访问顶点数是否为 1,如果为 1,表明是最后一个未被处理顶点,无其他未访问顶点可比较,故无须继续进行下面的求解过程,设置该顶点的访问状态为 1,结束未处理顶点搜索的 while 循环。

第 122～148 行,是搜索与源点距离最近的邻接顶点。

第 122 行,假设下一个最近邻接顶点的最短距离是极大数,后面在遍历过程中与之比较,如果小于这个极大值,则更新最短距离。

第 123～134 行的 for 循环是比较源点到其他未处理过的各顶点的距离,更新较小距离 nextShort 及对应顶点序号 NextV。循环结束时找到了与源点距离最近的顶点的序号 NextV 及距离 nextShort。

第 124～126 行,判断当前处理的顶点是否是源点,如果是,跳到下一个顶点。

第 127～129 行,根据该顶点的 visited 值判断当前处理的顶点是否已经处理完毕,如果是,跳到下一个顶点。

第 130～133 行,比较源点到该节点的距离是否比当前的最短距离 nextShort 小,如果更小,表明找到了距离源点更近的点,更新记录该点的序号,同时更新最短距离 nextShort。

第 135～138 行,对循环结束时的 NextV 进行判断,如果是－1,而最短距离 nextShort 初始值是无穷大,表明循环了所有未访问顶点也没有找到源点到其他未访问顶点的有效路径,寻找距离源点较近点的循环结束。

第 140～145 行,检查是否与上一轮处理中找到的最近顶点 lastNextV 相同。如果两次搜索结果不同,则更新 lastNextV 记录当前找到的点 NextV。如果两次搜索结果相同,即两次搜索到相同的点,意味着无法找到距离更短的点,结束最短路径求解循环。

第 146 行,经过上述处理,运行到此表明找到的节点有效,在未访问过的顶点中找到了与源点距离最近的顶点 NextV,令该顶点的处理状态 visited[NextV]为 1。

第 148 行,为了便于读者考察求解过程,将中间结果输出。

前面初始化时已经确定了源点 vSt 到其余各个顶点的路径和距离,而源点 vSt 到某个顶点 w 可能存在多条路径。找到下一个顶点 NextV 后,可能会存在源点 vSt 经过 NextV 到顶点 w 的距离比前面已经找到的源点 vSt 到顶点 w 的距离更短,取更短的路径,更新源点 vSt 到顶点 w 的距离 dist[w]和路径 pathpre[w],dist[w]中存储的是源点 vSt 到 NextV 的距离＋NextV 到 w 的距离,pathpre[w]中存储的是到达该点 w 前的一个顶点,即 NextV。

第 150～160 行,实现路径更新处理。

第 151～153 行,检查是否已经处理过顶点,如果处理过,则跳过。

第 154～159 行,判断是否出现了源点 vSt 经过顶点 NextV 到 w 的更短路径。如果 dist[NextV]＋cost[NextV][w]＜ dist[w]则更新源点 vSt 到 w 的距离 dist[w](第 156 行)。同时更新 w 的前一个顶点 pathpre[w]为 NextV(第 157 行)。为了观察更新后的数据变化,调用 PrintRuntimeDatas 函数打印输出当前的计算结果(第 158 行)。至此完成一次单源最短路径的搜索计算,程序给出了源点 vSt 到其他各顶点的最短路径。

第 162 行,取未被处理的顶点数,准备执行 while 循环进行下一轮单源最短路径的搜索计算。

第 166 行,是对所有未访问顶点进行处理后,打印得到的结果。至此完成了单源最短路径的搜索计算。

示例代码中是求 A 点到其他顶点的最短距离,如果变更起点,则在第 217 行更改 vSt 的值,vSt 对应顶点在顶点数组中的下标。

运行结果:

图:

	A	B	C	D	E
A:	0	10	∞	30	100
B:	∞	0	50	∞	∞
C:	∞	∞	0	∞	10
D:	∞	∞	20	0	60
E:	∞	∞	∞	∞	0

初始化结果:

顶点:	A	B	C	D	E
visited:	1	0	0	0	0
pathpre:	−1	0	−1	0	0
dist:	0	10	1e+007	30	100

开始搜索源点 A 到其他顶点的最短路径:
在未访问节点中搜索距离源点 A 最近的点.
在未访问过的顶点中找到了与源点 A 距离最近的顶点 B

顶点:	A	B	C	D	E
visited:	1	1	0	0	0
pathpre:	−1	0	−1	0	0
dist:	0	10	1e+007	30	100

顶点 C(1e+007)出现了途经顶点 B 与源点 A 距离(60)更近的新路径

顶点:	A	B	C	D	E
visited:	1	1	0	0	0
pathpre:	−1	0	1	0	0
dist:	0	10	60	30	100

在未访问节点中搜索距离源点 A 最近的点.
在未访问过的顶点中找到了与源点 A 距离最近的顶点 D

顶点:	A	B	C	D	E
visited:	1	1	0	1	0

| pathpre: | −1 | 0 | 1 | 0 | 0 |

| dist: | 0 | 10 | 60 | 30 | 100 |

顶点 C(60)出现了途经顶点 D 与源点 A 距离(50)更近的新路径

顶点:	A	B	C	D	E
visited:	1	1	0	1	0
pathpre:	−1	0	3	0	0
dist:	0	10	50	30	100

顶点 E(100)出现了途经顶点 D 与源点 A 距离(90)更近的新路径

顶点:	A	B	C	D	E
visited:	1	1	0	1	0
pathpre:	−1	0	3	0	3
dist:	0	10	50	30	90

在未访问节点中搜索距离源点 A 最近的点.
在未访问过的顶点中找到了与源点 A 距离最近的顶点 C

顶点:	A	B	C	D	E
visited:	1	1	1	1	0
pathpre:	−1	0	3	0	3
dist:	0	10	50	30	90

顶点 E(90)出现了途经顶点 C 与源点 A 距离(60)更近的新路径

顶点:	A	B	C	D	E
visited:	1	1	1	1	0
pathpre:	−1	0	3	0	2
dist:	0	10	50	30	60

这是最后一个顶点:E

最终结果:

顶点:	A	B	C	D	E
visited:	1	1	1	1	1
pathpre:	−1	0	3	0	2
dist:	0	10	50	30	60

A 到各点的最短距离:
A:0 B:10 C:50 D:30 E:60
A 到各点的最短路径及距离:
A->B:10
A->D->C:50
A->D:30
A->D->C->E:60

结果中,"经过 A"表示从顶点 A 可以直接到达对应的顶点。

本例中的图如图 5-14 所示。

计算过程如下:

(1)经过初始化,顶点 A 到各点的距离如表 5-2 所示,其中 1e＋007 表示无穷大,即 A 到 C 没有直接连通。

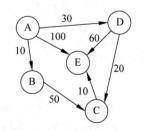

图 5-14　单源最短路径算例

表 5-2 单源最短路径初始化结果

	A	B	C	D	E
visited	1	0	0	0	0
pathpre	−1	0	−1	0	0
dist	0	10	1e+007	30	100

（2）检索距离顶点 A 最近的邻接顶点，A 到三个邻接顶点 B、D、E 的距离分别为 10、30、100，距离 B 最近，确定 B 为下一个顶点，更新顶点 B 对应的 visited 状态为 1，过程结果如表 5-3 所示。表中的下画线表示在该步骤中发生变化的数据项。

表 5-3 单源最短路径计算过程结果

	A	B	C	D	E
visited	1	1	0	0	0
pathpre	−1	0	−1	0	0
dist	0	10	1e+007	30	100

找到了距离最近的新顶点 B 后，对其他顶点的路径进行检查，判断是否出现了距离更短的路径，经过计算比较，发现 A 可以经过 B 到达顶点 C，距离是 60，更新顶点 C 对应的 pathpre 顶点为 B 的序号 1、距离更新为 60，过程结果如表 5-4 所示。

表 5-4 单源最短路径计算过程结果

	A	B	C	D	E
visited	1	1	0	0	0
pathpre	−1	0	1	0	0
dist	0	10	60	30	100

（3）进入下一轮处理，扫描后找到了距离最近的顶点 D，更新顶点 D 对应的 visited 状态为 1，过程结果如表 5-5 所示。

表 5-5 单源最短路径计算过程结果

	A	B	C	D	E
visited	1	1	0	1	0
pathpre	−1	0	1	0	0
dist	0	10	60	30	100

找到了顶点 D 后，对其他顶点的路径进行检查，判断是否出现了距离更短的路径，经过计算比较，发现节点 C（原距离 60）出现了途经节点 D 与源点 A 距离更近的新路径（新距离 50），更新顶点 C 对应的 pathpre 顶点为 D 的序号 3、距离更新为 50，过程结果如表 5-6 所示。

表 5-6 单源最短路径计算过程结果

	A	B	C	D	E
visited	1	1	0	1	0
pathpre	−1	0	3	0	0
dist	0	10	50	30	100

　　节点 E(原距离 100)出现了途经节点 D 与源点 A 距离(新距离 90)更近的新路径,更新顶点 E 对应的 pathpre 顶点为 D 的序号 3、距离更新为 90,过程结果如表 5-7 所示。

表 5-7　单源最短路径计算过程结果

	A	B	C	D	E
visited	1	1	0	1	0
pathpre	−1	0	3	0	3
dist	0	10	50	30	90

　　(4) 进入下一轮处理,扫描后找到了距离最近的顶点 C,更新顶点 C 对应的 visited 状态为 1,过程结果如表 5-8 所示。

表 5-8　单源最短路径计算过程结果

	A	B	C	D	E
visited	1	1	1	1	0
pathpre	−1	0	3	0	3
dist	0	10	50	30	90

　　节点 E(原距离 90)出现了途经节点 C 与源点 A 距离(新距离 60)更近的新路径,更新顶点 E 对应的 pathpre 顶点为 C 的序号 2、距离更新为 60,过程结果如表 5-9 所示。

表 5-9　单源最短路径计算过程结果

	A	B	C	D	E
visited	1	1	1	1	0
pathpre	−1	0	3	0	2
dist	0	10	50	30	60

　　至此,dist 记录 A 点到其他各点的最短路径。

　　pathpre 记录 A 到各点 w 的最短路径中到达顶点 w 的前一个顶点序号。例如 A 到 E,E 对应的 pathpre 值是 2,表示这条路径上 E 前面的顶点是下标为 2 的顶点即 C;C 对应的 pathpre 值是 3,表示这条路径上 C 前面的顶点是下标为 3 的顶点即 D;D 对应的 pathpre 值是 0,表示这条路径上 D 前面的顶点是源点,因此,A 到 E 的路径是 A−>D−>C−>E。printPath() 函数实现了这一过程,打印输出源点到某一顶点的最短路径。

　　上述示例代码介绍了最短路径的一种算法基本原理,简化了相关处理,对于复杂的最短路径问题,需要做进一步的完善和优化,或者根据具体问题设计新的算法。

5.5　拓扑排序基础

　　在现代管理中,一个工程或任务可分为若干子工程或工作阶段,把这些子工程或子阶段称为"活动"(activity)。整个工程和任务能否完成,最终取决于这些子工程或子任务的完成情况。在以图表示活动时,若以图中的节点表示子活动,有向边表示子活动之间的优先关系,则以这样的有向无回路图构成的网称为用顶点表示活动的网(activity on vertex network,AOV);若以顶点表示事件,以有向边表示活动,边上的权表示该事件所需要的时间,则以带权的有向无回路图构成的网称为用边表示活动的网(activity on edge network,AOE)。前者在工程上常用于安排工程进度,后者用于估算工程完成的时间。

5.5.1 拓扑排序的概念

在以节点表示活动的 AOV 网中,若节点 v_i 到节点 v_j 之间存在一条有向路径,则称节点 v_i 是节点 v_j 的前趋,或称 v_j 是 v_i 的后继。若 $<v_i,v_j>$ 是图中的有向边,则称 v_i 是 v_j 的直接前趋,v_j 是 v_i 的直接后继,称这种线性序列为拓扑有序序列。

如果将 AOV 网的各个顶点排列为线性序列,使线性序列不仅保持网中各个顶点间原有的先后顺序,同时使原来没有先后关系的顶点也建立起一定的先后关系,这样构成的有序 AOV 网称为拓扑排序。

例如,在校学习的学生都必须完成教学计划规定的各门课程才能毕业。为完成教学计划制定的各门学科的学习就是一个工程,每门课程的学习就是一个活动,它可以用一个 AOV 网来表示。课程之间的逻辑关系有向图如图 5-15 所示。

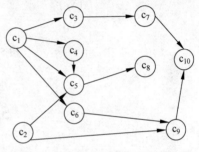

图 5-15 课程之间逻辑关系的有向图

在图 5-15 中,c_1 至 c_{10} 分别代表了不同的课程,有些课程学生入学后即可学习,而另一些课程则必须在学完某些课程之后才能学,即一些课程的学习必须在学完它的先修课程之后才能进行。因此用有向图可以清晰地描绘课程与课程间的优先顺序。

在 AOV 网中,由有向边所确定的逻辑关系是具有传递性的。如顶点 c_1 是 c_5 的直接前趋,c_5 是 c_8 的直接前趋,c_9 是 c_{10} 的直接前趋,而 c_1 是 c_{10} 的前趋,但不是直接前趋。那么拓扑排序就是改造网中所有节点的线性序列(v_1,$\cdots$,v_i,$\cdots$,v_j,$\cdots$),即将一个序列重新排序,称其为一个拓扑序列的排序过程。

5.5.2 拓扑排序的条件

要对一个 AOV 网进行拓扑排序,首先应判断网中是否存在回路,如果网中有回路,则无法进行拓扑排序。这是因为网中如果有回路,则表示这项活动的进行是以它自身任务的完成为先决条件,显然这必然会使问题陷入反复的循环中,这是不应该出现的。对于一个工程来说,一个子工程要反复进行多次,甚至无休止地进行下去,表明工程是不可行的。

5.5.3 拓扑排序的算法

对 AOV 网进行拓扑排序的方法和步骤是:
(1) 在网中选一个没有前趋的顶点,并将该顶点输出。
(2) 从网中删除该节点,并且删去从该节点出发的全部有向边。
(3) 重复上述操作,直至网中不再存在没有前趋的节点为止。

按以上步骤对网进行操作,有以下两种情况:

(1) 网中所有的顶点均被输出,说明网中不存在回路,其所代表的工程是可行的。

(2) 网中顶点未被全部输出,剩余的顶点均有前趋节点,说明网中存在回路,其所代表的工程和计划是不可行的,工程达不到预期的目的。

如图 5-16(a)所示,首先选取没有前趋的节点 v_1 输出,并在网中删去 v_1 节点和由 v_1 发出的有向边 $<v_1,v_2>$,$<v_1,v_3><v_1,v_4>$,结果如图 5-16(b)所示;然后再选取没有前趋的节点 v_2 或 v_4,如这里选取 v_4,并输出 v_4,同时又删去 v_4 及有向边 $<v_4,v_6>$,得到图 5-16(c)。重复上述步骤,最后在输出节点 v_5 时,将网中的节点全部输出,得到该网的拓扑有序序列。

有序顶点为:v_1,v_4,v_2,v_3,v_6,v_5。

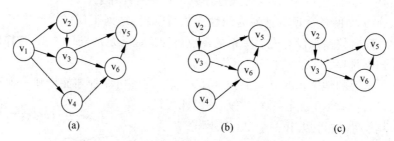

图 5-16   拓扑排序的执行过程

5.6 小   结

图是一种复杂的非线性结构,具有广泛的应用背景。读者应了解和掌握以下内容。

(1) 图的基本概念和常用术语。

(2) 图的邻接矩阵存储结构,无向和有向邻接矩阵的区别及构造方法。

(3) 图的遍历的深度优先搜索和广度优先搜索算法。

(4) 图的最短路径算法。

(5) 拓扑排序的概念和基本算法原理。

本章内容可以结合程序和实际问题应用进行学习。

5.7 习   题

1. 试编写代码计算图的入度、出度。

2. 跟踪打印程序 5-3 执行过程的中间结果,结合程序理解和掌握深度优先搜索算法。

3. 跟踪打印程序 5-4 执行过程的中间结果,结合程序理解和掌握广度优先搜索算法。

4. 试修改广度优先搜索算法程序,实现当顶点标识是字符串时的广度优先搜索。

5. 试修改程序 5-5 求解顶点标识是字符串的有向图最短路径。

6. 程序 5-5 在什么情况下会出现两轮都找到同一个与源点距离最近的顶点? 试编写代码和样本数据进行测试和讨论。

7. 试编写程序实现拓扑排序。

第 6 章

查找与排序

6.1 查　找

查找(search)又称检索,是数据结构中常用的基本运算。查找就是在某种数据结构中找出满足给定条件的节点。若找到满足条件的节点,则查找成功,否则查找失败。

通常把能唯一确定节点的一个或多个域(或字段)称为关键字(key)。查找时给定的条件可以是关键字值,也可以是非关键字值,本章只考虑基于关键字值的查找。

查找一个节点所做的平均比较次数称为平均检索长度。它是衡量一个查找算法优劣的主要标准,是数据结构中节点个数 n 的函数。

洋洋和涵涵在玩"猜数字"游戏,洋洋从 1~100 中选一个数字记在心里,让涵涵猜,涵涵每猜一个数字,洋洋每次只能说出小了、大了或对了,直到涵涵猜到数字,游戏结束。涵涵有两种猜测方法可以选择,一种是从 1 开始依次往上猜 1,小了,那就是 2,2 也小,那就是 3……直到猜对数字,这种方法要猜很多次才能猜中洋洋的数字。另外一种是从 100 的中间数 50 开始猜,如果大了,则再从 1~50 的中间 25 猜,小了,再从 25~50 的中间 37 猜,每次都排除一半的数字,猜中数字的次数比较少,100 个数字,最多要猜 7 次。第一种方法就是顺序查找,第二种方法就是二分查找。

6.1.1　顺序查找

顺序查找(sequential search)又称简单查找、线性查找或线性查询,是一种最简单的"原始"查找方法。顺序表的查找过程为:从表的一端开始,用给定值 k 与表中各个节点的值逐个比较,直到找出相等的值,则查找成功;否则,如果表中所有节点的值都不等于 k,则查找失败。若线性表用数组表示,假设具有 n 个整数节点的线性表按顺序存储方式存放在整型数组 a[n] 的 n 个数组元素中。程序 6-1 中的函数 SrchFun()实现在 a[0],a[1],…,a[n−1] 中查找值为 k 的节点。若查找成功,则返回存放值为 k 的节点的数组元素的下标;若查找失败,则返回−1。

程序 6-1　顺序查找。

```
//查找算法:数值比较
int SrchFun(int a[ ], int k, int n)
```

```
{
    int i;
    for(i = 0;i < n;i++){
        if(a[i] == k){
            return(i);          //如果找到则返回该数据所在的位置
        }
    }
    return( - 1);               //没有找到则返回 - 1
}


int main (){
    int n = 10;                 //数组元素个数
    int i, k, id x;
    int * a = (int * )malloc(sizeof(int) * (n));
    for(i = 0;i < n;i++){       //给数组 a 赋初值
        a[i] = i + 1;
    }
    ShowList(a, n);

    cout <<"输入要查找的数据: "<< endl;
    cin >> k;                   //输入要查找的数据
    id x = SrchFun(a,k,n);      //调用查找函数,返回数据所在位置游标
    if(id x!= - 1){
        cout <<"该数据在数组中的序号是"<< id x <<"."<< endl;
    }else{
        cout <<"数据没有找到"<< endl;
    }
    return 0;
}
```

程序运行结果:

```
1        2        3        4        5        6        7        8        9        10
输入要查找的数据:
7
```

该数据在数组中的序号是 6。

对于查找算法,其执行时间主要取决于关键字的比较次数。在上面的顺序查找算法中,一般地,要查找第 i 个节点需要做 i 次比较,所以顺序查找的效率很低。对于节点较多的大文件,这种查找方法是相当费时间的。

6.1.2　二分查找

二分查找也称折半查找或者对分查找(binary search),是一种效率较高的查找方法。要进行二分查找,线性表中节点必须已按值递增(或递减)次序排列(称为有序表),且线性表必须采用顺序存储结构。二分查找的原理如表 6-1 所示。

表 6-1　二分查找

$a_0, a_1, \cdots, a_{mid-1}$	a_{mid}	$a_{mid+1}, a_{mid+2}, \cdots, a_{n-1}$
如果 $k < a_{mid}$ 则查找左半区	查找目标	如果 $k > a_{mid}$ 则查找右半区

二分查找的过程：先用给定值 k 与线性表中间位置节点的值 a_{mid} 相比较，这个中间节点把线性表分成两个子表，比较结果有以下三种情况。

（1）若 $k < a_{mid}$ 且所要查找的节点在线性表中，则它就必定在关键字值小于 a_{mid} 的那半个子表中。

（2）若 $k = a_{mid}$，则处于线性表中间的这个节点就是所要查找的记录。

（3）若 $k > a_{mid}$ 且所要查找的节点在线性表中，则它就必定在关键值大于 a_{mid} 的那半个子表中。

由此可见，在每一次比较之后，有两种结果：一种是查找成功，结束查找；另一种是还未找到，则把待查的表减小一半，再与中间节点值比较，根据比较结果，确定查找子表的范围继续使用顺序查找法，直至将表的大小减少到一个节点，此时若 $k \neq a_{mid}$，则没有找到。

假设数据序列为 (2,6,11,13,16,17,22,30)，如图 6-1 所示，欲在其中查找 22，则查找步骤为：

（1）找到中值。中值为 13 (mid = (0+7)/2 = 3)，将 22 与 13 进行比较，发现 22 比 13 大，则在 13 之后的部分继续查找。

（2）在后半部分 (16,17,22,30) 中查找 22，首先找到中值，中值为 17 (mid = (4+7)/2 = 5)，将 22 与 17 进行比较，发现 22 比 17 大，则在 17 之后的部分继续查找。

（3）在 17 的后半部分 (22,30) 中查找 22，首先找到中值，中值为 22 (mid = (6+7)/2 = 6)，将 22 与 22 进行比较，找到结果。

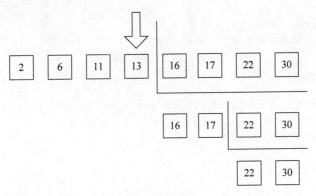

图 6-1　有序表及其二分查找

二分查找的 C 语言实现代码如程序 6-2 所示。

程序 6-2　二分查找算法。

```c
//二分查找算法
int BiSearch(int a[], int k, int n)
{
int left,right,mid;              //left:左边界,right:右边界,mid:中间位置
    left = 0;                    //设置初始左边界
```

```
        right = n - 1;                    //设置初始右边界
        while(left <= right){             //有效搜索范围是左边界<=右边界
            mid = (left + right)/2;       //计算中间元素位置,整数类型自动抛弃小数部分,向下取整
            if(k == a[mid]){
                return(mid);              //中间元素刚好等于被查找数,结束查找
            }
            if(k < a[mid]){//如果中间元素大于被查找数,则令下一轮搜索范围的右边界变为该中间
元素的前一个位置
                right = mid - 1;
            }else{
                left = mid + 1; //如果中间元素小于被查找数,则令下一轮搜索范围的左边界变为该
中间元素的后一个位置
            }
        }
    return(-1);                           //没有找到被查找数,返回 -1
}

int main(){
    int n = 6;
    int a[6];
    int i, k, id x;
    for(i = 0;i < n;i++){                 //给数组 a 赋初值
        a[i] = i + 1;
    }
    for(i = 0;i < n;i++){
        cout << a[i];
        if(i < n - 1){
            cout <<",";
        }
    }
    cout << endl;
    cout <<"输入要查找的数据: "<< endl;
    cin >> k;                             //输入要查找的数据
    id x = BiSearch(a,k,n);               //调用查找函数
    if(id x!= -1){
        cout <<"该数据在数组中的下标是"<< id x <<"."<< endl;
    }else{
        cout <<"数据没有找到."<< endl;
    }
    return 0;
}
```

程序运行结果:

```
1,2,3,4,5,6
输入要查找的数据:
3
```

该数据在数组中的序号是 2。

虽然二分法查找的次数比顺序法查找的次数少,但它要求线性表是用顺序存储结构且
按键值有序排列的,而将线性表排序也需花费时间。

6.2 排　序

6.2.1　排序的基本概念

对于由 n 个节点组成的线性表$(a_0,a_1,a_2,\cdots,a_{n-1})$，按照节点中某个字段值的递增或递减次序重新排列表中各个节点的过程称为排序。

假设有一个由节点$(a_0,a_1,a_2,\cdots,a_{n-1})$组成的数据序列，其相应关键字值为$(k_0,k_1,k_2,\cdots,k_{n-1})$。按关键字值的某种次序（递增或递减），比如按递增次序，寻找一种排列 p，使得 $k_{p(i)} \leqslant k_{p(i+1)}$，从而得到各节点的一种线性有序序列$(a_{p(0)},a_{p(1)},\cdots,a_{p(n-1)})$。

若序列中有数个节点的关键字值相等，则上面定义的排列 p 将不是唯一的。在这种情况下，约定在未排序的序列中，如果 i＜j 且 $k_i=k_j$，则经过排序的序列中，a_i 仍处在 a_j 之前，即具有相同关键字值的节点在排序过程中其相对位置不变。能产生这种排序的方法称为是稳定的，如插入排序、基数排序、归并排序、冒泡排序，计数排序；否则，称这种排序方法是不稳定的，如快速排序、希尔排序、简单选择排序等。

排序有内部排序和外部排序。内部排序是数据记录在内存中进行排序，内部排序也称为内排序。而外部排序是因排序的数据量很大，一次不能容纳全部的排序记录，在排序过程中需要访问外存，外部排序又称外排序。

本节中将介绍插入排序、选择排序、交换排序、希尔排序的基本思想及相应程序实现。

6.2.2　插入排序

插入排序(insertion sort)的基本思想是每一步将一个待排序的节点，按其关键字值的大小插入到前面已经排序的序列中的适当位置上，直到全部插完为止。假设待排序的 n 个节点的序列为 $a_0,a_1,\cdots,a_{n-1}$，假设 $a_0,a_1,\cdots,a_{i-1}$ 已排序，故有 $a_0 \leqslant a_1 \leqslant \cdots \leqslant a_{i-1}$。依次对 i＝1,2,$\cdots$,n－1 分别执行插入步骤。

（1）将 a_i 赋值给临时变量 t。

（2）将 t 依次与 $a_{i-1},a_{i-2},\cdots$ 进行比较，将比 t 大的节点依次右移一个位置，直到发现某个 j$(0 \leqslant j \leqslant i-1)$满足条件 $a_j \leqslant t$，则把 t 赋值给 a_{j+1}；如果这样的 a_j 不存在，那么在比较过程中，$a_{i-1},a_{i-2},\cdots,a_0$ 都依次右移一个位置，此时将 t 赋值 a_0。

（3）依次对各个元素重复上述步骤(n－1)遍，完成整个数据序列的排序。

执行上述的插入步骤(n－1)遍之后，$a_0,a_1,\cdots,a_{n-1}$ 就排好序了，图 6-2 说明插入排序的执行过程。

过程分析：初始时，取第一个元素，只有 1 个数据(46)，自然有序；无序区为(26,22,68,48,42)，只需把

0	1	2	3	4	5
[46]	26	22	68	48	42
[26	46]	22	68	48	42
[22	26	46]	68	48	42
[22	26	46	68]	48	42
[22	26	46	48	68]	42
[22	26	42	46	48	68]

图 6-2　插入排序的执行过程

(26,22,68,48,42)中的元素依次按排序要求插入当前的有序区中,也就是说,排序处理可以从第二个元素开始。

(1) 将 26 插入 46 组成的有序区中,26 与 46 做比较,26<46,因此,26 在 46 的前面;

(2) 将 22 插入 26,46 组成的有序区中,22 与有序区中的 26,46 做比较,22<26,因此,22 在 26 的前面;

(3) 将 68 插入 22,26,46 组成的有序区中,68 与有序区中的 22,26,46 做比较,46<68,因此,46 在 68 的前面;

(4) 将 48 插入 22,26,46,68 组成的有序区中,48 与有序区中的 22,26,46,68 做比较,48<68,因此,48 在 68 的前面;

(5) 将 42 插入 22,26,46,48,68 组成的有序区中,42 与有序区中的 22,26,46,68 做比较,42<46,因此,42 在 46 的前面。

插入排序的实现代码如程序 6-3 所示。

程序 6-3　插入排序。

```
//插入排序
void InsertSort(int a[], int ndata)
{
    cout <<"插入排序: "<< endl;
    int i,j,t;
    int changed = 0;                    //排序发生变化置1,用于控制输出过程数据
      for(i = 1; i < ndata; i++){        //从第二个元素开始排序
        t = a[i];
        changed = 0;                    //每轮循环都先假定排序没有发生变化
        for(j = i - 1; j >= 0&&t < a[j]; j--){
            changed = 1;                //排序发生变化置1
            a[j + 1] = a[j];
        }
        a[j + 1] = t;
        //下面代码用于考察排序发生变化后的中间结果
        if(changed == 1){
            ShowList(a, ndata);
        }
    }
}

int main(){
    int ndata = 6;
    int a[] = {46,26,22,68,48,42};
    cout <<"长度: "<< ndata << endl;
    cout <<"原始数据序列: "<< endl;
    ShowList(a, ndata);
    InsertSort(a,ndata);

    //输出数据
    cout <<"排序后序列: "<< endl;
    ShowList(a, ndata);
```

```
        return 0;
    }
```

　　上面的代码中变量 changed 用于标记数据序列在每次循环中是否发生变化，只在发生变化时输出新的序列。如果不管每次循环数据序列是否发生变化都输出数据序列，则取消 if 判断，直接执行 ShowList() 函数。

　　读者可以调试代码，跟踪考察排序过程中数据序列的变化。

　　程序运行结果：

长度：6
原始数据序列：

46	26	22	68	48	42

插入排序：

26	46	22	68	48	42
22	26	46	68	48	42
22	26	46	48	68	42
22	26	42	46	48	68

排序后序列：

22	26	42	46	48	68

6.2.3　选择排序

　　选择排序（selection sort）是一种简单的排序方法。这种方法的排序步骤：首先找出关键字值最小的记录，然后把这个记录与第一个位置上的记录对调，确定了关键字值最小的记录的位置。接着，再在剩下的记录中查找关键字值最小的记录，并把它与第二个位置上的记录进行对调，确定关键字值第二小的记录的位置。以此类推，一直到所有的记录都确定了对应位置，便得到了按关键字值非减次序排序的有序序列。图 6-3 是选择排序的执行过程。

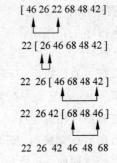

图 6-3　选择排序的执行过程

　　（1）初始时，无序区为 46,26,22,68,48,42，最小元素为 22，放到有序序列的第一个位置，得到有序序列 22；

　　（2）从剩余无序区 26,46,68,48,42 找出最小元素 26，放到有序区末尾，得到有序区 22,26；

　　（3）从剩余无序区 46,68,48,42 找出最小元素 42，放到有序区末尾，得到有序区 22,26,42；

　　（4）从剩余无序区 46,68,48 找出最小元素 46，放到有序区末尾，得到有序区 22,26,42,46；

　　（5）从剩余无序区 68,48 找出最小元素 48，放到有序区末尾，得到有序区 22,26,42,46,48；

　　（6）将最后的无序区元素 68，放到有序区末尾，得到排序结果 22,26,42,46,48,68。

　　按从小到大选择排序的实现代码如程序 6-4 所示。

程序 6-4 选择排序。

```
void SelectSort(int a[], int ndata)
{
    int i, j, min, temp;
    for(i = 0; i < ndata - 1; i++)         //排序
    {
        min = i;                           //保留最小元素的下标,每次循环时初始值为当前位置 i
        for(j = i + 1; j < ndata; j++)
        {
            if(a[min] > a[j])
            {
                min = j;
            }
        }
        //开始对调
        temp = a[i];
        a[i] = a[min];
        a[min] = temp;
    }
}
```

如果做从大到小排序就把 if(a[min]>a[j])中的>改为<。

6.2.4 交换排序

交换排序的原理是两两比较待排序对象,如果与目标顺序不符,则进行交换。交换排序根据具体的实现方法有冒泡排序和快速排序等。

1. 冒泡排序

冒泡排序是在当前排序范围内,自上而下对相邻的两个节点依次进行比较,让值较大的节点往下移(下沉),让值较小的节点往上移(上冒),完成升序排序。当自上而下在当前排序范围内执行一遍比较之后,若最后往下移的节点是 a_j,则下一遍的排序范围为从 a_0 至 a_j。在整个排序过程中,最多执行(n−1)遍。但执行的遍数可能少于(n−1),这是因为在执行某一遍的各次比较没有出现节点交换时,就不用进行下一遍的比较。冒泡排序第一遍的执行过程如 6-4 所示。

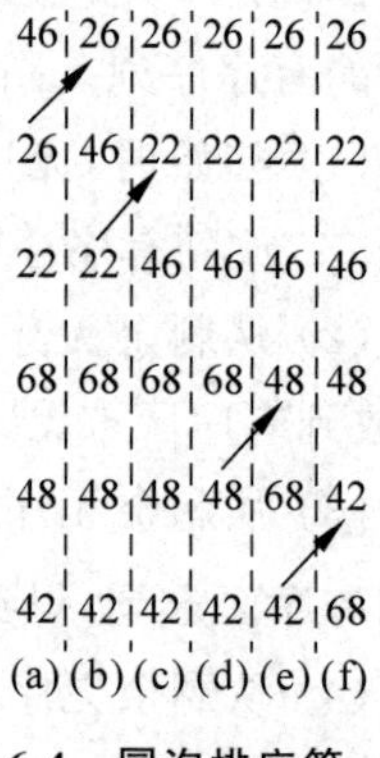

图 6-4　冒泡排序第一遍的执行过程

(1) (a)是原始序列,自上而下为 46,26,22,68,48,42,从上到下两两比较,46 与 26 相比,46 更大,下沉,26 上冒,得到(b)序列;

(2) 对(b)序列从上到下两两比较,46 与 22 相比,46 更大,下沉,22 上冒,得到(c)序列为 26,22,46,68,48,42;

(3) 对(c)序列从上到下两两比较,46 与 68 相比,68 更大,不用上冒,得到(d)序列与(c)序列相等;

(4) 对(d)序列从上到下两两比较,68 与 48 相比,68 更大,下沉,48 上冒,得到(e)序列;

(5) 对(e)序列从上到下两两比较,68 与 42 相比,68 更大,下沉,42 上冒,得到(f)序列。

这就完成了冒泡排序第一遍执行过程,最后的元素是最大的数 68。对每一对相邻元素做同样的工作,从开始第一对到结尾的最后一对。这步做完后,最后的元素会是最大的数。

针对所有的元素重复以上步骤,由于 68 已经判断为最大值,所以第二次冒泡排序时就需要找出除 68 之外的无序表中的最大值,比较过程和第一次完全相同。每次需要交换位置的数对会越来越少,直到没有任何一对数字需要交换。

冒泡排序的实现代码如程序 6-5 所示。

程序 6-5 冒泡排序。

```
void BubbleSort(int a[ ], int ndata)
{
    int i,j,t;
    for(j = 0;j < ndata - 1;j++){        //冒泡排序
        for(i = 0;i < ndata - 1 - j;i++){
            if(a[i]> a[i + 1]){
                t = a[i];
                a[i] = a[i + 1];
                a[i + 1] = t;
            }
        }
    }
}
```

上面的代码是根据冒泡排序的基本原理编写的,效率较低,可以进行优化以提高效率。

2. 快速排序

快速排序(quick sort)是对冒泡排序的一种改进,是在内部排序中速度较快的方法。快速排序的基本原理是通过一次排序将要排序的数据分割成独立的两部分,其中一部分的所有数据比另外一部分的所有数据都要小,然后再按此方法对这两部分数据分别进行快速排序,整个排序过程可以递归进行,最终成为有序序列。

首先,寻找待排序线性表中第一个节点最终应占据的位置,当把该节点放到它最终占据的位置上之后,线性表被分为两部分,关键字值小于或等于该节点关键字值的所有节点都放在表的左侧,构成一个子表;而关键字值大于该节点关键字值的所有节点放在表的右侧,构成另一个子表。对于每个子表,又可按照同样的方法进行处理,进而分成更小的部分,直到每部分只剩下一个节点为止。待排序线性表的所有节点都被放到其最终应占有的位置上,即完成排序。

这个方法的关键在于确定线性表或子表中第一个节点应占有的位置。其实现办法是:取表中最后一个节点的关键字值 a_{n-1} 与第一个节点关键字值 a_0 进行比较。若 $a_{n-1} \geqslant a_0$,则说明 a_0 与 a_{n-1} 的相对位置是正确的,然后用 a_{n-2} 与 a_0 比较,照此继续,直到出现 $a_j < a_0$ 时,则交换记录 a_j 与 a_0 的位置,于是表中原来的第一个节点便处在第 j 个位置上;然后取 a_1 与 a_j 比较,若 $a_1 \leqslant a_j$,取 a_2 与 a_j 比较,直到出现 $a_i > a_j$ 时,则交换节点 a_i 与 a_j 的位置,于是表中原来的第一个节点便处在第 i 个位置上。继续以上过程,交替地从两侧向中间搜索,直到 i=j 时,表的第一个节点便取得了最终的正确位置,并以此为界把表分成两部分。至此称为对线性表搜索了一遍。

值得注意的是,快速排序不是一种稳定的排序算法。也就是说,多个相同值的相对位置也许会在算法结束时发生变动。

对于节点序列 46,26,22,68,48,42,36,84,66,利用两个指针 i 和 j 从两端向中间搜索,初始时 i 指向第一个节点,j 指向最后一个节点。图 6-5 表示搜索一遍过程中,指针和节点位置的变化状况。图中方框数字表示指针 i,下划线数字表示指针 j,加粗斜体数字表示发生了位置变化的数据元素。

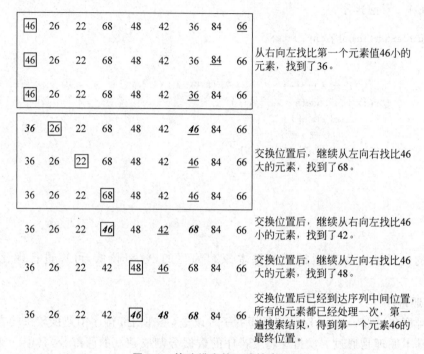

图 6-5　快速排序的一遍搜索示例

实现快速排序的递归算法代码如程序 6-6 所示。

程序 6-6　快速排序。

```
void QuickSort(int a[],int low,int up)
{
    int i,j;
    int t;
    if(low>=up){
        return;
    }
    i=low;
    j=up;
    t=a[low];
    while(i!=j){              //确定第一个元素的最终位置
        while(i<j&&a[j]>t){//如果待处理区域内从最右侧开始,且a[j]比t大,则继续向前找,
j--
            j--;
        }
        if(i<j){             //运行到这里时,意味着已经找到了一个位置j
            a[i++]=a[j];     //交换
        }
```

```
        while(i<j&&a[i]<=t){//如果待处理区域内从最左侧开始,且a[i]小于或等于t,则继续
向后找,i++
            i++;
        }
        if(i<j){
            a[j--]=a[i];   //交换
        }
    }
    a[i]=t;
    QuickSort(a,low,i-1);
    QuickSort(a,i+1,up);
}
//按指定游标范围输出数组子序列
void ShowQkList(int a[],int low,int up){
    cout<<"\t";
    for(int i=low;i<=up;i++){
        cout<<a[i];
        if(i<up){
            cout<<"\t";       //制表位分隔
        }else{
            cout<<endl;
        }
    }
}
//快速排序,输出求解过程
void QuickSortWithDetail(int a[],int low,int up)
{
    int i,j;
    int t;
    if(low>=up){
        cout<<"无需排序:"<<endl;
        return;
    }
    i=low;
    j=up;
    t=a[low];
    //根据第一个元素值t在序列中寻找合适位置进行分组,再对各组进行排序
    while(i!=j){                //确定第一个元素的最终位置
        cout<<"i="<<i<<", j="<<j<<endl;
        //从右向左找一个比t小的数:找比t小并且i<j的从后向前的第一个位置.当a[j]>t时
继续向前找,则j--
        //换个角度:从右向左找一个比t小的数,符合a[j]<t且i<j.如果没有找到,则j--,继
续从后向前找
        while(i<j&&a[j]>t){//如果待处理区域内从最右侧开始,且a[j]比t大,则继续向前找,
j--
            j--;
        }
        if(i<j){//运行到这里时,意味着已经找到了一个位置j
            cout<<"从右向左找一个比"<<t<<"小的数,找到了a["<<j<<"]="<<a[j]<<""<<
endl;
            cout<<"将a["<<i<<"]="<<a[i]<<"变更为a["<<j<<"]="<<a[j]<<":"<<endl;
            a[i++]=a[j];     //交换
```

```
                ShowQkList(a, low, up);
            }else{
                cout <<"出现了 i>= j!!!"<< endl;
            }
            //从左往右找一个大于 t 的数:寻找比 t 大并且 i<j 的从前向后的第一个位置,当 a[j]<=
    t 时继续向后找,i++
            while(i<j&&a[i]<= t){//如果待处理区域内从最左侧开始,且 a[i]小于或等于 t,则继续
    向后找,i++
                i++;
            }
            if(i<j){
                cout <<"从左向右找一个大于"<< t <<"的数,找到了 a["<< i <<"] = "<< a[i]<< endl;
                cout <<"将 a["<< j <<"] = "<< a[j]<<"变更为 a["<< i <<"] = "<< a[i]<<":"<< endl;
                a[j--] = a[i];    //交换
                ShowQkList(a, low, up);
            }
        }
        cout <<"两端扫描处理完,确定了第一个数的位置"<< i <<",将 a["<< i <<"] = "<< a[i]<<"变更
    为"<< t << endl;
        a[i] = t;
        cout <<"确定了第一个元素"<< t <<"最终位置后的数据序列:"<< endl;
        ShowQkList(a, low, up);
        //优化:对子序列进行排序规则检查,如果符合要求,则不进行处理,进而提高效率
        cout <<"开始递归对"<< t <<"左边进行快速排序..."<< endl;
        ShowQkList(a, low, i-1);
        QuickSortWithDetail(a,low,i-1);
        cout <<"开始递归对"<< t <<"右边进行快速排序..."<< endl;
        ShowQkList(a, i+1, up);
        QuickSortWithDetail(a,i+1,up);
        cout <<"      返回      "<< endl;
    }

    int main(){
        int ndata = 9;
        int a[] = {46,26,22,68,48,35,36,84,66};            //快速排序示例
        cout <<"原始数据序列: "<< endl;
        ShowList(a, ndata);
        QuickSort(a,0,ndata-1);
        //输出数据
        cout <<"排序后序列: "<< endl;
        ShowList(a, ndata);
        return 0;
    }
```

上面的代码中,快速排序 QuickSort()函数有三个传入参数,数组 a 是待排序数据序列,整型数 low 是排序区间的左侧位置下标,整型数 up 是排序区间的右侧位置下标。

第 5～7 行,对拟排序区间上下限进行判断,当出现 low>=up 时无需排序处理,直接返回,这也是递归终止条件。

因 low 和 up 要参与下一次递归调用,在搜索位置的过程中不能直接对 low 和 up 进行

增减操作,因此设计临时局部变量 i 和 j,令 i=low,j=up,在搜索过程中可以对临时变量 i 和 j 进行增减,low 和 up 的值保持不变。

第 10 行,将待排序区间的第一个元素值 a[low]暂存到临时变量 t 中。

第 11～24 行,搜索第一个元素的位置。

第 12～14 行,从序列的右侧搜索比排序区间第一个元素值小的元素,得到其位置 j。如果待处理区域内的最右侧值比最左边的值大,则将最右侧位置前移一位,即 j--。

第 15～17 行,将找到的 a[j]移到 a[i],并将 i 加一,即下面的从左侧搜索时,起始位置从下一个位置开始。

第 18～20 行,是从左侧搜索比原序列第一个元素值大的元素,得到位置 i。如果不满足大于的条件,则将位置后移一位,即 i++。

第 21～23 行,将找到的大于原序列第一个元素值的元素移到 a[j],a[j]之前存储的元素已经在第 15～17 行进行了位置移动,不会丢失。

在上面的代码中,因原序列第一个元素的位置会不断进行交换变化,交换的临时位置会被后续的其他值填充,因此,没有做 t 的赋值操作,待确定了最终位置时再进行赋值。

运行到第 25 行时,意味着已经找到了第一个元素应放置的位置 i,并且原序列中的 a[i]已经在搜索过程中进行了位置交换,移动到其他位置,这时将临时变量 t 赋值到 a[i]。

到此,原序列被分成了两部分,接下来对两部分分别进行快速排序。

第 26 行,是对比原序列中第一个元素小的部分序列调用 QuickSort()函数进行快速排序,排序区间为 low～i-1。

第 27 行,是对比原序列中第一个元素大的部分序列调用 QuickSort()函数进行快速排序,排序区间为 i+1～up。

为了便于读者考察和理解排序过程,QuickSortWithDetail()函数是在 QuickSort()函数的基础上增加了中间运行数据的输出,读者可以根据输出结果考察和理解排序算法逻辑。

初始调用时,可以令 low=0,up=n-1。

程序运行结果:

原始数据序列:
| 46 | 26 | 22 | 68 | 48 | 35 | 36 | 84 | 66 |

排序后序列:
| 22 | 26 | 35 | 36 | 46 | 48 | 66 | 68 | 84 |

示例中的排序过程如下。

首先对原始数据序列(46,26,22,68,48,35,36,84,66)进行第一次快速排序,第一次的排序范围是 i=0,j=8,即先对整个序列以第一个元素为参照进行分组。

按照规则,第一个元素是 a[0]=46,将其暂存到临时变量 t 中,空出 a[0]位置。因空出的位置会被后面移动到该位置的元素填充,因此不需要做进一步处理。从数据序列右侧开始检索比其小的元素,找到了 a[6]=36,则将其移动到空位置 a[0]处,a[0]=36,这时 a[6]空出,得到新的序列:

| **36** | 26 | 22 | 68 | 48 | 35 | 36 | 84 | 66 |

接下来从左向右找一个大于 46 的数,找到了 a[3]=68,将其移动到上面空出的位置 a[6]中,a[3]空出,得到新的序列:

36	26	22	68	48	35	**68**	84	66

从右向左找一个比 t=46 小的数,找到了 a[5]=35,将其移动到上面空出的位置 a[3]中,a[5]空出,得到新的序列:

36	26	22	**35**	48	35	68	84	66

从左向右找一个大于 46 的数,找到了 a[4]=48,将其移动到上面空出的位置 a[5]中,a[4]空出,得到新的序列:

36	26	22	35	48	**48**	68	84	66

这时,i 与 j 相遇,两端扫描处理完,确定了第一个数的位置 4,将 a[4]=48 变更为 46,确定了中间位置后的数据序列:

36	26	22	35	46	48	68	84	66

这个序列中,原序列 a[0]=46 确定了新位置后,其左边的数均比它小,其右边的数均比它大。

接下来对 46 左边子序列(36,26,22,35)进行快速排序,这是一个递归过程。

第一个元素是 a[0]=36,将其暂存到临时变量 t 中,空出 a[0]位置。从右向左找一个比 t=36 小的数,找到了 a[3]=35,将 a[3]=35 移动到空出的位置 a[0]中,这时 a[3]空出,得到新的序列:

35	26	22	35	46	48	68	84	66

这时,子序列中从左向右没有比 t=36 大的数,两端扫描处理完,确定了第一个数 36 的位置 3,将 a[3]的值变更为 36。此轮处理后的数据序列:

35	26	22	36	46	48	68	84	66

子序列(36,26,22,35)处理后为(35,26,22,36),被 36 分隔成(35,26,22)和空序列两部分。接下来对 a[3]=36 左边(35,26,22)进行快速排序。从右向左找一个比 t=35 小的数,找到了 a[2]=22,同前述步骤,将 a[0]=35 变更为 a[2]=22,得到新序列:

22	26	22	36	46	48	68	84	66

两端扫描处理完,确定了第一个数 35 的位置 2,将 a[2]=22 变更为 35,确定了中间位置后的数据序列:

22	26	35	36	46	48	68	84	66

再对 35 左边(22,26)进行快速排序,发现其已经符合排序要求,无须进行数据交换,新的位置仍为 0,其右边为一个元素 26,也无须处理。

逐次递归返回到第一次排序,46 左边已经是有序序列,得到的新数据序列:

22	26	35	36	46	48	68	84	66

接下来对 46 右边(48,68,84,66)开始递归进行快速排序,排序范围是 i=5,j=8。计算步骤同前,递归调用快速排序方法进行分组和交换,直至只有一个元素。最终得到完整的排序结果:

22	26	35	36	46	48	66	68	84

6.2.5 希尔排序

希尔排序(shell sort)又称缩小增量法。它的排序步骤:先取定一个正整数 $d_0 < n$,把全

部节点分成 d_0 个组,所有距离为 d_0 倍数的节点放在一组中,在各组内进行插入排序;然后取 $d_1 < d_0$,重复 t 次上述分组和排序工作,直至取 $d_{t-1} = 1$,即所有节点放在一个组中排序为止。

设待排序的序列为 {46,30,35,68,48,34,39,84,66},希尔排序的执行过程如下。

(1)选定增量序列,假定取 t=3,取 $d_0=4$, $d_1=3$, $d_2=1$。

(2)第一遍取增量 $d_0=4$,数据间隔 3 划为一组,在图 6-6(a)中,将同一组的数据用虚线标示出来。每组数据进行组内比较,在本例中,第一遍处理过程中,各组数据均符合排序要求,也就是说没有需要排序的组。

(3)第二遍取增量 $d_1=3$,数据间隔 2 划为一组,上一次处理结果中的 {46,68,39} 为一组,{30,48,84} 为一组,{35,34,66} 为一组,即把新序列中的节点分成三组。这三组中,{46,68,39}、{35,34,66} 这两组需要进行组内排序。

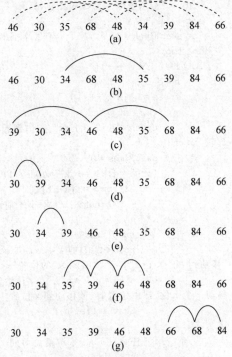

- 因数据 34 的游标比 39 的小,扫描遍历过程会先检索到 35,34,66 这一组,对其进行组内插入排序,得到图 6-6(b)中的新序列。在图 6-6(b)中,为了清晰地表达发生变化的序列,连线只标示进行了排序的(下同)位置。从图中可以看到,原序列 35,34,66 变为 34,35,66,也就是这一组的排序是将 35 向后移动了一个增量距离。

- 对图 6-6(b)中的新序列继续扫描,检索到 46,68,39 这一组时,对其进行排序,得到图 6-6(c)所示的新序列。

(4)第三遍取增量 $d_2=1$,对上一次处理结果以增量 1 进行分组,然后进行扫描遍历。

(5)对 39,30 先进行排序,经过排序后,结果如图 6-6(d)所示。

图 6-6 希尔排序的过程

(a) $d_0=4$ 各组无需排序;(b) $d_1=3$ 第一次组内排序;
(c) $d_1=3$ 第二次组内排序;(d) $d_2=1$ 第一次组内排序;
(e) $d_2=1$ 第二次组内排序;(f) $d_2=1$ 第三次组内排序;
(g) $d_2=1$ 第四次组内排序

(6)形成的新序列中,39,34 构成一组,需要进行排序,排序结果如图 6-6(e)所示。

(7)继续对图 6-6(e)所示数据序列处理,当扫描到 35 时,按增量为 1 检索前面的数,发现 35 比前面三个数都小,需要进行排序,排序结果如图 6-6(f)所示。

(8)继续扫描到 66 时,比前面两个数也小,需要进行排序,排序结果如图 6-6(g)所示。这时整个原始数据序列排序完成,得到最终的排序结果,整个排序过程结束。

希尔排序中增量的确定在一定程度上影响排序的处理过程,例如本例中当增量为 4 时,并没有进行排序操作,这与样本数据也有一定关系。实际工程实践中,用随机数法或者用子样本试验法确定增量,但对于一个给定未知样本,一般选择增量的规则是取上一个增量的一半作为此次子序列划分的增量,对半取整直至增量为 1,一般初始值取元素的总数量。

　　希尔排序算法中,比较与扫描位置后移同时进行,扫描到的元素只与同组中前面的元素比较,再决定是否进行位置移动,而不是将同组中所有元素都筛选出来再进行插入排序。

　　希尔排序的实现代码如程序 6-7 所示。其中,shellsort()函数有三个传入参数,数组 a[]为待排序数据,数组 d[]为给定的若干增量,t 为增量个数。

程序 6-7 希尔排序。

```
//希尔排序
void ShellSort( int a[ ], int n, int d[ ], int t)
{
    cout <<"希尔排序..."<< endl;
    int i, j, k, h;
    int swapTimes = 0;          //组内排序时数据交换次数
    int tmp;
    for( i = 0; i < t; i++){
        h = d[ i];
        for( j = h; j < n; j++){
            tmp = a[ j];
            cout <<"h = "<< h <<",扫描到元素 a["<< j <<"] = "<< a[ j]<<",开始与同组前面的元素
比较"<< endl;
            swapTimes = 0;
            for( k = j; k >= h; k -= h){ //以增量 h 向前检索同组中的数据
                if( tmp >= a[k - h]){
                    break;   // 不小于前面的数,不需要交换
                }
                swapTimes++;
                cout <<"组内第"<< swapTimes <<"次交换数据,将 a["<< k - h <<"] = "<< a[k - h]<<
"移动到 a["<< k <<"] = "<< a[k]<<"的位置"<< endl;
                a[k] = a[k - h];   //开始组内排序. 如果比前面的数据小,则将前面的数据向后
移动一个 h 位,即由位置 k - h 移动到 k 位置
                ShowList(a, n);
            }
            if( j != k){          //避免对同一位置自身进行赋值
                a[k] = tmp;
                cout <<"将"<< tmp <<"放置在 a["<< k <<"]"<< endl;
            }
            ShowList(a, n);
        }
    }
}

int main(){
    int ndata = 9;
    int a[ ] = {46, 30, 35, 68, 48, 34, 39, 84, 66};
    cout <<"原始数据序列: "<< endl;
    ShowList(a, ndata);
    int d[ ] = {4, 3, 1};
    int t = 3;
    ShellSort(a, ndata, d, t);
    cout <<"排序后序列: "<< endl;
    ShowList(a, ndata);
    return 0;
}
```

程序运行结果：

原始数据序列：

| 46 | 30 | 35 | 68 | 48 | 34 | 39 | 84 | 66 |

排序后序列：

| 30 | 34 | 35 | 39 | 46 | 48 | 66 | 68 | 84 |

读者可以调试代码，跟踪考察希尔排序过程中元素位置扫描、数据序列的变化。

6.3　小　　结

本章介绍了排序和查找相关的算法原理及程序实现，这些内容是后续知识乃至相关问题解决方案的基础。读者应了解和掌握以下内容。

（1）查找的基本原理和插入、删除运算的实现，很多复杂问题都可以在基本原理上进行扩展得到解决方案。

（2）排序的基本概念和基本原理。

（3）插入排序、选择排序、冒泡排序、快速排序和希尔排序的原理和程序实现。

读者可以在本章内容学习的基础上，扩展阅读相关查找和排序的资料，进一步学习相关技术及程序实现。

6.4　习　　题

1. 试优化程序 6-4，避免在数据序列没有发生顺序改变时进行数据对调。

2. 如何优化程序 6-5 所示的冒泡排序代码，减少最外层循环次数？

3. 跟踪打印程序 6-6 所示的快速排序的递归算法执行过程中间结果，结合程序理解和掌握快速排序。

4. 如何优化程序 6-6 所示的快速排序代码，避免不必要的对已经有序的序列进行排序，提高效率？

5. 跟踪打印程序 6-7 所示的希尔排序算法执行过程中间结果，分析遍历次数、排序次数，结合程序理解和掌握希尔排序。

6. 试编写代码对程序 6-7 所示的希尔排序算法进行改造，分别实现随机数和二分确定增量。

7. 假定学生成绩单由学号 stNo、姓名 stName、语文成绩 Chinese、数学成绩 Math、英语成绩 English、总分 Tscore 组成，对总分及各课程成绩采用本章学习的排序方法进行排序。

第 7 章

运行资源管理

程序在运行的时候,需要占用相关 CPU、内存、外部存储、相关设备等资源。多个程序在运行时,如何分配和使用这些资源对程序运行的效率和系统的工作能力非常重要。有些情况下,相关资源的分配决定着系统是否能够完成设计的目标任务,例如,多通道采集数据、同时响应网络请求等。

7.1 程序运行管理

7.1.1 程序运行方式

1. 程序的顺序运行

一个程序通常可以分成若干程序段,它们必须按照某种先后次序运行,仅当前一操作运行完成后,才能运行后继操作。对于一组程序来说,只有一个程序运行结束后,才能运行下一个程序。对于多条语句而言,只有前一条语句运行完后才能继续运行后继语句。例如,在进行计算时,总是先输入用户数据,然后再进行计算,最后将结果输出。用节点代表各程序段的操作,其中 I 代表输入,C 代表计算,P 代表输出,并用箭头指示先后次序,上述各程序段的顺序运行过程可用图 7-1 来表示。

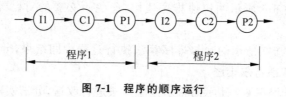

图 7-1 程序的顺序运行

程序的顺序运行具有如下特征。

(1) 顺序性。处理机的操作严格按照程序所规定的操作顺序运行,即每一操作必须在下一操作开始之前结束。一个程序的运行也必须在前一程序运行完成之后才能开始。

(2) 独占性。一个程序一旦在机器上运行,它就独占机器的所有资源,直到该程序运行结束。

(3) 封闭性。程序的运行结果只取决于程序本身,除了人为地改变机器状态或机器发生故障外,不受其他外界因素的影响。

(4) 可再现性。程序重复运行时,只要输入保持不变,必将获得相同的结果。

2. 程序的并发运行

一个程序在运行时，并不需要占用所有资源。例如，在一个慢速的网络上读取某一数据流也许需要一分钟，但需要 CPU 参与传输数据的时间却非常短，在此期间，CPU 大部分时间里处于空闲状态，而运行一个计算量很大的程序则需占用大量的 CPU 时间，有时需要几分钟，甚至几小时，但输入输出设备的使用时间却往往很少。因此，程序的顺序运行，通常会大幅降低机器资源的利用率。

所谓并发运行，是指两个以上程序的运行过程在时间上是重叠的。在如图 7-1 所示的例子中，对于任何一个作业 i，其输入操作 Ii、计算操作 Ci、打印操作 Pi 三者必须顺序运行，但对 n 个作业来说，则有可能并发运行。例如，输入程序输入完第一个作业程序后，在对该作业进行计算的同时，再启动输入程序，输入第二个作业程序，这就使得第一个作业的计算和第二个作业的输入能并发运行。图 7-2 给出了输入、计算、打印程序对一批作业进行处理的运行顺序，从该图可以看出某些操作之间是重叠的。

对于图 7-2 的例子，图 7-3 给出了数据接收程序和数据发送程序交替运行的示意图。

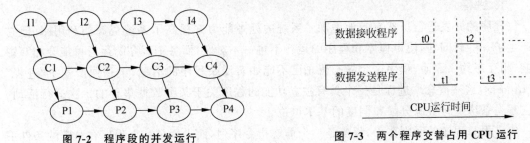

图 7-2　程序段的并发运行　　　　　图 7-3　两个程序交替占用 CPU 运行

为了增强计算机系统的处理能力和提高各种资源的利用率，现代计算机系统中普遍采用了多道程序设计技术。多道程序设计技术是在计算机内存中同时存放几道相互独立的程序，使它们在管理程序控制下，相互穿插运行，两个或两个以上程序在计算机系统中同处于开始到结束之间的状态，这些程序共享计算机系统资源。如当某个程序在等待输入输出时，处理器可以转去计算另一程序。与之相对应的是单道程序，即在计算机内存中只允许一个的程序运行。其主要特征体现在以下方面。

1）并发性

这时的程序不再以单纯的串行方式顺序运行。换句话说，在任一时刻，系统中不再只有一个计算，而是存在着许多并行的计算。从硬件方面看，处理机、各种外设、存储部件常常并行地进行工作；从程序活动方面看，则可能有若干程序同时或者相互穿插地在机器上运行。这就是说，有很多程序段是可以并发运行的。程序的并发运行已成为现代操作系统的一个基本特征。

2）共享性

机器上的硬件资源和软件资源已不再为单个用户程序所独占，而是由多个用户程序共同使用。

3）独立性

并发运行的每一个程序都具有一定的独立性，它们分别实现一种用户所需要的功能。例如，数据接收和数据发送，它们之间相互独立。

4) 相互制约性

虽然系统中的各个并发活动有一定的独立性,但在两个并发程序活动之间也会以直接或间接方式发生相互依赖和相互制约的关系。直接制约关系通常是在彼此之间有逻辑关系的两个并发运行的程序之间发生的。例如,一个正在运行的程序段需要另一程序段的结果,只有当另一程序段送来结果时,正在运行的程序段才能继续运行下去,否则它就一直等待,无法继续运行。两个程序段以间接方式发生制约关系通常是由竞争使用同一资源引起的。得到资源的程序段可以继续运行,得不到资源的程序段就只能等待,直到有资源可以使用。

由于程序活动之间的制约关系,各个程序活动之间的工作状态就与它所处的环境有密切关系。它随着外界的变化而不停地变化,并且它不像单道系统中连续顺序运行那样,而是走走停停,具有运行—暂停—运行的活动规律。

7.1.2　进程和线程

1. 进程

程序的并发运行虽然有效地增加了系统的处理能力并提高了系统资源的利用率,但它产生了一些新问题,使得程序和程序的运行不再一一对应,而各个程序的运行可能会相互影响,相互制约。因而,程序这个静态概念已不能如实反映程序的活动,于是便产生了“进程”(process)这一概念。进程是一个具有独立功能的程序关于某个数据集合的一次运行活动。进程是系统进行资源分配和调度的基本单位。

进程与程序的区别在于,程序是一个静态指令序列,而进程是一个程序在给定的条件下对一组数据的一次动态运行过程。可以同时运行多个程序,每个运行的程序就可以称为一个进程,进程还可以再运行自己或其他的进程,称为派生进程。操作系统为每个进程分配一部分计算机资源,并确保每个进程的程序按一定的策略被调度运行。进程概念的引入实现了并行性和资源共享。

概括地讲,进程具有以下基本特征。

(1) 动态性。进程的实质就是程序的一次运行过程,它由“创建”而产生,由“调度”而运行,因得不到资源而暂停,最后由“撤销”而消失。

(2) 并发性。多个程序运行的进程是并发运行。

(3) 独立性。进程是一个能独立运行的基本单位,同时也是系统资源调度的独立单位。

(4) 异步性。由于进程间的制约,使进程具有运行的间断性,即进程按各自独立的、不可预知的速度向前推进。为此,系统必须保证程序之间能协调操作和共享资源。

(5) 结构性。为了描述进程的动态变化过程,并使之能独立运行,应为每个进程设置一个进程控制块(processing control block,PCB)。从结构上看,每个进程都是由程序段、数据段、堆栈和一个 PCB 四部分组成的。

将一个复杂的任务分解成多个进程,能有效简化问题难度,但进程过多会产生以下问题。

(1) 进程之间的交换非常复杂;

(2) 进程与进程之间的交换涉及多种资源,管理开销大,耗时长;

(3) 每个进程,甚至是相同的进程,都要占用资源,造成包括内存在内的资源浪费;

（4）进程不利于数据和代码的共享，而数据和代码的共享能大大简化编程。

为了降低系统开销，线程（thread）的概念也就应运而生。

2. 线程

线程的一个比较常用的定义是：线程是程序中的一个控制的运行流程。在特定的一个时刻，控制流处于程序中的某一点上，这个点被称为运行点。这个点随时间变动，形成一个流程，这个流程所经过的语句被运行。所以，控制流也被称为控制线索或线程（thread of control）。

线程的粒度通常比进程小，一个进程可包含若干线程，且同一进程的多个线程之间可以共享数据空间，它们之间的切换仅仅是运行代码的切换。这样在使用线程的场合，大量地用于切换数据空间以及完成数据交换的系统资源被节省下来，从而提高了整个计算机系统的性能。因此，通常也将线程称为轻量级进程（light-weight process）。

每个线程使用一个 CPU，所以，对于单 CPU 的计算机，只能有一个线程。但是现代操作系统都支持多线程。操作系统通过虚拟机抽象使系统表现出有多个虚拟 CPU，每个线程拥有一个虚拟 CPU。在一个具体的操作系统实现中，操作系统通过硬件时钟中断来将一个虚拟 CPU 映射到物理 CPU 上。如果物理 CPU 的个数比虚拟 CPU 的个数多，则每个线程在一个物理 CPU 上运行。如果物理 CPU 的个数比虚拟 CPU 的个数少，那么，在特定的一个时刻，只有部分线程在运行，其他线程处于等待状态。为使系统表现得像多 CPU 机器，操作系统通过硬件时钟中断和调度机制使每个线程轮流在物理 CPU 上运行一段很短的时间（例如 20ms）。虽然多个线程并不是都在真正同时运行，但由于线程等待使用物理 CPU 的时间很短，计算机用户不会感觉到某个线程正在等待，所以，从用户角度来说，这些线程在并发地运行。

线程有并行运行的特点，但比进程的开销要小。多线程编程也比多进程编程相对简单一些，因为程序中的线程行为就像函数。可以通过全局变量交换信息，也可以共享文件内存等资源，这与常规编程方法类似。

使用多线程的主要原因是通过线程的并发运行来加快程序运行，提高 CPU 的利用率。因为在实际应用中，程序常常会遇到这样的情况：两段代码并没有相互制约的关系，但是因为程序是顺序运行的，而不得不一先一后地运行。如果先运行的代码又是那种无法利用 CPU 时间的程序，例如等待用户输入的程序，那么就会降低 CPU 的使用效率，而利用多线程就可以有效地解决程序并发运行的问题。把程序中没有顺序关系的代码段抽取出来，用线程实现它们，系统就会根据它们的优先级合理地为线程分配时间。当一个线程暂停时，系统会自动将 CPU 时间分配给其他线程，从而提高了 CPU 的使用效率。

3. 并发程序设计的注意事项

没有任何事情是完美的，并发程序的设计也不例外。虽然使用多线程能加快程序的运行速度，提高系统的效率，但在使用多线程时应注意以下几点。

（1）由于多线程实际上是多个程序段同时存在并运行于内存中，因此一定要厘清它们之间的关系，避免出现混乱。如果真的出现这种情况，那么最好还是少用几个线程，有些时候并不是线程越多，程序执行就越快。

（2）弄清线程优先级的设置和运行环境对不同优先级的线程的调度规则。

（3）正确处理多线程的同步控制。

（4）因为同一个任务的所有线程都共享相同的地址空间，并共享任务的全局变量，所以程序也必须考虑全局变量的同时访问问题。

（5）对多线程程序本身来说，它对系统会产生一些影响。线程需要占用内存，线程过多，会消耗大量的 CPU 时间跟踪线程。程序必须考虑多线程对共享资源同时访问的问题。如果没有协调好，就会产生意想不到的问题，例如死锁和资源竞争等。

7.1.3　线程的状态与调度

1. 线程的基本状态

线程在它的生命期内，也总是处于某种状态。每一种状态都体现了线程在该状态时正在进行的活动以及在这段时间内所能完成的任务。

在许多情况下，程序中存在的线程个数会远大于物理 CPU 的个数。此时，一些线程由于不能立即得到物理 CPU 的使用权而处于等待状态，这些线程被放在一个就绪队列中，等待使用物理 CPU。在就绪队列中的线程也被称为就绪线程。就绪线程指的是除等待使用物理 CPU 之外不必等待其他资源的线程。

当一个线程占用物理 CPU 的时间超过操作系统赋给它的时间时，操作系统将这个线程从物理 CPU 上移下来，将它放到就绪队列中，或当一个线程必须等待获得其他资源（例如，从文件输入的数据）之后才能继续执行时，则将这个线程放到等待队列中。然后操作系统从就绪队列中选择另一个线程，使该线程获得 CPU 的使用权开始运行。这样周而复始，使所有线程都有机会占用 CPU。在等待队列中的线程被称为阻塞线程。

当一个线程由于需要获得某种资源的使用权而被强制等待或系统通过某种方法强制线程睡眠时，这个线程就被阻塞。当一个线程被阻塞之后，它被放到等待队列中，操作系统选择就绪队列中的某一个就绪线程开始运行。

对于等待队列中的线程，当线程运行所必需的条件具备之后（例如资源可用），这个线程又被操作系统移入到就绪队列中。

图 7-4 给出了线程可能的基本状态及状态变换的示意图。新创建的线程并不自动开始运行，调用线程的 start()方法，线程进入就绪 ready 队列处于可运行 runnable 状态，等待获取 CPU 的使用权。当线程被调度获取 CPU 使用权后调入 CPU 进入运行 running 状态。如果线程正常运行结束，或者因错误 error 或者异常 exception 停止，线程结束。线程在运行过程中，可能会由于等待输入/输出处理、同步等原因需要等待其他资源就绪才能继续运行，这时进入阻塞 blocked 状态，待条件具备可以运行时，进入就绪队列，等待被调度执行。

需要说明的是，不同的系统所提供的对多线程机制的支持，在其具体的实现上有所不同。

2. 线程的调度

一般希望一些重要的线程能有更多的机会占用 CPU，例如，与用户相互作用的线程由于等待用户的输入响应，被放在了等待队列中。当用户在用户界面进行输入操作之后，希望这个线程能立即占用物理 CPU 而实际运行。为做到这点，程序中运行的线程被赋予不同的优先级。高优先级的线程将优先被运行，所有处于这种优先级的线程都有机会获得一些时间段占用物理 CPU。只有在高优先级的线程被阻塞之后，具有较低优先级的线程才能够

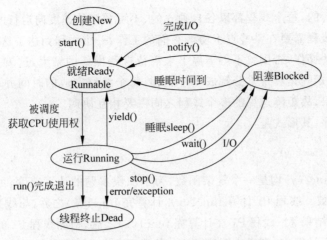

图 7-4　线程可能的基本状态及状态变换

运行。当然,具有较低优先级的线程无论如何也是要运行的,只是机会少点而已。

在许多情况下,程序中所存在的线程个数会远大于物理 CPU 的个数,可以通过线程调度器来监控进入就绪状态的所有线程,并按线程的优先级决定应调度哪些线程。高优先级的线程会在较低优先级的线程之前得到执行。同时,线程的调度是抢先式的,如果在当前线程的执行过程中,一个有更高优先级的线程进入就绪状态,则这个高优先级的线程立即被调度执行。在抢先式的调度策略下,又分为时间片方式和非时间片方式(独占式)。在时间片方式下,当前活动线程执行完当前时间片后,如果有其他处于就绪状态的具有相同优先级的线程,系统会将执行权交给其他就绪态的同优先级线程,当前活动线程转入等待执行队列,等待下一个时间片的调度。一般情况下,这些线程将加入到等待队列的队尾。在独占方式下,当前活动线程一旦获得执行权,将一直执行下去,直到执行完毕或由于某种原因主动放弃 CPU 或是有高优先级的线程处于就绪状态。

一个线程可以创建另一个线程,在线程被创建时,它的优先级与创建它的线程的优先级一样,一般一个线程的优先级不会大于它所在的线程组的优先级。如果所设置的新的优先级比线程当前的优先级低,则由于这个线程可能不再具有较高的优先级,因此,这个线程可能会失去继续占用物理 CPU 运行的机会而被操作系统放到就绪队列中,而使就绪队列中另一个高优先级的线程有机会占用物理 CPU 而实际运行。

需要说明的是,一些线程虽然具有较高的优先级,但由于需要经常等待一些事件发生(例如,用户的响应、网络连接等),或等待对资源的拥有,反而比低优先级的线程有更少的运行时间。对于这样的线程,应考虑使用较高的优先级,而对于从事长时间计算的线程,可考虑使用较低的优先级。这样,一旦事件发生,等待这些事件的线程就会有机会立即运行,在处理完事件之后,又进入等待状态。

7.1.4　基本同步机制

1. 同步和互斥

1) 线程间的同步

一般来说,一个线程相对于另一个线程的运行速度是不确定的,也就是说,线程之间是在异步环境下运行的,每个线程都以各自独立的、不可预知的速度向运行的终点推进。但是相互合作的几个线程需要在某些点上协调它们的工作,一个线程到达了这些点后,除非另一线程已完成了某些操作,否则就不得不停下来等待这些操作的结束,这就是线程间的同步。比如,大型的数学矩阵运算常常分解成多个线程,每个线程完成的时间并不相同,而任务需要矩阵的所有结果,故矩阵运算的多个线程之间需要相互协调。

又如某一程序,其形式是:

```
Z = func1(x) * func2(y)
```

其中,func1(x)、func2(y)均是一个复杂函数,为了加快本题的计算速度,可用两个线程 P1、P2 各计算一个函数。线程 P1 计算 func1(x),计算完 func1(x)之后,与线程 P2 的计算结果相乘,以获得最终结果 Z。线程 P1 在计算完 func1(x)之后,检测线程 P2 的结果是否已计算完,如线程 P2 没有计算完,则进入阻塞状态;若线程 P2 已经计算完,则线程 P1 取用计算结果,然后进行乘法运算,最后得到 Z。线程 P2 在计算出 func2(y)后,应向线程 P1 发送消息,将线程 P1 唤醒。

2) 线程间的互斥

在各协同工作的线程之间存在着同步关系,但线程之间还存在着另一种关系,即互斥关系。这是由于线程在运行过程中因争夺资源而引起的。

系统中存在着许多线程,它们共享各种资源,然而有很多资源一次只能供一个线程使用,一次仅允许一个线程使用的资源被称为临界资源。很多物理设备都属于临界资源,如键盘等输入设备、打印机等。除了物理设备以外,还有很多变量、数据、表格、队列等也都由若干线程所共享,通常它们也不允许两个线程同时做修改更新类使用,所以也属于临界资源,只能是一个线程用完了,另一个线程才能使用,这种现象称为互斥,故临界资源也称为互斥资源。

在一个线程中,共享临界资源的代码段被称为临界区。当一个线程在临界区内执行时,必须确保对一些特定的信息或共享资源的互斥访问。

由此可见,对系统中任何一个线程来说,其工作正确与否不仅取决于它自身的正确性,而且与它在执行中能否与其他相关线程正确地实施同步或互斥有关,所以,解决线程间的同步和互斥是非常重要的问题。

3) 实现线程互斥的基本模型

保证互斥的一个基本模型是,一个线程在使用一个资源之前必须首先发出对这个资源的使用请求(也被称为加锁),而在使用完之后释放这个资源(被称为解锁)。这样,一个线程只能依据下列顺序使用一个资源。

(1) 请求。若请求不能被立即满足(例如,这种资源正在被其他线程使用),那么提出请求的线程必须等待,直到它的请求被满足为止。

(2) 使用。线程可以对资源进行处理(例如,向文件中写数据)。

(3) 释放。线程将它所请求得到的资源释放掉。

2. 同步机制

支持多线程的操作系统提供信号灯这种原始机制来控制一个线程进入临界区,以达到对共享资源的互斥访问。信号灯只有两种状态:有信号和无信号。这相当于交叉路口的红绿灯,有信号对应于绿灯亮,无信号对应于红灯亮,没有黄灯这一状态。信号灯有两个基本操作,被称为 P 操作和 V 操作。P 操作检查信号灯的状态,如果信号灯是有信号状态,则线程可以进入临界区;如果是无信号状态,则线程必须在临界区外等待,直到信号灯从无信号状态变为有信号状态时为止。这些等待的线程被称为处于阻塞状态。当有多个线程要进入临界区时,在信号灯前(或在临界区之外)需形成一个等待队列。V 操作将信号灯变为有信号状态,某个线程使用完相关资源后通过执行 V 操作唤醒在信号灯前等待的线程,使这些线程继续执行。P 操作和 V 操作被分别置于临界区的开始和结束处。

7.1.5 死锁

1. 死锁的概念

在一个多线程环境中,几个线程可能竞争有限个数的资源。一个线程请求一些资源,如果这些资源此时不能分配,则这个线程进入等待状态。这时,可能会出现这样的情况:各个线程都忙于抢占系统资源,但每个线程都不能满足所有的要求,因而所有的线程都停步不前,这种情况被称为死锁。

在图 7-5 中,一个方框表示一个线程,一个圆圈表示一个对象。当箭头从一个对象指向一个线程时,表示这个对象已拥有了这个对象上的锁。当箭头从一个线程指向一个对象时,表示这个线程为获得这个对象的锁而等待。图 7-5 给出了某个时刻线程和对象之间的关系。可以看出,此时由于两个线程在互相等待对方释放对象上的锁,出现了我等你、你等他、他等我的类似状态,因此,这两个线程处于死锁状态。图 7-5 也表明,如果在某个时刻在线程和对象之间形成一个环路,则必会出现死锁。

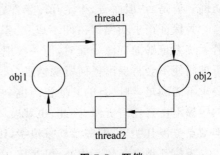

图 7-5　死锁

死锁问题通过程序调试是很难查出来的。图 7-5 的情况可以这样产生。

(1) thread1 调用了对象 obj1 的一个同步方法。这时,thread1 拥有 obj1 上的锁。

(2) thread2 调用了对象 obj2 的一个同步方法。这时,thread2 拥有 obj2 上的锁。

(3) thread1 在 obj1 的同步方法中执行时,又调用了 obj2 的一个同步方法。

(4) 同样,thread2 在 obj2 的同步方法中执行时,又调用了 obj1 的一个同步方法。

对于上述情况,如果 thread1 要释放 obj1 需要等待 obj2 可用,而调用了 obj2 的 thread2 这时需要等待 obj1 可用才能释放 obj2,产生了死锁。如果在 thread1 开始执行上面的第(3)步时,thread2 还没有执行到第(2)步,则就不会发生死锁问题。因此,常常出现这种情况:程序在调试时一切都正常,可是当交付使用后,说不定什么时间就出现了死锁。因为死锁与时间因素有关,所以,死锁有时很难被发现,改正程序的死锁错误也就无从下手,死锁只能通过对程序进行分析才能检查出来。

2. 产生死锁的必要条件

一般来说,造成死锁的情况虽然比较复杂,但归纳起来死锁的产生有以下四种必要条件。

(1) 互斥条件:至少一个资源被以非共享(互斥)的方式所拥有,即在一个时刻,只能有一个线程使用这个资源。如果另一个线程请求这个资源,正进行请求的线程必须等待,直到资源被释放。

(2) 请求和保持条件:存在一个至少拥有一个资源的线程 A,同时正在请求获得正被另一个线程 B 所拥有的其他资源。

(3) 不剥夺条件:线程已获得的资源,在未使用完以前,不能被剥夺,只能在使用完后由自己释放。

(4) 循环等待条件:存在一组正在等待的线程$\{p_0,p_1,p_2,\cdots,p_n\}$,$p_0$ 正等待 p_1 所拥有的资源,p_1 正等待 p_2 所拥有的资源,$\cdots\cdots$,p_{n-1} 正等待 p_n 所拥有的资源,p_n 正等待 p_0 所拥有的资源。

如果程序中出现死锁现象,程序将不得不被终止。因此,应付死锁的可行办法是使用某些协议,以确保程序不会进入到死锁状态。

3. 死锁的预防

从上面所提到的关于死锁的必要条件可以看出,只要保证至少其中的某个条件不成立,就能够避免出现死锁现象。

互斥条件对非共享的资源必须保证,而对能够在多线程之间共享的资源则不需要互斥访问。但是,一般而言,否定互斥条件并不能阻止死锁的发生。

为保证请求和保持条件不成立,系统要求所有线程一次性地申请其所需的全部资源。若系统有足够的资源分配时,便一次把其所需的资源分配给该线程。这样,该线程在整个运行期间便不会再提出任何资源请求,从而使请求条件不成立。但在分配时,只要有一种资源要求不能满足,则已有的其他资源也全部不分配给该线程,该线程只能等待。由于等待期间的线程不占有任何资源,因此,也就破坏了保持条件。这种方法简单,易于实现,且很安全,但缺点也极其明显,即资源严重浪费,线程延迟运行。

为使不剥夺条件不成立,可规定:一个已保持了某些资源的线程,若新的资源要求不能立即得到满足,它必须释放已保持的所有资源,以后需要时再重新申请。这种策略实现起来比较复杂,而且要付出很大的代价。

为保证循环等待条件不成立,可以对所有的资源进行线性排序,每个线程只能以增序或降序的形式请求资源。

上面的方法虽然可以预防死锁,但总的来说都施加了较强的限制条件,从而在不同程度上损害了系统的性能。除此之外,还可以采取其他避免死锁的方法。在这些方法中,施加的限制条件较弱,因而有可能获得令人满意的系统性能。最具代表性的避免死锁的方法是Dijkstra的银行家算法。该方法允许进程动态地申请资源,但系统在进行资源分配之前,应先计算此次分配资源的安全性,若分配不会导致系统进入不安全状态,则分配,否则等待。

7.2　存 储 管 理

7.2.1　存储管理概述

主存(内存)是指处理器可以直接存取指令和数据的存储器,程序的指令和数据最后都在 CPU 的寄存器中执行,寄存器容量最小,但速度最快。在高速的主存和相对速度较慢的外存之间一般都有一定容量的高速缓存(cache)。

存储的组织受到存储技术和 CPU 寻址技术的限制,只能在这个限制范围内组织合理的存储结构。根据访问速度匹配关系、容量要求和成本因素,在辅助硬件与操作系统的支持下,将快速存储设备和大容量存储设备构成统一的整体,由操作系统协调这些存储器的使用。内存速度应与 CPU 存取速度相匹配,容量尽可能大,至少应能装下当前运行的程序与数据,否则 CPU 执行速度就会受到内存速度和容量的影响而得不到充分发挥。这就形成了一种存储器层次结构(或称存储体系)。可以采用下面两种典型的存储组织结构。

(1)"寄存器—内存—外存"结构。

(2)"寄存器—缓存—内存—外存"结构。

"寄存器—内存—外存"结构通常用于早期的计算机系统以及现在的低成本系统。由于"寄存器—内存—外存"结构缺少高速缓存,系统的性能相对差一些。"寄存器—缓存—内存—外存"结构是目前高性能系统常用的存储器组织结构。

存储器系统的最佳状态应是各层次的存储器都处于均衡的繁忙状态。存储管理的功能主要包括如下几个方面。

(1)存储空间的分配和回收以及分配和回收算法及相应的数据结构。

(2)地址变换技术:
- 可执行文件生成中的链接技术。
- 程序加载(装入)时的重定位技术。
- 进程运行时硬件和软件的地址变换技术和机构。

(3)存储共享和保护技术,主要包括:
- 代码和数据共享。
- 地址空间访问权限保护(读、写、执行)。

(4)存储器扩充技术,使用户能在有限物理内存内运行比物理内存大的程序,主要包括:
- 由应用程序控制的覆盖技术。
- 由操作系统控制的在整个进程空间的交换技术。
- 在部分进程空间的虚拟存储技术。

7.2.2　重定位技术

首先来看程序从编辑到编译、链接成可执行文件再到被操作系统调用而执行的过程。用户编写程序时,使用的是符号名空间,其中的地址称为符号地址。用户程序经过编译后形成目标代码,目标代码通常采用相对地址的形式,其首地址为 0,其余指令中的地址都相对于首地址来编址。由于首地址在物理内存中的对应位置不确定,因此不能用逻辑地址在内存中读取信息。要访问存储单元必须使用内存中存储单元的地址,即物理地址(绝对地址,也称为实地址),物理地址是可直接寻址的。一个程序在成为进程前需要进行的准备工作如下。

- 编辑：使用符号地址形成源文件。
- 编译：进行模块内符号地址解析,形成目标模块。
- 链接：进行模块间符号地址解析,由多个目标模块或程序库生成可执行文件。
- 装入：构造进程控制块(PCB),使用物理地址,形成进程。

当程序装入内存时,操作系统要为该系统分配一个合适的内存空间。由于 CPU 执行指令时是按物理地址进行的,为了保证 CPU 执行指令时可正确访问存储单元,需将用户程序中的逻辑地址转换为运行时可由机器直接寻址的物理地址,这一过程称为地址映射,也称为重定位。如果在可执行文件中直接记录内存地址,装入时直接定位在上述内存地址,这种装入方法称为绝对装入。整个装入过程简单,但过于依赖硬件结构,不适用于多道程序系统。

下面主要讨论可重定位的装入技术。实现重定位主要有两种方法：静态重定位和动态重定位。从图 7-6 可以看出,指令 Load A 400 的功能是将 400 内存单元的数据取出放到 A 寄存器,指令在实际执行时被装载到 1000 单元开始的一段内存空间,指令被 CPU 实际执行时变成了 Load A 1400。

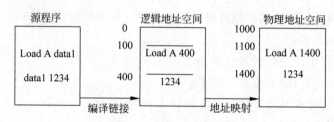

图 7-6　地址重定位

1. 静态重定位

当用户程序被装入内存时,一次性实现逻辑地址到物理地址的转换,以后不再转换,一般是在装入内存时由重定位装入程序完成。在可执行文件中,列出各个需要重定位的地址单元和相对地址值。在装入时由重定位装入程序完成根据所定位的内存地址去修改每个重定位地址项,添加相应偏移量。静态重定位是一个低成本的技术,它不需要硬件支持,可以装入有限多道程序,但是静态重定位通常要求一个程序占用连续的内存空间,程序装入内存后不能移动。静态重定位不适用于多道程序系统。

2. 动态重定位

在可执行文件中记录虚拟内存地址,在程序执行过程中访问时再进行地址映射。地址映射通过硬件地址变换机制,完成逻辑地址到实际内存地址的变换。

通常采用的办法是利用一个基地址寄存器(base address registers,BAR),在程序装入后,将其内存空间的起始地址送入 BAR,在程序执行过程中,遇到要访问地址的指令时,硬件便自动将其中的访问虚拟地址(virtual address,VR)和 BAR 的内容形成实际物理地址,然后按该地址执行。

使用动态重定位技术,操作系统可以将一个程序分散存放于不连续的内存空间,可以移动程序,有利于实现共享。动态重定位技术能够支持程序执行中产生的地址引用,而不仅仅是生成可执行文件时的地址引用。动态重定位技术实现较复杂，是虚拟存储技术的基础。

7.2.3　存储管理方法

在操作系统中，存储管理主要有两个方面：一是方便用户；二是提高内存的利用率。为了方便用户，要尽量减少甚至完全摆脱使用主存分配存储空间，这样在编制程序时，完全不必考虑程序在主存中的实际地址，程序在主存空间中的实际地址由操作系统来确定。操作系统还可以用合理的存储分配算法和虚拟存储技术提高主存空间的利用率。

为了适应多道程序系统，分区管理技术被引进到存储管理中。分区管理是能满足多道程序运行的最简单的存储管理方案，其基本思想是把内存划分成若干连续区域，称为分区，每个分区装入一个运行程序，操作系统占用其中一个分区。分区管理适用于多道程序系统和分时系统，可以支持多个程序并发执行，但是内存分区的共享仍然难以进行。在分区管理方式中一个十分突出的问题是可能存在内碎片和外碎片。所谓内碎片是指占用分区之内难以被利用的空间；外碎片是指占用分区之间难以利用的空闲分区。通常分区的方式可以归纳成固定分区和可变分区两类。分区管理的主要数据结构是分区表或分区链表。分区表可以只记录空闲分区，也可以同时记录空闲和占用分区。分区表可以划分为空闲分区表和占用分区表两个表格，从而减小每个表格的长度。空闲分区表中按不同分配算法对表项排序。在分区表中，表项数目随着内存的分配和释放而动态改变，可以规定最大表项数目。

7.2.4　覆盖和交换技术

为了在有限的内存上运行较大的程序，人们发展了覆盖和交换技术，与分区存储管理配合使用。覆盖技术常用于多道程序系统。

覆盖技术的原理是将一个程序的几个代码段或数据段，按照时间先后来占用内存空间。这样尽管程序总体大于物理内存，但是并没有一次性将程序全部调入，而是按照运行时间先后使程序的一个或多个"段"占用内存空间。覆盖技术要求将程序的必要部分（常用功能）的代码和数据常驻内存，可选部分（不常用功能）在其他程序模块中实现，平时存放在外存中，在需要用到时才装入到内存，不存在调用关系的模块不必同时装入内存，从而实现不同时运行的模块可以重复使用同一个内存分区。

有的操作系统规模较大，功能很复杂，但是某些操作系统功能并不经常使用，将整个操作系统代码全部驻在内存往往是不可能的，也不是一个好的策略。为了减少操作系统本身占用的内存空间，向用户提供更多的内存空间，也常采用覆盖技术。可以将操作系统分成两部分：一部分为基本的常驻内存部分；另一部分为不经常使用的部分，它们平时存放在外存上，用到时再调入操作系统中的覆盖区。从外存装入覆盖文件是以时间延长来换取内存空间的节省。

如图 7-7 所示，如果将程序的所有部分，包括 A、B、C、D、E、F 六个模块一次性全部调入内存需要 190KB 空间,但是仅仅将程序的常驻部分 A 调入内存,其余部分按运行顺序分别先后装入 Overlay 0、Overlay 1 两个覆盖段中,这只需要 110KB 空间。

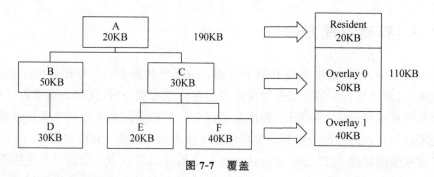

图 7-7　覆盖

在多道程序环境中,多个程序并发执行,可以将暂时不能执行的程序送到外存中,从而获得空闲内存空间来装入新程序,或读入保存在外存中而目前到达就绪状态的进程,这就是交换技术。交换技术常用于多道程序系统或小型分时系统中,又称作"对换"或"滚进/滚出(roll-in/roll-out)"。

如果由于处于阻塞状态,低优先级(确保高优先级程序执行)的一些程序暂时不能执行,则暂停执行内存中的该进程,将整个进程的地址空间保存到外存的交换区中(换出),而将外存中由阻塞变为就绪的进程的地址空间读入到内存中,并将该进程送到就绪队列(换入)。

使用交换技术可以增加并发运行的程序数目,并且给用户提供适当的响应时间。但是,对换入和换出的控制会增加处理机开销。

7.2.5　页式管理和段式管理

1. 页式管理

在上述的存储管理系统中,作业在内存中要占用一个连续的存储区,当一个作业的程序文件大于内存中任何一个空闲存储区时,就不能装入运行。如果将一个作业用户空间划分成较小的单位,这些单位可以分散地驻留到内存的"碎片"中,这样就能充分地利用"外碎片",提高主存的利用率。

页式存储管理又可分为简单页式存储管理和请求页式(动态页式)存储管理两种。在简单页式存储管理系统中,要求一个作业在运行前将其所有的页都装入主存的页中,这就要求当时主存中有足够多的空闲页,否则作业就不能运行。请求页式存储管理系统在运行一个作业时,不必将所有的页都装入主存的页中,而只要装入当前运行时所必须访问的若干页,其余的页仍留在外存中。等到运行到某一时刻需要访问这些页时,再将它们调入主存的空闲页中。在请求页式系统中,用户的编程空间就不受系统主存大小的限制,能运行一个虚拟地址空间远大于实际主存空间的程序。

页式存储管理的基本思想是将程序的逻辑地址空间和物理内存划分为固定大小的页或页面(page or page frame),都从 0 开始编号。在程序装入时,每一个程序的逻辑地址空间的页被装到主存中的一个页中,这些页可以是不连续的。

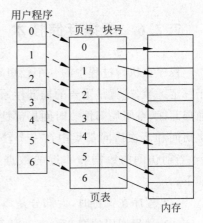

图 7-8 页式存储管理逻辑地址空间和物理地址空间的映射关系

页式管理中每个进程有一个进程页表,该表描述该进程占用的物理页面及逻辑排列顺序,即本进程的地址空间的逻辑页号和实际内存空间的物理页面号的对应关系。整个系统有一个物理页面表,描述物理内存空间的分配使用状况。整个系统有一个请求表,描述系统内各个进程页表的位置和大小,用于地址转换,也可以整合到各进程的 PCB 中。图 7-8 表示逻辑地址空间和物理地址空间的映射关系。

页的大小会直接影响页式管理的性能,如果页太小,则页表比较大,但是页内碎片小。反之,如果页大,那么页表比较短,管理开销比较小,交换时对外存 I/O 效率高,但是一次交换的数据量比较大。

2. 段式管理

页式管理是把内存视为一维线性空间,而段式管理是把内存视为二维空间,与进程逻辑相一致。一个作业在某一次执行中一般不会调用所有的子程序和库函数,如果采用在执行时访问到某一模块时再将其装入主存(若已先由其他作业调入了主存,则不必重复装入),使用动态链接的方法可以节省时间和空间,也便于各个作业间共享执行程序和数据区。同时分页是操作系统的行为,它并不考虑程序的模块划分,因此不同的程序模块的片段可能在同一页中,同一程序模块也可能分布在不同页中。

在程序编译时就使用了分段(segmentation)的概念,通过分段把程序划分为多个模块,如代码段、数据段、共享段。每个模块可以分别编写和编译,可以针对不同类型的段采取不同的保护,可以按段为单位来进行共享,包括通过动态链接库进行代码共享。

将程序的地址空间划分为若干段(segment),程序加载时,分配其所需的所有段(内存分区),这些段不必连续。分段管理没有内碎片,外碎片可以通过内存紧缩(将空闲区合并)来消除。分段管理便于改变进程占用空间的大小。

简单段式管理的数据结构类似于简单页式管理。每个进程有一张进程段表,描述组成进程地址空间的各段,包括每段的段基址(base address)和段长度。系统还要集中建立一张所有作业的段表起始地址和长度的系统段表,以及一张空闲段表来记录内存中所有空闲段。

页式管理和段式管理比较如下。

(1) 分页和分段的目的不同。分页是出于系统管理的需要,分段是出于用户应用的需要。

(2) 一条指令或一个操作数可能会跨越两个页的分界处,而不会跨越两个段的分界处。

(3) 页大小是系统固定的,而段大小则通常不固定。

(4) 分页和分段的逻辑地址表示不同。分页是一维的,各个模块在链接时必须组织成同一个地址空间。分段是二维的,各个模块在链接时可以每个段组织成一个地址空间。

(5) 通常段比页大,因而段表比页表短,可以缩短查找时间,提高访问速度。

7.2.6　虚拟存储技术

程序在执行过程中的一个较短时期,所执行的指令地址和指令的操作数地址分别局限于一定区域,这就是重要的局部性原理(principle of locality)。局部性原理还可以表现为时间局部性、空间局部性。时间局部性是指一条指令的一次执行和下次执行、一个数据的一次访问和下次访问都集中在一个较短时期内;空间局部性是指当前指令和邻近的几条指令、当前访问的数据和邻近的数据都集中在一个较小区域内。局部性原理的具体体现如下。

(1) 程序在执行时,大部分是顺序执行的指令,少部分是转移和过程调用指令。

(2) 过程调用的嵌套深度一般不超过5,因此执行的范围不超过这组嵌套的过程。

(3) 程序中存在相当多的循环结构,它们由少量指令组成,而被多次执行。

(4) 程序中存在相当多的一定数据结构的操作,如数组操作,往往局限在较小范围内。

(5) 程序中的某些部分在程序整个运行期间可能根本就不用。例如,出错处理程序在计算处理出错时才会运行,而在程序的正常运行情况下,没有必要把它调入内存。

(6) 在程序的一次运行过程中,有些程序段执行之后,从某个时刻起不再用到。

所谓虚拟存储技术是指当进程开始运行时,根据程序运行的局部性特点,不必将其全部读入内存,而只需将当前需要执行的部分页或段读入内存,就可让程序开始执行,另一部分暂时留在外存。如果需执行的指令或访问的数据尚未在内存(称为缺页或缺段),则由处理器通知操作系统将相应的页或段调入到内存,然后继续执行程序。当没有足够的内存空间时,系统自动选择部分内存空间,将其中原有的内容交换到磁盘上,并释放这些内存空间供其他进程使用。这样做的结果是程序的运行丝毫不受影响,而程序在运行中感觉到拥有一个不受物理内存容量约束的、虚拟的、能够满足需求的存储器。

虚拟存储技术同交换技术在原理上是类似的,区别在于在传统的交换技术中,交换到外存上的对象一般都是进程,也就是说交换技术是以进程为单位进行的,如果一个进程所需内存大于当前系统内存,那么该进程就不能在系统中运行。而虚拟存储一般是以页或段为单位,页和段是对一个进程占用系统内存空间的进一步划分,所以如果一个进程所需内存大于当前系统内存,因为该进程的一部分可以被换出到外存上,那么该进程仍然可以在系统中正常运行。

虚拟存储技术具有如下特征。

(1) 不连续性:物理内存分配的不连续,虚拟地址空间使用的不连续(数据段和栈段之间的空闲空间,共享段和动态链接库占用的空间)。

(2) 部分交换:与交换技术相比较,虚拟存储的调入和调出是对部分虚拟地址空间进行的。

(3) 大空间:通过物理内存和快速外存相结合,提供大范围的虚拟地址空间。

(4) 总容量不超过物理内存和外存交换区容量之和。

7.3　文　件　系　统

7.3.1　文件系统的基本概念

计算机可以将信息存储在各种不同的物理设备上,为方便用户,操作系统以文件的概念统一处理相关信息的存储。文件是一个逻辑存储单位,它通过操作系统映像到物理设备中去。

文件是具有文件名的数据项的集合,其中文件名是文件的标识符号。一个文件包括文件体和文件相关说明两部分内容。文件体是存储的数据信息;文件说明是文件存储和管理信息,例如文件名、文件内部标识、文件存储地址、访问权限、访问时间等,有时将文件说明称为文件控制块(file control block,FCB)。

文件系统是操作系统中管理文件的机构,提供文件存储和访问功能。文件系统为用户提供的服务称为文件管理的服务。其功能如下。

(1) 文件访问功能:包括文件的创建、打开和关闭以及文件的读写等。

(2) 目录管理功能:用于文件访问和控制的信息,不包括文件内容本身。

(3) 文件结构管理功能:包括划分记录、顺序、索引。

(4) 访问控制功能:包括并发访问和用户权限。

(5) 限额功能(quota):限制每个用户能够建立的文件数目、占用外存空间大小等,这在多用户操作系统中是一项很重要的功能。

(6) 审计功能(auditing):记录对指定文件的使用信息,如访问时间和用户等,保存在日志中。

文件一般是永久存放在外存上的,文件系统必须实现对文件存储器存储空间的组织分配、文件信息的存储并对存入的文件进行保护和检索。具体地说,它要借助组织良好的数据结构的算法,有效地对文件信息进行管理,提供简洁高效的手段,使用户方便地存取信息。文件系统需要实现以下功能模块。

- 文件的分块存储功能模块:这是文件系统功能的基础。
- I/O缓冲和调度功能模块:关系到响应速度和文件系统的性能。
- 文件定位功能模块:在外存上查找文件的各个存储块。
- 外存空间管理功能模块:如分配和释放,主要针对可改写的外存,如磁盘等。
- 外存设备访问和控制功能模块:包括由设备驱动程序支持的各种基本文件系统。

7.3.2　文件的组织和存取

文件内部的逻辑结构称为文件的逻辑组织,实际信息在外存上的存储称为物理文件。文件系统的重要作用之一,就是在用户的逻辑文件和相应设备上的物理文件之间建立映射,实现二者之间的转换。

文件是由字段、记录组成的。字段是数据的基本单位,又可称为域或数据项。不可分割的字段含有一个值,如姓名、日期等。字段的特征可用长度、数据类型和字段名表示。字段可以是固定长度或可变长度。记录是能被某些应用程序处理的相关字段的集合。例如,员工记录可包括姓名、社会保险号、工种、聘用日期等。相同记录的集合构成文件,文件被用户和应用程序当作单个实体对待,可以用名字来引用,并可以创建和删除。

常用的文件的逻辑组织形式有流式文件(无结构文件)和记录式文件。流式文件是由字符序列组成的文件,如源程序、目标程序之类的文件。其主要特点是不划分记录,顺序访问,每次读写访问可以指定任意数据长度。采用流式文件,操作系统处理简单,而且灵活性很大,但实现的功能较弱。

记录式文件的重要特点是文件体由若干相关记录构成,通过特定分隔符来划分记录,各记录大小和组成可变,新记录总是添加到文件末尾。

当文件信息在外存中存储时,必须考虑文件的物理组织。在外存上新建文件必须根据文件长度分配存储空间。如果这时已知文件长度,例如进行文件复制,目标文件的长度是确定的,可以在文件创建时一次分配指定的存储空间。另外,大多数情况无法确定文件长度,在需要存储空间时才分配,例如写入数据到文件。

对于大容量的存储设备来说,当文件系统提出空间需求时,一般把一个或多个扇区分配给文件。簇(cluster)是文件存储的基本单位,一个簇包含若干连续的扇区(sector)。磁盘文件的存储空间通常由多个簇组成。在向文件分配簇时,根据文件的物理结构不同有不同的分配形式。文件的物理结构分为连续结构、链接结构和索引结构:

(1) 连续结构要求文件占用的外存空间是由连续的物理块(簇)组成,建立时要求用户给出它的最大长度,以便系统为该文件分配足够的外存空间。可见,对于连续结构的文件,管理简单,存取速度快。但文件一经建立就不能再增加长度,不能在其中间部分进行插入和删除,也不能充分利用存储空间,因为常常有零头问题出现,且只能采用顺序存取方法。

(2) 链接结构的文件占用的外存空间不一定是由连续的物理块组成,在每个物理块内设置一个指针域,用来指示下一个物理块的块号,第一个物理块的块号放在文件目录中。

链接结构的文件存取时,因为要获得某物理块的块号,必须先读取上一个物理块,而这些物理块在外存上是分散存放的,因此不能随机存取文件中任意部分的内容。链接结构的文件适用于采用顺序存取方法,但在访问速度上受到了很大限制。为此,有些系统把指针域和文件数据分开存放,将各个物理块的指针域单独组成一张表,存放于外存中。Windows系统就采用了这种文件结构。它将两个连续的物理块(称为扇区)组成一个簇(每个簇也可以是 4、8、16、32 或 64 个扇区),以簇为单位分配磁盘空间,每个簇对应一个指针域。将这些簇的指针域统一放在文件分配表(file allocation table,FAT)中,访问文件时,只要根据FAT就可快速查到所要访问的簇,加快了访问文件的速度。

(3) 索引结构同链接结构一样也是由若干不连续的物理块或簇组成的。系统把文件分成与物理块大小相等的逻辑块,然后为每个文件建立一张逻辑块号到物理块号的映射表,此表称为文件索引表。它一般按文件的逻辑块号的顺序存放于外存中。访问随机文件时,要访问索引表,然后从索引表中找到要访问的物理块号。索引结构是对链表结构的发展,其访问速度快,可以随机访问文件中任何部分的内容,且增加或删除文件内容非常方便。但索引表的建立和使用增加了外存开销。

　　文件的存取方式是由文件的性质和用户使用文件的情况而确定的,常用的存取方法除了顺序存取和随机存取外,还有按键存取方式。按键存取是根据给定的键或记录名进行的。首先搜索到要进行存取的记录的逻辑位置,再将其转换到相应的物理地址后进行存取。这种方法比较复杂,当然效果也好。按键存取主要用在数据库管理系统中。数据库管理系统相关领域对搜索算法有很多深入研究,这些算法可以大致分为三种类型,即线性搜索法、散列法、二分搜索法等。

7.3.3　文件目录

　　在计算机系统的外存上的文件种类繁多,数量庞大,为了便于对文件进行管理,文件系统设置了一个称为文件目录的数据结构,这正像图书馆中的藏书需要编目一样,用以标识和检索系统中的所有文件。文件目录是一种表格,每个文件在其中占据一个表项,在其中登记了该文件的文件控制块(FCB)。文件目录就是所有文件控制块的有序集合。由于 FCB 描述了文件名与文件物理位置之间的对应关系,用户只要给出文件名就可方便地存取存放在外存空间中的文件信息。

　　FCB 中最基本的内容是文件属性信息,它包括文件名和文件类型。文件名是标识文件的字符串,通常在不同系统中允许不同的最大长度,有些系统允许同一个文件有多个别名(alias)。不同系统对文件类型可有多种不同的划分方法。一般来说根据有无结构可以分为记录文件、流式文件等;根据内容存储格式不同可以分为二进制文件、文本文件;根据用途不同可以分为源代码文件、目标代码文件、可执行文件、数据文件;根据属性不同可以分为系统文件、隐含文件、用户文件等。

　　在文件系统中,把一个硬盘的分区称作一个物理卷。可以把同一个卷上的若干 PCB 组成的目录以文件的形式存放在外存的专用区域中,形成一个目录文件,文件系统对此提供了有关管理目录文件的各种命令,可供用户查询、建立、删除等。当文件数量很多时,可以采用多级目录结构(又称树形目录结构)。

7.3.4　外存储空间管理

　　簇是文件存储的基本单位,每个簇包含若干连续的扇区。文件系统对簇进行分配的方法有两种:一种是簇大小可变,其上限较大,I/O 访问性能较好,文件存储空间的管理困难;另一种是簇大小固定,每个簇较小,文件存储空间使用灵活,但 I/O 访问性能下降,文件管理所需空间开销较大。使用计算机的过程中常常将整个磁盘分成若干“盘”,将操作系统装在 C 盘,将其他文件装在 D 盘。这里说的“盘”其实就是文件卷,每个文件卷一般包括一定数量的簇,一般来说文件卷的最大容量是有限的,例如早期的 DOS 系统就无法管理大容量的硬盘。文件卷最大容量与簇大小的关系主要是:如果簇的总数保持不变,文件卷容量越大,则簇越大。这样做的结果是簇内碎片浪费越多,例如,在 FAT32 架构上,一般的簇为8KB,那么文件长度小于 8KB 的文件仍然要占据 8KB 的外存空间。另一种方法是增加簇的数量,保持簇大小不变。需要更多的位数来表示簇编号,如簇编号长度为 12、16、32 二进制位,即构成 FAT12、FAT16、FAT32。如果簇较大,可以显著地提高 I/O 访问性能,减少管理开销，但簇内碎片浪费问题较严重。如果簇较小，簇内的碎片浪费较小，特别是对系统中有大量小文件时有利，但存在簇编号空间不够的问题，例如，使用 FAT16 时无法管理大容量硬盘，同时文件卷的大小也受到小簇的限制。

NTFS(new technology file system)是 Windows NT 内核的系列操作系统支持的、一个特别为网络和磁盘配额、文件加密等管理安全特性设计的磁盘格式，提供长文件名、数据保护和恢复，能通过目录和文件许可实现安全性，并支持跨越分区。NTFS 是一个日志文件系统，这意味着除了向磁盘中写入信息，该文件系统还会为所发生的所有改变保留一份日志。这一功能让 NTFS 文件系统在发生错误的时候(比如系统崩溃或电源供应中断)更容易恢复，也让这一系统更加强壮。在这些情况下，NTFS 能够很快恢复正常，而且不会丢失任何数据。

7.3.5　文件的共享

在一个操作系统中，一个文件往往由多个用户共同使用，系统没有必要为每个用户都保留一个文件副本，系统应能使各用户通过不同的方法访问该文件。在目录结构中，可以采用同名或异名的方式来实现文件的共享。所谓同名共享是各用户通过唯一的共享文件的路径名访问共享文件，该方法的访问速度慢，适用于不经常访问的文件共享。所谓异名共享是利用多个目录中的不同文件名来描述同一共享文件，这种方法也称为文件别名。该方法的访问速度快，但会影响文件系统的树状结构，适用于经常访问的文件共享，同时存在一定的限制。

文件的访问权限是文件共享中必须考虑的一个重要问题，设置文件访问权限的目的是在多个用户间提供有效的文件共享机制。一般的文件系统都提供下面所述的基本文件权限。

- 可读(read)：表明可读取该文件内容。
- 可写(write)：表明可对文件进行修改(update)或添加(append)，可把数据写入文件。
- 可执行(execute)：表明可由系统读出文件内容，作为代码执行。
- 可删除(delete)：表明可删除文件。
- 可修改访问权限(change protection)：表明修改文件属主或访问权限。

对于同一个文件，不同的用户可能有不同的操作权限，为了便于管理、简化操作，可以将用户分为不同的类型或不同的组，每组有不同的权限。在 Windows 系统中，权限最高的组为 Administrators。同组用户的权限基本相同，还可以对各个具体用户的权限进行调整。每个文件有自己特定的访问方式，包括允许、禁止、限制的用户范围等，这就是文件访问策略。

如果要并发访问文件，需要进行并发访问控制，其根本目的是提供多个进程并发访问同一文件的机制，保证文件系统的一致性。如果要改写文件，需要利用进程间通信协调对文件的访问，以保证对文件指定区域进行互斥访问。

7.4　设　备　管　理

7.4.1　设备管理概述

设备管理是计算机操作系统的重要功能之一。通常把这种设备及其接口线路、控制部件和管理软件统称为 I/O 系统。它们与计算机系统和用户一起协调工作,在设备和设备之间、设备和用户之间传送数据和信息。

在设备管理中,普遍地使用中断、通道、缓冲区等各种技术,这些措施较好地克服了由于外部设备和主机在速度上不匹配所引起的一些缺点,使主机和外设能并行工作,改善了设备的使用效率。同时为了使用户摆脱对设备细节的关注,操作系统承担了这项任务,凡是有关外设的驱动、控制、分配技术问题都统一由设备管理程序负责。

1. 设备的基本类型

计算机系统的外部设备种类繁多,它们的特征和操作方式又有很大区别,可以按照多种方法进行分类。

(1) 按照设备的功能分类,可以分为输入设备、输出设备、存储设备、电力供应设备、网络设备等。当然设备的划分不是绝对的,有的设备可能既是输入设备又是输出设备。

(2) 按设备的数据组织方式分类,可以分为块设备(block device)和字符设备(character device)。块设备以数据块为单位组织和传送数据,它将数据存储在定长块中,每个数据块都有自己的地址,块设备的基本特征是能够单独地读写每一个数据块,所读写的块与其他数据块无关。字符设备以字符为单位组织和传送数据,它传送或接收一连串字符,数据组织不考虑块结构,也不能单独寻址。

(3) 按设备的管理模式分类,可以分为物理设备和逻辑设备。物理设备指计算机系统硬件配置的实际设备,这些设备在操作系统内具有一个唯一的符号名称,系统可以按照该名称对相应的设备进行物理操作。逻辑设备是指一种在逻辑意义上存在的设备,在未加以定义前,它不代表任何硬件设备和实际设备。逻辑设备是系统提供的,它也是独立于物理设备而进行输入输出操作的一种"虚拟设备"。

(4) 按设备的资源属性分类,可以分为独占设备、共享设备和虚拟设备。独占设备在用户作业或者进程运行期间为该用户所独享,只有等该用户使用完毕释放对设备的占用,其他的用户和进程才有可能使用该设备。共享设备是指能被多个用户或进程分时共享的设备,宏观上似乎多个用户同时在使用,如磁盘。虚拟设备具有将一种物理设备模拟成另一种设备的能力。

2. I/O 设备控制与驱动

要使 I/O 设备正常工作,硬件控制驱动技术和驱动程序是必不可少的重要部分,这些技术对设备依赖性很大。为了使这些细节都对用户透明,由操作系统来处理 I/O 设备的请求、处理和驱动。因此,I/O 驱动程序也被认为是操作系统的一部分,在 Windows 操作系统中有一个庞大的驱动程序文件 Driver.cab。然而,随着操作系统的发展和公共 I/O 接口的出现,使 I/O 驱动软件成为一种带有标准接口的可选软件,可以在操作系统内核中只保留与设备无关的那部分软件,而将与设备有关的驱动软件作为一种可装卸的程序,可以按照系统配置的需求进行配置。例如要使用新型号的打印机则需要安装对应的打印机驱动程序。

3. 设备管理的任务与功能

设备管理的任务如下。

- 向用户和其他应用程序提供使用外设的方便接口,按用户和其他应用程序提出的I/O任务的要求控制设备的各种操作,使用户程序独立于设备,或者说程序与设备无关。
- 充分提高CPU与设备、设备与设备之间的并行工作程度,以发挥设备的使用效率,避免设备忙闲不均匀的现象。

为此,设备管理系统应具有以下几个功能。

- 记录系统中所有设备的状态。设备的状态是进行设备管理的重要依据,设备管理系统必须动态地记录并监视系统中所有设备的工作状态,如它们的忙闲情况等。通常系统为每个设备设置诸如设备控制块(device control block,DCB)之类的数据结构。
- 进行设备的分配。在多道程序系统中,为了解决并发进程对设备的竞争,防止死锁的发生,设备管理系统必须按照一定的分配策略进行设备的调度和分配,管理设备的等待队列,实现此功能的程序称为设备分配程序。当作业运行完毕后,释放设备,系统回收设备,便于其他作业使用。
- 实现I/O控制。实现此功能的程序称为设备处理程序,它包括设备驱动程序和设备中断处理程序。

7.4.2 数据传送控制方式

随着计算机技术的发展,数据传送控制方式也在不断地发展。当引入中断机制后,数据传送从最简单的程序直接控制方式发展为中断控制方式,大大提高了设备和CPU并行工作的程度。直接内存存取(direct memory access,DMA)控制器的出现,使数据传送的传输单位从字节扩大到数据块,使得数据传送能独立进行而无须CPU干预,数据传输效率大大提高。而通道控制方式的出现,使CPU可真正从繁杂的数据传送控制中解脱出来,以便更多地进行数据处理。

程序直接控制方式是指由程序直接控制内存或CPU和外围设备之间进行信息传送的方式,通常又称为"忙—等"方式或循环测试方式。I/O控制器是操作系统软件和硬件设备之间的接口,它接收CPU的命令,并控制状态寄存器和数据缓冲寄存器。控制状态寄存器有几个重要的信息位,如启动位、完成位、忙位等。数据缓冲寄存器是进行数据传送的缓冲区,当需要输入数据时,先将数据送入数据缓冲寄存器,然后由CPU从中取走数据;反之,当输出数据时,先把数据送入数据缓冲寄存器,然后及时由输出设备将其取走,进行具体的输出操作。

程序直接控制方式虽然比较简单,也不需要多少硬件支持,但它存在以下明显的缺点。

(1) CPU利用率低,CPU与外围设备只能串行工作。由于CPU的工作速度远远高于外围设备的速度,使得CPU大量时间处于空闲等待状态,CPU利用率大大降低。

(2) 外设利用率低,外设之间不能并行工作。

中断控制方式的出现是为了克服程序直接控制方式的缺点,提高 CPU 的利用率,使 CPU 和外设能并行工作。所谓中断基本是指 CPU 暂时中止现行程序的执行,转去执行为某个随机服务的中断处理程序,处理完毕后自动恢复原程序的执行。

虽然中断控制方式大大提高了 CPU 和外设、外设与外设之间的并行工作程度,但是中断控制方式比较适用于管理中、低速 I/O 操作;对于高速外设一次可以进行大量的数据传输,一般采用 DMA 方式。

DMA 方式下硬盘调用的数据输入处理过程如下。

(1) 如果进程要求设备输入数据时,CPU 把准备存放输入数据的内存始址及要传送的字节数等数据分别送入硬盘适配器(DMA 控制器)。同时向适配器送出驱动器号、圆柱面号、磁头号、起始扇区号、扇区数等外设寻址信息。

(2) 适配器启动寻道,并用中断方式判寻道是否正确。当适配器准备好数据,一般来说是磁盘缓存中存满一扇区数据时,向 CPU 提出 DMA 请求。

(3) 如果 CPU 响应,由 DMA 控制器控制总线,实现批量传送。在 DMA 控制器的控制下,把数据缓冲寄存器的数据源源不断地写入到相应的主存单元,直至所存的数据全都传送完毕。

(4) 输入传送完成时,DMA 控制器发出中断请求信号。CPU 响应中断,做善后处理。

虽然 DMA 方式比以前两种方式有明显的进步,但它仍存在一定的局限性,例如 DMA 方式对外设的管理和某些操作仍需要由 CPU 控制。要使 CPU 真正从繁杂的数据传送控制中解脱出来,需要采用通道控制方式。通道方式使用通道来控制内存或 CPU 和外围设备之间的数据传送。通道是一种通过执行通道程序管理、控制 I/O 操作的控制器。当使用通道方式进行数据传输时,由操作系统构造通道程序和通道状态字,将通道程序保存在内存中,并指明要操作的是哪个 I/O 设备,CPU 向通道发出 I/O 指令,之后 CPU 切换到其他进程。通道执行内存中的通道程序进行读写等操作,通道执行完规定的任务后,向 CPU 发出中断信号,之后 CPU 对中断进行处理。

7.4.3　设备分配

由于设备资源的有限性,不是每一个进程随时随地都能得到这些资源,进程必须首先向设备管理程序提出资源申请,然后由设备分配程序根据相应的分配算法为进程分配。如果申请进程得不到它所申请的资源,将被放入资源等待队列中等待所需要的资源。

设备的分配和管理通过一定的数据结构进行,其中最重要的是设备控制表(device control table,DCT)或设备控制块,其中包括:

- 设备唯一标识。用来区别设备和便于系统访问。
- 设备类型编号。用于反映设备的特性,例如终端设备、块设备或字符设备等。
- 设备状态。指明设备是处于工作状态、空闲、出错或其他可能的状态。
- I/O 控制器指针。该指针指向与该设备相连接的 I/O 控制器。
- 等待使用该设备的进程队列指针,将等待使用该设备的进程组成等待队列,其队首和队尾指针存放在 DCT 中。

DCT 反映设备的特性以及设备和 I/O 控制器的连接情况,系统中每个设备都有一张

DCT。DCT在系统生成时或在该设备和系统连接时创建,表中的内容则根据系统执行情况而变化。

　　整个系统会保留一张系统设备表(system device table,SDT),它记录已被连接到系统中的所有物理设备的情况,反映系统中设备资源的状态,即系统中有多少设备、分配情况等,并为每个物理设备设置对应表项。系统设备表把用户程序和具体物理设备隔离开来,即用户程序面对的是逻辑设备,系统把逻辑设备转换为物理设备之后,再根据要求的物理设备号进行分配。

　　设备分配的依据有设备特性、用户要求和系统配置。设备分配的原则是:要提高设备的使用效率,尽可能地让设备忙碌,但又要避免由于不合理的分配方法造成进程死锁。

　　设备分配方式有两种,即静态分配和动态分配。静态分配方式是在用户作业开始执行前,系统一次分配该作业所要求的全部设备。一旦分配之后,这些设备就一直为该作业所占用,直到该作业被撤销。静态分配方式不会出现死锁。静态分配方式在作业运行期间可能有很长一段时间都不需要使用该设备,设备的使用效率低。动态分配是在进程执行过程中根据执行需要进行分配,当进程需要设备时向系统提出设备请求,由系统按照事先规定的策略为进程分配所需要的设备,一旦用完之后,便立即释放。动态分配方式有利于提高设备的利用率,但如果分配算法使用不当,有可能造成进程死锁。

　　在多道程序系统中,进程数多于资源数,会引起资源的竞争,常用的分配策略如下。

　　(1) 先请求先分配(first come first serve,FCFS)。当有多个进程对某一个设备提出I/O请求时,或者是在同一设备上进行多次I/O操作时,系统按提出I/O请求的先后顺序,将进程发出的I/O请求命令排成队列,其队首指向被请求设备的DCT。当该设备空闲时,系统从该设备的请求队列的队首取下一个I/O请求命令,将设备分配给发出这个请求命令的进程。

　　(2) 高优先级者优先分配。对优先级高的进程的I/O请求也给予高的设备分配优先级,有助于该进程尽快完成,从而尽早地释放它所占有的资源。对于优先级相同的I/O请求,则按先请求先分配的原则进行处理。

　　(3) 按时间片轮转分配。当然,前面的分配算法和进程调度中一样都存在一些问题,而按时间片轮转分配能解决部分问题,但对独占型设备是不合适的。

　　从资源利用的观点来看,外设的独占使用方式是浪费的。人们想到用高速的共享设备(如磁盘)来模拟低速的独享设备,从而把一台独享的物理设备变成若干台虚拟的同类设备,这种技术称为外部设备联机并行操作(simultaneous peripheral operations on-line,SpooLing)技术。即当用户程序请求分配某独占型设备时,系统就用分给它共享型设备的一部分空间来代替,如当用户程序向系统申请打印机,而打印机可能已经被分配给其他程序,但是用户程序不需要争取独占打印机,这时操作系统把要通过打印机输出的信息写入磁盘的有关空间中,再由系统控制在适当时机(如打印机闲空)从打印机中输出。这样,在用户程序看来,它的打印机要求很快就被一台快速的虚拟打印机接受了一样。通常把这种用来代替独占型设备的特定外存空间称为虚拟设备,这种分配虚拟设备的方法称为设备的虚拟分配。采用虚拟分配方式能提高系统和设备的利用率。

7.4.4　设备无关性和缓冲技术

为提高系统的适应性和扩展性,希望用户程序尽可能地与物理设备无关,为此引入了设备逻辑名和设备物理名的概念。进程在实际执行时必须使用实际的物理设备,就像它必须使用实际的物理内存一样。然而在用户程序中应避免直接使用物理设备名称,而应使用逻辑设备名称,这和在用户程序中避免直接使用实际内存地址而应采用逻辑地址一样。例如,当一进程要求使用打印机时直接使用物理设备名,由于该打印机已被分配给另一进程,尽管此时尚有几台其他打印机空闲,该进程仍然只能等待某台特定的打印机。但是,如果该进程是以逻辑设备名称来提出使用打印机要求时,系统便可将任意一台空闲打印机分配给它。逻辑设备名是用户程序中所涉及的该类物理设备特性的抽象,这样可以映射到该类型设备中的任一物理设备。这不仅有利于提高资源利用率,还大大改善了系统的可适应性及可扩展性。

缓冲技术是设备管理中的另一项重要技术措施。计算机系统中的各种设备的运行速度差异很大,另外系统的负荷也不均匀,有时处理机进行大量的运算工作几乎没有 I/O 操作,有时又会进行大量的 I/O 操作,这将造成系统中的一些设备过于繁忙,而一部分设备过于空闲。因此,需要缓冲技术来匹配 CPU 与设备速度的差异和负荷的不均匀,从而大大减少 I/O 设备对处理器的中断请求次数,简化了中断机制,节省了系统开销,提高了处理机与外设的并行程度。

缓冲技术可以采用硬件缓冲和软件缓冲两种方式。硬件缓冲是利用专门的硬件寄存器作为缓冲器。而软件缓冲是借助操作系统的管理,采用内存中的某些区域作为缓冲区。硬件缓冲的成本是比较高的,缓冲区的大小也是固定的;软件缓冲使用比较灵活。

7.4.5　设备驱动程序

为了控制完成与设备有关的 I/O 操作,系统必须为设备编制一组 I/O 处理程序,称为设备驱动程序。因为每一类设备的物理特性基本一致,所以往往为同一类设备设置一个驱动程序,例如只要是 Windows 兼容的鼠标和键盘,Windows 都使用同一类系统内置的驱动程序为之服务。

设备驱动程序的主要功能有以下几点。

(1) 实现逻辑设备到物理设备的转换。检查 I/O 请求的合法性,了解 I/O 设备的状态,传递有关参数,设置设备的工作方式。

(2) 发出 I/O 命令,启动相应的 I/O 设备,完成相应的 I/O 操作,及时响应中断请求,并根据中断类型调用相应的中断处理程序进行处理。

设备驱动程序大多可分为两部分:一部分是真正的设备工作所必需的驱动程序,将其称为设备处理程序;另一部分是设备中断处理控制程序。

7.5 小   结

本章介绍了软件运行过程中涉及的主要基本资源相关知识,为进一步学习相关的理论和技术打基础,如云应用的大规模并发、分布式信息存储、硬件设备通信与控制等。读者应了解和掌握以下内容。

(1) 程序的串行和并行运行方式。

(2) 进程和线程的概念、线程的状态和调度。

(3) 线程的同步机制。

(4) 死锁的概念及产生的条件。

(5) 存储管理的方法、覆盖及交换技术、虚拟存储技术。

(6) 文件的组织、管理和共享技术。

(7) 设备的数据传输方式。

(8) 设备的分配调度、设备无关性和缓冲技术。

7.6 习   题

1. 什么是程序的顺序执行方式?

2. 什么是程序的并行执行方式?

3. 什么是进程?

4. 什么是线程?

5. 举例说明需要采用多线程的应用场景。

6. 什么是线程的同步与互斥?

7. 如何进行线程的同步?

8. 什么是程序死锁?如何避免死锁?

9. 存储管理有哪些方法?

10. 什么是页式管理?

11. 什么是段式管理?

12. 什么是虚拟存储技术?

13. 文件的存取结构有哪些?

14. 如何进行文件共享?

15. 设备分配的原则有哪些?

16. 设备分配的策略有哪些?

17. 什么是设备无关性?

18. 什么是设备缓冲技术?

19. 什么是设备驱动程序?

第 8 章

数据库技术

8.1 数据库概述

8.1.1 数据库基本概念

计算机作为信息处理的工具,为适应数据处理需求的迅速提高,满足各类信息系统对数据管理的要求,在文件系统的基础上发展了数据库系统。

数据库(database,DB)是通用化的相关数据集合,它不仅包括数据本身,而且包括关于数据之间的联系。关于数据库的定义有很多,一般认为数据库是长期存储在计算机内、有组织的和可共享的数据集合。数据库中的数据按一定的数据模型组织、描述和存储,具有较小的冗余度、较高的数据独立性和易扩展性,并可为各种用户共享。管理信息系统、办公自动化系统、决策支持系统等都是使用了数据库管理系统或数据库技术的计算机应用系统。数据库原本是针对事务处理中大量数据管理需求的,但是它的应用范围不断扩大,不仅应用于事务处理,还进一步应用到情报检索、人工智能、专家系统、计算机辅助设计等领域,涉及非数值计算各方面的应用。

8.1.2 数据库系统的组成

数据库系统由数据库(DB)、数据库管理系统(DBMS)和数据库应用系统三部分组成。

1. 数据库

数据库中有两大类数据:一类是用户数据,如学生关系表 student 中每个学生的信息记录。另一类是系统数据,如关系 student 的结构(即每个学生的信息由哪几项数据构成)、系统中的用户以及用户的权限、各种统计信息等。系统数据又称为数据字典。数据库中的数据是存储在若干文件中的。这些文件是由 DBMS 统一管理的,对普通用户是透明的,普通用户感觉不到这些文件的存在。数据以什么样的格式存放、存放在哪个文件的哪个地方是由 DBMS 决定的。

2. 数据库管理系统

数据库管理系统(DBMS)是位于用户与操作系统之间的一类重要的系统软件,用于管理数据库,完成对数据库的一切操作,包括定义、查询、更新以及各种控制。每种 DBMS 都支持一种数据模型,主流的 DBMS 如 MySQL、Oracle 和 SQL Server 等都支持关系数据模型。

DBMS 有如下几种基本功能。

(1) 数据定义功能。

DBMS 提供数据定义语言(data definition language,DDL),用户通过它可以方便地对数据库中的数据对象进行定义。

(2) 数据操纵功能。

DBMS 提供数据操纵语言(data manipulation language,DML),用户可以使用 DML 操纵数据实现对数据库的基本操作如查询、插入、删除和修改。

(3) 数据库的运行管理。

数据库在建立、运行和维护时由数据库管理系统统一管理、统一控制,以保证数据的安全性、完整性、多用户对数据的并发使用及发生故障后的系统恢复。

(4) 数据库的建立和维护功能。

具体包括数据库初始数据的输入、转换功能,数据库的转储、恢复功能,数据库的重组织、重构造功能和性能监视、分析功能等。这些功能通常是由一些实用程序完成的。

DBMS 由众多程序模块组成,它们分别实现 DBMS 复杂而繁多的功能。DBMS 由两大部分组成:查询处理器和存储管理器。查询处理器包含 DDL 编译器、DML 编译器、嵌入型 DML 的预编译器以及查询优化等核心程序。存储管理器包含授权和安全性控制、完整性检查管理器、事务管理器、文件管理器和缓冲区管理器。

可以将 DBMS 划分成若干层次,清晰、合理的层次结构不仅可以更清楚地认识 DBMS,更重要的是有助于 DBMS 的设计和维护,许多 DBMS 实际上就是分层实现的。

图 8-1 给出一个 DBMS 的基本层次结构示例。这个层次结构是按照处理对象的不同,按照最高级到最低级的次序来划分的,具有普遍性。图 8-1 中包括了与 DBMS 密切相关的应用层和操作系统。

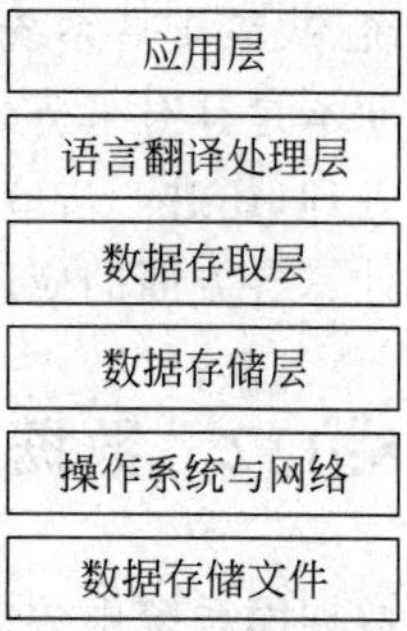

最上层是应用层,位于 DBMS 核心之外。它处理的对象是各种各样的数据库应用,可以用开发工具开发或者用宿主语言编写。应用程序要利用 DBMS 提供的接口来完成事务处理和查询处理。

| 应用层 |
| 语言翻译处理层 |
| 数据存取层 |
| 数据存储层 |
| 操作系统与网络 |
| 数据存储文件 |

图 8-1　DBMS 的基本层次结构

第 2 层是语言翻译处理层。它处理的对象是数据库语言。其功能是对数据库语言的各类语句进行语法分析、视图转换、授权检查、完整性检查和查询优化等。通过对下层基本模块的调用,生成可执行代码。这些代码的运行即可完成数据库语句的功能要求。向上提供的接口是关系、视图,它们是元组的集合。

第 3 层是数据存取层。该层处理的对象是单个元组。完成扫描(如表扫描)、排序、查找、插入、修改、删除和封锁等基本操作,完成存取路径维护、并发控制和事务管理、安全控制等工作。向上提供的接口是记录操作。

第 4 层是数据存储层。该层处理的对象是数据页和系统缓冲区。执行文件的逻辑打开、关闭,读写数据页,完成缓冲区管理、内外存交换和外存的数据管理等功能。

操作系统是 DBMS 的基础,它处理的对象是数据文件的物理块,执行物理文件的读写操作,保证 DBMS 对数据逻辑上的读写真实地映射到物理文件上。

以上所述的 DBMS 层次结构划分的思想具有普遍性。当然具体系统在划分细节上会是多种多样的,这可以根据 DBMS 实现的环境和系统的规模灵活处理。

3. 数据库系统的分类

根据计算机的系统结构,数据库系统主要可分成集中式、客户机/服务器(浏览器/应用服务器/数据库服务器)、并行和分布式等几种。

1)集中式数据库系统

集中式数据库系统的 DBMS、数据库和应用程序都在一台计算机上。集中式数据库系统一般是多用户系统,即多个用户通过各自的终端运行不同的应用系统,共享使用数据库。

2)客户机/服务器数据库系统

DBMS、数据库驻留在服务器上,而应用程序放置在客户机上,客户机和服务器通过网络进行通信。在这种结构中客户机应用程序处理业务数据,当要存取数据库中的数据时就向服务器发出请求,服务器接收客户机的请求后进行处理,并将客户要求的数据返回给客户机。

随着 Internet 技术的应用,客户机/服务器两层结构已经发展为三层或多层结构。三层结构一般是指浏览器/应用服务器/数据库服务器结构。用户界面采用统一的浏览器方式,应用服务器上安装应用系统或应用模块,数据库服务器上安装 DBMS 和数据库。分层结构把数据库系统的功能进行合理的分配,减轻数据库服务器的负担,从而使服务器有更多的能力完成事务处理和数据访问控制,支持更多的用户,提高系统的性能。

3)并行或数据库系统

随着数据库中数据量的增加,以及事务处理量和处理速度的提高(每秒达数千个事务),传统的计算机体系结构已不能胜任这种要求,必须使用并行计算机。并行数据库系统是在并行机上运行的具有并行处理能力的数据库系统,是数据库技术与并行计算技术相结合的产物。并行计算机系统有共享内存型、共享磁盘型、非共享型以及混合型。并行计算技术利用多处理机并行处理产生的规模效益来提高系统的整体性能,并行数据库系统发挥了多处理机的优势,采用先进的并行查询技术和并行数据分布与管理技术,具有高性能、高可用性、高扩展性等优点。

4)分布式数据库系统

分布式数据库由一组数据组成,这组数据物理上分布在计算机网络的不同节点上,逻辑上属于同一个系统。网络中的每个节点具有独立处理的能力(称为场地自治),可以执行局部应用,这时只访问本地数据。也可以执行全局应用,此时,通过网络通信子系统访问多个节点上的数据。

分布式数据库适应了企业部门分布的组织结构,可以降低费用,提高系统的可靠性和可用性,具有良好的可扩展性。

8.2　关系数据模型

8.2.1　数据模型

数据库中的数据结构反映出事物及事物之间的联系。任何一个数据库管理系统都是基于某种数据模型的,它不仅管理数据的值,而且要按照模型管理数据间的联系。一个具体数据模型应当反映全组织数据之间的整体逻辑关系。

数据模型由三部分组成,即模型结构、数据操作和完整性规则。其中,模型结构是数据模型最基本的部分,它将确定数据库的逻辑结构,是对系统静态特性的描述。数据操作提供对数据库的操纵手段,主要有检索和更新两大类操作。数据操作是对系统动态特性的描述。完整性规则是对数据库有效状态的约束。

数据库管理系统所支持的数据模型分为层次模型、网状模型、关系模型、面向对象模型四种。传统上认为有三种数据模型,即前三种。其中,层次模型和网状模型可统称为格式化模型。关系模型对数据库的理论和实践产生很大的影响,成为最主要的数据库模型。

8.2.2　关系模型

1. 二维表

关系模型是用二维表的形式来表示实体和实体间联系的数据模型。表 8-1 和表 8-2 分别代表订单和库存两个关系。

表 8-1　订单关系

订单号	货号	订货单位	售价/元	订购量/台	送货地点
96001	JW65	阳光公司	806.50	280	天津
96002	VF90	友谊商城	588.88	1700	北京
96003	AB55	和平饭店	250.99	1005	上海
96004	EF77	五环实业	674.00	600	北京

表 8-2　库存关系

货号	品名	库存量	仓库地点	单价
VF90	电话机	1000	北京	550.00
JW65	收录机	300	上海	800.50
SL88	录像机	2600	北京	11898.50
AB55	收音机	3000	上海	280.00
EF77	电视机	1200	广州	600.00

2. 关系术语

数据库关系模型中有以下基本术语。

- 关系。一个关系就是一张二维表,每个关系有一个关系名。在计算机中,一个关系可以存储为一个文件。
- 元组。表中的行称为元组。一行为一个元组,对应存储文件中的一个记录值。例如,表 8-1 的订单关系有四个元组;表 8-2 的库存关系有五个元组。
- 属性。表中的列称为属性,每一列有一个属性名。这里的属性与前面讲的实体属性相同,属性值相当于记录中的数据项或者字段值。
- 值域。属性的取值范围,即不同元组对同一个属性的取值所限定的范围。例如,逻辑型属性只能从逻辑真或逻辑假两个值中取值。
- 主键。也称主关键字,是属性或属性组合,其值能够唯一地标识一个元组。例如,订单关系中的订单号、库存关系中的货号。
- 关系模式。对关系的描述称为关系模式,一个关系模式对应一个关系文件的结构。其格式为:

关系名(属性名 1,属性名 2,…,属性名 n)。

例如,订单(订单号,货号,订货单位,售价,订购量,送货地点)、库存(货号,品名,库存量,仓库地点,单价)、图书(图书 ID,分类号,书名,作者,单价)分别描述了三个关系模式。

在讨论问题时,为简单起见,往往用字母表示关系。如,$R(A_1, A_2, \cdots, A_n)$。一般用大写字母表示属性,用小写字母表示属性值。

- 元数。关系模式中属性的数目是关系的元数。如订单关系是六元关系,库存关系是五元关系。

了解上述术语之后,又可以将关系定义为元组的集合,关系模式是命名的属性集合,元组是属性值的集合,一个具体的关系模型是若干个关系模式的集合。

在关系模型中基本数据结构就是二维表,记录之间的联系是通过不同关系中的同名属性来体现的。例如,要查找 96002 号订单的货物库存量是多少,首先要在订单关系中根据订单号找到货号 VF90,然后在库存关系中找到对应货号 VF90 的库存量 1000 部电话机。在上述查询过程中,同名属性货号起到了连接两个关系的纽带作用。

由此可见,关系模型中的各个关系模式不应当孤立起来,不是随意拼凑的一堆二维表,它必须满足一定的要求。

3. 关系模型的特点

关系模型具有以下一些特点。

1) 关系必须规范化

所谓规范化是指关系模型中的每一个关系模式都必须满足一定的要求。对关系最基本的要求是每个属性值必须是不可分割的数据单元,即表中不能再包含表。手工制表单中经常出现如表 8-3 所示的复合表项,在关系中是不允许的。

表 8-3　复合表

姓名	职称	应发工资			应扣工资		
		工资	奖金	车补	房租	水电	托儿费

2) 模型概念单一

在关系模型中,无论实体本身还是实体间的联系均用关系表示。关系模型无须另设指针,而是由数据本身自然地反映它们之间的联系,如表 8-4 所示,学生与课程之间多对多的联系的关系用选修关系一目了然地就表现出来了。

表 8-4 学生与课程联系表

学号	课程号	成绩
S1	C1	80
S1	C2	87
S2	C1	90
S2	C2	88
S2	C3	95

3) 集合操作

在关系模型中,操作的对象和结果都是元组的集合,即关系。例如,要查询地点在北京的仓库所存的货物及库存量,操作结果是库存关系的一个子集,其本身也是一张二维表。

关系模型的上述特点也是它的优点。

8.2.3 关系运算

从集合论的观点来定义关系,关系是一个元数为 K 的元组集合。即这个关系有若干个元组,每个元组有 K 个属性值。对关系数据库进行查询时,需要找到用户感兴趣的数据,这就需要对关系进行特定的运算操作。关系的基本运算有两类:一类是传统的集合运算(并、差、交等),另一类是专门的关系运算(选择、投影、连接等),有些查询是几个基本运算的组合。

1. 传统的集合运算

集合运算有并、差和交运算。

1) 并(union)

设有两个关系 R 和 S,它们具有相同的元数。R 和 S 的并是由属于 R 或属于 S 的元组组成的集合。

2) 差(minus)

设有两个关系 R 和 S,它们具有相同的元数。R 和 S 的差是由属于 R 但不属于 S 的元组组成的集合。

3) 交(intersect)

设有两个关系 R 和 S,它们具有相同的元数。R 和 S 的交是由既属于 R 又属于 S 的元组组成的集合。

2. 选择运算

从关系中找出满足给定条件的各元组称为选择。其中的条件是以逻辑表达式给出的,该逻辑表达式的值为真的元组将被选取。这是从行的角度进行的运算,即水平方向抽取元组。经过选择运算得到的结果元组可以形成新的关系,其关系模式不变,但其中元组的数目小于或等于原来的关系中元组的个数,它是原关系的一个子集。

3. 投影运算

从关系模式中挑选若干属性组成新的关系称为投影。这是从列的角度进行的运算,相当于对关系进行垂直分解。经过投影运算可以得到一个新关系,其关系模式所包含的属性个数往往比原关系少,或者属性的排列顺序不同。因此,投影运算提供了垂直调整关系的手段。

投影之后不仅减少了某些列,也可能减少了某些元组。因为取消了某些属性之后,其余属性可能有相同的值,造成重复元组,应当删除完全相同的元组。

4. 连接运算

连接是将两个关系模式的属性名拼接成一个更宽的关系模式,生成的新关系中包含满足连接条件的元组。运算过程是通过连接条件来控制的,连接条件中将出现不同关系中的公共属性名,或者具有相同语义、可比的属性。连接是对关系的结合。

连接运算比较费时间,尤其是在包括许多元组的关系之间连接更是如此。设关系 R 和 S 分别有 m 和 n 个元组,R 与 S 的连接过程要访问 m * n 个元组。先从 R 关系中的第一个元组开始,依次与 S 关系的各元组比较,符合条件的两元组首尾相连纳入新关系,一轮共进行 n 次比较;再用 R 关系的第二个元组对 S 关系的各元组扫描,共需进行 m 轮扫描。如果 m=500,n=50,R、S 的连接过程需要进行 25 000 次存取。由此可见,查询时应考虑优化,以便提高查询效率。如果有可能,应当首先进行选择运算,使关系中元组个数尽量少,能投影的先投影,使关系中属性个数较少,然后再进行连接。

5. 外关键字

如果一个关系中的属性或属性组并非该关系的关键字,但它们是另外一个关系的关键字,则称其为该关系的外关键字。

8.3　SQL

8.3.1　SQL 概述

SQL 是结构化查询语言(structured query language,SQL)的缩写,它实际上包括查询、定义、操纵和控制四部分,是一种功能齐全的数据库语言。由于 SQL 具有语言简洁、方便实用、功能齐全等突出优点,很快得到推广和应用,随着关系数据库的流行,SQL 在计算机界和广大用户中已经得到公认。实际系统中实现的 SQL 往往对标准版本有所扩充,不同的数据库系统所提供的功能有所区别,这里只介绍一般支持 SQL 的系统共有的基本功能。

注意,不同的数据库系统 SQL 命令的具体写法可能不同,在实际应用时根据使用的数据库系统进行修改调整。一般要用分号表示 SQL 语句结束。

目前,各种数据库管理系统几乎都支持 SQL,或者提供 SQL 的接口。这就使得无论是大型计算机、中型计算机,或者小型计算机以致微型计算机上的各种数据库系统都有了共同的存取语言标准接口,为更广泛的数据共享开创了乐观的前景。

SQL 有两种使用方法:一种是以与用户交互的方式联机使用;另一种是作为子语言嵌

入其他程序设计语言中使用。前者称为交互式 SQL,适合非计算机专业人员,即最终用户即席查询。后者称为宿主型 SQL,适合于程序设计人员用高级语言编写应用程序并与数据库打交道时,嵌入到主语言中使用。这两种使用方法的基本语法结构一致,这里只介绍交互式 SQL。由于它是在联机条件下直接使用的,有时也将每一个独立的操作叫作命令。

SQL 具有数据定义、数据查询、数据操纵和数据控制功能:

(1) 数据定义是指对关系模式一级的定义。

(2) 数据查询是在数据库中检索目标数据。

(3) 数据操纵是指对关系中的具体数据进行增加、删除、修改和更新等操作。

(4) 数据控制是指对数据访问权限的授予或撤销。

其中,数据查询是使用较多的功能。

8.3.2　SQL 数据定义

1. 关系数据库的三级模式结构

SQL 支持关系数据库的三级模式结构如图 8-2 所示。在 SQL 中,用户模式对应于应用层,是存储在数据库中的数据对外抽取信息的集合,即来自多个基本表的数据视图,也称外模式或者子模式;逻辑模式也称概念模式或者模式,是数据在数据库中的基本存储逻辑,即基本表。存储模式称为"存储文件"。元组称为"行",属性称为"列"。

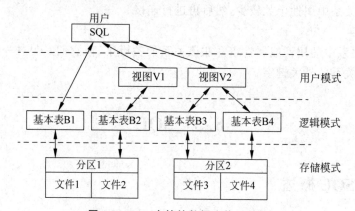

图 8-2　SQL 支持的数据库体系结构

1) 基本表(base table)

在数据库中保存的数据一般是保存在基本表中,基本表是本身独立存在的表,即实际存储在数据库中的表,而不是从其他表导出来的。基本表可以有若干索引。一个基本表可以跨一个或多个存储文件,而一个存储文件可以存放一个或多个基本表。一个存储文件与外存储器上的一个物理文件相对应。存储文件和相关索引组成了关系的内模式,即存储模式。基本表的集合组成关系模型,即全局概念模式(数据的整体逻辑结构)。

2) 视图(view)

视图是从一个或几个基本表或其他视图导出来的表。视图本身并不独立存储数据,系统只保存视图的定义。访问视图时,系统将按照视图的定义从基本表中存取数据。由此可见,视图是一个虚表,它动态地反映基本表中的当前数据,这与数据的静态复制不同。从用户的观点出发,基本表和视图都是关系,用 SQL 一样访问。视图可以看作用户按照应用需要定义的外模式,即用户的局部数据逻辑结构。

SQL 数据定义功能是指定义数据库的结构,包括定义基本表、定义视图、定义索引三部分。

2. 定义表

用 SQL 可以定义、扩充和取消基本表。定义一个基本表相当于建立一个新的关系模式,但尚未输入数据,只是一个空关系框架。系统将基本表的数据描述存入数据字典中,以供系统或用户查阅。

1) 定义基本表

定义基本表就是创建一个基本表,对表名(关系名称)及它所包括的各个属性名及其数据类型做出具体规定。

语法为 CREATE TABLE tablename (field1 type [(size)] [NOT NULL] [index1], ...)。

创建表的 SQL 语句中表名 tablename、字段名 field、数据类型 type 必须给出,其他参数可选。可以在创建表时进行字段长度 size、是否非空 NOT NULL 和索引 index 设置,多个字段用逗号分隔。

不同数据库系统支持的数据类型稍有区别,但一般都支持如下数据类型。

CHAR(n): 字符串,长度为 n 个西文字符。

INTEGER: 全字长整数,范围从负 10 位整数到正 11 位整数。

SMALLINT: 半字长整数,范围从 $-99\,999$ 到 $999\,999$。

DECIMAL(x,y): 十进制数,包括小数点及符号位,共 x 位,其中有 y 位小数。

FLOAT(x,y): 双字长浮点数,以科学计数法形式表示。

下面通过例子来说明如何定义基本表。设图书管理关系数据模型包括以下三个关系模式:

图书 book(图书 ID bookid,分类号 classificationNo,书名 title,作者 author,出版单位 publishinghouse,单价 price);

读者 reader(借书证号 librarycardno,姓名 readername,性别 gender,部门 Dept,职称 techtitle,地址 addr);

借阅 borrowbooks(借书证号 librarycardno,图书 ID bookid,借阅日期 borrowdate,备注 remark)。

例 8-1 定义基本表。

```
CREATE TABLE book(bookid CHAR(6) NOT NULL,
                  classificationNo  CHAR(8),
                  title CHAR(30),
                  price DECIMAL(10,2));
```

用 NOT NULL 指出该属性在输入数据时不允许有空值。在一般情况下不允许主关键字为空值,而其他属性可以有暂时不填写或未知的值。

2) 修改基本表

修改基本表是指对已经定义的基本表结构增加、修改或删除列。调用 ALTER TABLE

进行表的修改和增加列的 SQL 语法如下：

```
ALTER TABLE table_name ADD column_name datatype
```

修改设置列的数据类型的 SQL 语法如下：

```
ALTER TABLE table_name ALTER COLUMN column_name datatype
```

删除列的 SQL 语法如下：

```
ALTER TABLE table_name DROP COLUMN column_name
```

注意，在不同的数据库系统中上述语句会有略微差别，要与使用的数据库保持一致。

例 8-2 为修改 book 表结构，增加了作者 author 和出版单位 publishinghouse 两个字段。

例 8-2　修改基本表。

```
ALTER    TABLE book
              ADD(author CHAR(8),
              publishinghouse CHAR(20));
```

新增加的属性处于表的最后一列。如果被修改的基本表原来已经有了数据，各个记录中新增加的属性值全部是空值，有待以后用更新语句修改。因此，不能用 ALTER TABLE 增加 NOT NULL 属性。

3）取消基本表

取消基本表是把表的定义、表中的数据、其上的索引以及以该基本表为基础所建立的所有视图全部删除，并释放所占用的存储空间。

例 8-3　取消基本表。

```
DROP TABLE book;
```

3. 定义视图

数据库系统中的基本表包含多个用户共享的数据，某一个具体应用可能只使用其中一部分数据。可以从一个或几个基本表以及已有的视图中导出适合具体应用的数据视图。用户对视图的查询与基本表一样。从用户观点来看，基本表和视图都是关系。但由于视图是虚表，它并不对应一个存储的数据文件，因此通过视图对数据的修改受到一定的限制。

建立视图有两个作用：可简化查询命令；可限制某些用户的查询范围。第一个作用是由于在定义视图时已经对数据做了一定范围的限定；第二个作用是通过对用户授权体现出来的。未经授权的用户不能访问任何基本表或视图，在基本表上建立局部视图之后再将视图授权给用户，就可以避免暴露全部基本表。

1）定义视图

例 8-4　建立物流工程系的读者视图，名称为 wl_reader。

```
CREATE VIEW wl_reader
AS SELECT readername,Sex,techtitle,Addr
FROM reader
WHERE Dept = "物流工程系"
WITH CHECK OPTION;
```

由于所建视图的属性名与子查询的 SELECT 子句相同,因此可省略不写。其中,WITH CHECK OPTION 是可选择的,当要求通过视图更新或插入元组时,元组必须满足视图定义条件时选用。

例 8-5 建立各个部门当前借阅图书情况的简单统计视图,名称为 dw_reader。

```
CREATE VIEW dw_reader(Dept,NumOfPeople,BorrowingTimes)
SELECT Dept,COUNT(DISTINCT librarycardno),COUNT(bookid)
FROM borrowbooks, reader
WHERE reader.librarycardno = borrowbooks.librarycardno
GROUP BY Dept;
```

从此例可见,视图是基本表数据的动态窗口。对这个视图的直接查询便得到各部门当前借阅图书情况的简单统计。每次查询这一视图结果将是变化的,而不是定义视图当时的静态副本。

2)取消视图

例 8-6 取消视图 wl_reader。

```
DROP  VIEW  wl_reader;
```

取消视图后,其定义以及在其基础上所建立的其他视图将自动删除。

4. 定义别名(同义词)

为了使用方便,用户可以为基本表、视图和已存在的同义词起别名,所起的别名作为原对象的同义词使用。例如,某应用程序中的关系名与数据库的一个视图或基本表完全对应,只是名称不同。此时不必修改应用程序,只要为基本表定义一个程序中使用的别名就行了。

例 8-7 为基本表借阅起一个同义词别名 LOAN。

```
CREATE  SYNONYM  LOAN  FOR borrowbooks;
```

例 8-8 删除同义词别名 LOAN。

```
DROP  SYNONYM  LOAN;
```

5. 索引的建立

为了提高数据的检索效率,可以根据实际应用情况为一个基本表建立若干个索引。由于数据库的访问路径是由系统自动进行的,一般用户并不能自主选择所用的索引。

1)建立索引

例 8-9 为基本表借阅 borrowbooks 建立一个按借书证号 librarycardno 升序的索引,名为 JSNO。

```
CREATE INDEX JSNO
    ON borrowbooks(librarycardno ASC);
```

例 8-10 为基本表图书 book 建立一个按借书证号 librarycardno 升序的索引,名为 TSNO。

```
CREATE UNIQUE INDEX TSNO
    ON book(librarycardno ASC);
```

其中,UNIQUE 是可选项,表示每一个索引关键字的值只对应唯一的元组。

2) 取消索引

例 8-11　取消索引 JSNO。

```
DROP   INDEX JSNO;
```

综合上述,用 CREATE 和 DROP 命令可以分别定义和取消基本表(base table)、视图(view)、同义词(synonym)和索引(index)。

8.3.3　查询

SQL 的查询语句也称作 SELECT 命令,其基本形式是 SELECT—FROM—WHERE 查询块。多个查询块可以逐层嵌套运行。SQL 的查询是高度非过程化的,用户只需明确提出"要干什么",而不需要指出"怎么去干"。

SQL 语言中的 SELECT 语句灵活多样,所表达的语义可以从简单到复杂。SELECT 语句的一般语法如下:

```
SELECT 查询目标
FROM 关系
[WHERE 条件表达式]
[GROUP BY 分组属性名[HAVING 组选择条件表达式]]
[ORDER BY 排序属性[序]…]
```

其中 SELECT 子句中用逗号分开的表达式为查询目标,可以用以下格式表示:

```
[DISTINCT] * |表名.* |COUNT( * )|[表达式][表达式]…
```

表达式可以是由属性、库函数和常量用算术运算符组成的公式。最常用也最简单的是用逗号分开的属性名,即二维表中的列,系统对查询结果按照所需的属性进行投影运算。

FROM 子句指出上述查询目标及下面 WHERE 子句的条件中所涉及的所有关系的关系名,一般是表名或者视图名等。

WHERE 子句指出查询目标必须满足的条件,系统根据条件进行选择运算,输出条件为真的元组集合。WHERE 子句的条件表达式可以使用下列运算符:

(1) 算术比较运算符: =,<,>,>=,<=,!=,BETWEEN。

(2) 逻辑运算符: 与 AND,或 OR,非 NOT。

(3) 集合元素包含运算符: IN,NOT IN。

(4) 存在量词: EXISTS(SELECT 子查询)。

(5) 集合运算符: 并 UNION,差 MINUS,交 INTERSECT。

(6) 通配符: LIKE _ ,LIKE %。

1. 简单查询

例 8-12　找出读者涵涵所在的部门。

```
SELECT readername,Dept
FROM reader
WHERE readername = "涵涵";
```

例 8-13 查看所有读者的全部情况。

```
SELECT *
FROM reader;
```

SELECT 子句中的星号(＊)是表示全部属性的通配符。当不需要进行投影操作时,不必一一列出属性名。

由于查询中无条件限制,故省略 WHERE 子句。

例 8-14 列出图书馆中所有藏书的书名及出版单位。

```
SELECT DISTINCT title,publishinghouse
FROM book;
```

查询中只对藏书种类的书名和出版单位感兴趣,无论藏书有多少副本只列出一个即可。因此,用 DISTINCT 告诉系统从查询结果中去掉重复元组。由用户决定是否去除重复元组是有实际意义的,若不选用 DISTINCT,系统默认为 ALL,即无论重复与否全部给出。

例 8-15 查找人民出版社的所有图书及单价,结果按单价降序排列,即单价高的书籍在前。

```
SELECT title,publishinghouse,price
FROM book
WHERE publishinghouse = "人民出版社"
ORDER BY price DESC;
```

这里用 ORDER BY 对查询结果提出排序要求。DESC(descending)表示降序,ASC (ascending)表示升序。

例 8-16 查找价格介于 10 元和 15 元之间的图书,结果按分类号和单价升序排列。

```
SELECT title,author,price,classificationNo
FROM book
WHERE price BETWEEN 10 AND 15
ORDER BY classificationNo,price ASC;
```

用 BETWEEN 表示在二者之间,低值排列在 AND 之前,高值在后。其等价的表示方法是(WHERE price＞＝10 AND price＜＝15)。用 ASC 指出升序,也可以省略,由系统默认。

SQL 允许多重排序,ORDER BY 后面按次序给出主排序关键字和次排序关键字,输出结果先按主排序关键字的值排列,在主关键字的值相等的情况下,再按次关键字的值排序。

例 8-17 查找人民出版社和科学出版社的所有图书及作者。

```
SELECT title, author,publishinghouse
FROM book
WHERE publishinghouse IN("人民出版社","科学出版社");
```

这里的谓词 IN 表示包含在其后面的集合中。也可以用一个或几个 OR 来代替,此问题的等价查询语句是:

```
SELECT title,author,publishinghouse
FROM book
```

```
WHERE publishinghouse = "人民出版社" OR publishinghouse = "科学出版社";
```

相比之下,用 IN 不仅书写简洁,而且会减少出现逻辑错误的机会。由于问题中的"和"字,用户可能将 OR 误写为 AND。因为同一本书不可能在两家出版单位出版,结果什么也查不到。语法正确,但没有表达出查询的原意,属于逻辑错误。逻辑错误是用户把"要干这个"表示成了"要干那个",往往使查询结果"所答非所问"。

例 8-18   查找书名以"数据库"打头的所有图书及作者。

```
SELECT title,author
FROM book
WHERE title LIKE "数据库%";
```

谓词 LIKE 后面必须是字符串常量,其中可以使用两个通配符:

(1) 下画线(_)代表任意一个单个字符,匹配查询条件。

(2) 百分号(%)代表任意多个,包括零个字符。

例如,"WHERE title LIKE"%数据库%";"表示包含"数据库"的书名;"WHERE title LIKE"%数据库";"表示以"数据库"结尾的书名;"WHERE author LIKE"%强_";"表示作者姓名至少有四个字符(两个汉字)且倒数第二个汉字是"强"字。

例 8-19   检索借了总编号为 500088 和 100909 的两本书的借书证号。

```
SELECT X.librarycardnoFROM borrowbooks X,borrowbooks Y
WHERE X.librarycardno = Y.librarycardno
    AND X.bookid = "500088"
    AND Y.bookid = "100909";
```

由于同一个关系在一个查询模块中出现两次,必须引入别名 X、Y,并在 SELECT 和 WHERE 子句中用别名加以限定。

2. 连接查询

简单查询只涉及一个关系,如果查询目标涉及两个或几个关系,往往要进行连接运算。由于 SQL 是高度非过程化的,用户只要在 FROM 子句中指出关系名称,在 WHERE 子句中写明连接条件即可,连接运算由系统去完成并实现优化。

例 8-20   查找所有借阅了图书的读者姓名及所在部门。

```
SELECT DISTINCT readername,Dept
FROM reader,borrowbooks
WHERE reader.librarycardno = borrowbooks.librarycardno;
```

必须注意,如果不同关系中有相同的属性名,为了避免混淆应当在前面冠以关系名并用"."分开。用 DISTINCT 表示无论一位读者借几本书,在输出结果中只出现一次。

例 8-21   找出涵涵所借的所有图书的书名及借阅日期。

```
SELECT readername,title,borrowdate
FROM book, borrowbooks, reader
WHERE reader.librarycardno = borrowbooks.librarycardno
    AND borrowbooks.bookid = book.bookid
    AND readername = "涵涵";
```

查询涉及三个关系之间的自然连接,用户只需用外键指出连接条件。

例 8-22 查找价格在 20 元以上已借出的图书,结果按单价降序排列。

```
SELECT *
FROM book, borrowbooks
WHERE book.bookid = borrowbooks.bookid AND price >= 20
ORDER BY price DESC;
```

这里 SELECT * 代表图书和借阅两个关系连接后的所有属性。

3. 嵌套查询

嵌套查询是指在 SELECT—FROM—WHERE 查询块内部再嵌入另一个查询块,嵌套查询也称为子查询,并允许多层嵌套。由于 ORDER 子句是对最终查询结果的表示顺序提出要求,因此它不能出现在子查询中。

例 8-23 找出借阅了《C 语言程序设计》的读者姓名及所在部门。

此查询可以用连接查询来完成:

```
SELECT readername, Dept
FROM reader, borrowbooks, book
WHERE reader.librarycardno = borrowbooks.librarycardno
    AND borrowbooks.bookid = book.bookid
    AND title = "C 语言程序设计";
```

对于非专业用户来讲 WHERE 子句中的条件可能过于复杂,往往丢掉一部分连接条件。下面的嵌套查询形式则清晰、自然并可体现出结构化程序设计的优点:

```
SELECT readername, Dept
FROM reader
WHERE librarycardno IN
    (SELECT librarycardno
    FROM borrowbooks
    WHERE bookid IN
        (SELECT bookid
        FROM book
        WHERE title = "C 语言程序设计"));
```

在运行嵌套查询时,每一个内层子查询是在上一级外层处理之前完成的,即外层用到内层的查询结果。从形式上看是自下向上进行处理的。从这个规律出发,按照手工查询的思路来组织嵌套查询就轻而易举了。

在嵌套查询中最常用的是谓词 IN。由于查询的外层用到内层的查询结果,用户事先并不知道内层结果,这里的 IN 就不能用一系列 OR 来代替。另外,并非所有的嵌套查询都能用连接查询替代,有时结合使用则更简洁、方便。

例 8-24 找出读者的姓名、所在部门,他们与洋洋在同一天借了书。

```
SELECT readername, Dept, borrowdate
FROM reader, borrowbooks
WHERE borrowbooks.librarycardno = reader.librarycardno AND borrowdate IN
    (SELECT borrowdate
    FROM borrowbooks, reader
    WHERE borrowbooks.librarycardno = reader.librarycardno AND readername = "洋洋");
```

例 8-25   找出藏书中比清华大学出版社的所有图书单价更高的书籍。

```
SELECT *
FROM book
WHERE price >ALL
    (SELEC price
    FROM book
    WHERE publishinghouse ="清华大学出版社");
```

其中 ALL 表示与子查询结果的所有单价值相比都高。与 ALL 对应的是 ANY,它表示与子查询结果的任何一个值相比满足条件即可,当子查询的结果不是单值,前面又有比较运算符时,一定要用 ALL 或 ANY 指明比较条件。使用时应当特别注意查询的目的及要求。此查询要求比清华大学出版社的所有图书单价更高的书,而不是其中任何一本,故不能用 ANY。

例 8-26   找出藏书中所有与"计算机软件技术基础"或"数据库原理"在同一个出版单位出版的书。

```
SELECT *
FROM book
WHERE publishinghouse = ANY
    (SELECT publishinghouse
    FROM book
    WHERE title IN("计算机软件技术基础","数据库原理"));
```

这里的"= ANY"也可用 IN 代替,但其他比较运算符,如"> ANY"或"<= ANY"则不行。

4. 使用库函数查询

SQL 提供常用统计函数称为库函数,这些库函数使检索功能进一步增强。它们的自变量是表达式的值,是按列来计算的,最简单的表达式就是属性,也就是列。

SQL 的库函数有:

(1) 计数函数 COUNT(*):计算元组的个数;COUNT 对列的值计算个数。

(2) 求和函数 SUM():对某一列的值求和(属性必须是数值类型)。

(3) 计算平均值函数 AVG():对某一列的值计算平均值(属性必须是数值类型)。

(4) 求最大值函数 MAX():找出一列值中的最大值。

(5) 求最小值函数 MIN():找出一列值中的最小值。

例 8-27   求藏书总册数。

```
SELECT COUNT( * )
FROM book;
```

例 8-28   求科学出版社图书的最高价格、最低价格、平均价格。

```
SELECT "最高:", MAX( price ),"最低:", MIN( price ),"平均:",AVG( price )
FROM book
WHERE publishinghouse ="科学出版社";
```

SELECT 子句中允许有字符串常量(表达式的简单情况),例中"最高:"在查询结果列表中添加一列,值为"最高:",作为提示,使查询结果易于阅读。

　　例 8-29　求计算机科学系的当前借阅了图书的读者人数。

```
SELECT "借书人数:",COUNT(DISTINCT librarycardno )
FROM borrowbooks
WHERE librarycardno IN
    (SELEC librarycardno
    FROM reader
    WHERE Dept = "计算机科学系");
```

如果查询的是该系当前借阅图书的总人次,则应省略 DISTINCT。

　　例 8-30　用库函数找出藏书中比清华大学出版社的所有图书单价更高的书籍。

```
SELECT *
FROM book
WHERE price >
    (SELECT MAX( price )
    FROM book
    WHERE publishinghouse = "清华大学出版社");
```

由于这种形式的子查询肯定只有一个结果,因此可以省略 ANY 或 ALL。

　　例 8-31　求出各个出版社图书的最高价格、最低价格、平均价格。

```
SELECT publishinghouse,MAX( price ),MIN( price ),AVG( price )
FROM book
GROUP BY publishinghouse ;
```

　　其中 GROUP BY 的作用是按属性的取值对元组分组,然后对每一组分别使用库函数。在此例中,有几个出版单位就分几个组,按组分别计算最高价格、最低价格、平均价格。

　　注意,如果在 SELECT 子句中出现库函数,与之并列的其他项目必须也是库函数或者是 GROUP BY 的对象,否则会出现逻辑错误。

　　例 8-32　分别找出各个部门当前借阅图书的读者人次。

```
SELECT Dept,"借书人数:", COUNT( librarycardno )
FROM borrowbooks, reader
WHERE reader.librarycardno = borrowbooks.librarycardno
GROUP BY Dept;
```

　　一个读者只有一个借书证号,同一个借书证号可以有若干张借书卡片,表现在借阅关系中借书证号可以重复出现。要查出该部门的借书人次,使用 COUNT(librarycardno),不用DISTINCT 限定。

　　例 8-33　找出藏书中各个出版单位的册数、价值总额,并按总价降序,总价相同者按册数降序排列。

```
SELECT publishinghouse ,"册数:",COUNT( * ),"总价:", SUM( price )
FROM book
GROUP BY publishinghouse
ORDER BY SUM( price ),COUNT( * ) DESC;
```

例 8-34　找出当前至少借阅了 5 本图书的读者及所在部门。

```
SELECT readername,Dept
FROM reader
WHERE librarycardno IN
    (SELECT librarycardno
    FROM borrowbooks
    GROUP BY librarycardno
        HAVING COUNT( * )> = 5);
```

其中的 HAVING 子句通常跟随在 GROUP BY 之后,其作用是限定检索条件。条件中必须包含库函数,否则条件可直接放到 WHERE 子句中。

例 8-35　分别找出借书人数超过 10 个人的部门及人数。

```
SELECT Dept,"借书人数:", COUNT(DISTINCT librarycardno)
FROM borrowbooks, reader
WHERE reader . librarycardno = borrowbooks.librarycardno
GROUP BY Dept
        HAVING COUNT(DISTINCT librarycardno )> 10;
```

从此例中可见,HAVING 子句和 WHERE 子句并不矛盾,在查询中一般先用 WHERE 限定元组,然后用 GROUP BY 分组,最后用 HAVING 限定组。在 WHERE 子句中不能直接用库函数作为条件表达式。

例 8-36　找出没有借阅任何图书的读者及所在部门。

```
SELECT readername, Dept
FROM reader
WHERE NOT EXISTS
    (SELECT *
    FROM borrowbooks
    WHERE borrowbooks.librarycardno = reader.librarycardno);
```

其中 EXISTS 表示存在,如果子查询结果非空,则满足条件;NOT EXISTS 正好相反,表示不存在,如果子查询结果为空,则满足条件。在这里 NOT EXISTS 实现了差集操作。

本例中的查询称为相关子查询,子查询的查询条件依赖于外层的某个值(reader.librarycardno),这里的子查询不能只处理一次,要反复求值以供外层查询使用。

在 WHERE 子句中,逻辑非 NOT 可以放在任何查询条件之前,也可以用在条件表达式之前。例如 NOT LIKE、NOT IN、NOT BETWEEN、NOT price>15 等。

SQL 查询功能很强,表现方式也很灵活,本例也可写为如下形式:

```
SELECT readername, Dept
FROM reader
WHERE librarycardno NOT IN
    (SELECT librarycardno
    FROM borrowbooks
    WHERE borrowbooks.librarycardno = reader.librarycardno);
```

在这种写法中,子查询只需处理一次。

5. 集合运算

关系是元组的集合，可以进行传统的集合运算。前面介绍过集合运算包括并（UNION）、差（MINUS）、交（INTERSECT）。可以求一个 SELECT 子查询的结果与另一个 SELECT 子查询结果的并、差、交。集合运算是以整个元组为单位的运算，因此，这些子查询目标的结构与类型必须互相匹配。集合运算结果将去掉重复元组。前面已经有一些差集交集的例子，下面看一个并集的例子。

例 8-37 有一个校友通讯录关系 alumnus，包含姓名、职称和部门属性，相应的数据定义与读者关系一致。求校友与读者中具有教授、副教授职称人员的并集。

```
SELECT readername,techtitle, Dept
FROM reader
WHERE techtitle IN("教授","副教授")
    UNION
SELECT readername,techtitle, Dept
FROM alumnus
WHERE techtitle IN("教授","副教授");
```

8.3.4　SQL 数据操纵

SQL 的数据定义功能是对数据库中各类模式进行描述，并未涉及库中的实际数据，数据操纵是指对关系中的具体数据进行增加、删除、修改操作。

1. 插入数据

插入数据是指向表中添加数据记录，一种是向具体元组插入常量数据，一次插入一行数据，语法格式如下：

```
INSERT INTO 表名(列名 1,列名 2,....) VALUES (值 1, 值 2,....)
```

新增元组各列（属性）的值必须符合数据类型定义，并且列名顺序与 VALUES 值顺序保持对应。如果增加一个完整元组，并且属性值顺序与字段定义一致，可在基本表名称后面省略属性名称。

另一种是把从其他若干表查询的记录添加到表中，一次可插入多个元组，语法格式如下：

```
INSERT INTO 表名(列名 1,列名 2,....)
SELECT 列名 1,列名 2,....
FROM 表名 1[,表名 2]
WHERE 约束条件;
```

例 8-38 向图书 book 基本表中新加一个元组。

基本表图书所定义的关系模式结构是：图书（图书 ID，分类号，书名，作者，出版单位，单价）。新增元组各个列（属性）的值必须符合定义。增加一个完整元组，并且属性顺序与定义一致，可在基本表名称后面省略属性名称。

```
INSERT INTO book
VALUES("446943","TP31/138","计算机软件技术基础","张庆华","清华大学出版社",51);
```

也可以插入一个元组的若干字段（属性）值，其他字段暂时为空值。此时，基本表名称后面的属性名称必须指明。

例 8-39　向图书 book 基本表中插入一个元组的部分字段。

```
INSERT INTO book(bookid,title,price)
VALUES("446943","计算机软件技术基础",51);
```

例 8-40　建立一个各部门借阅图书情况统计基本表 dw_jsh,每隔一段时间,如一个月,向此基本表中追加一次数据。

```
CREATE    TABLE   dw_jsh( Dept    CHAR(20),
Numbereaders  SMALLINT,
Borrowedtimes  SMALLINT);
INSERT INTO dw_jsh(Dept,Numbereaders,Borrowedtimes)
SELECT Dept,COUNT(DISTINCT librarycardno),COUNT(bookid)
FROM borrowbooks, reader
WHERE reader.librarycardno = borrowbooks.librarycardno
GROUP BY Dept;
```

此例与前面例 8-5 中所定义的视图 dw_reader 不同。dw_jsh 是基本表,数据逐月追加,保存有历史记录。而 dw_reader 是视图动态窗口,每次查询这一视图,仅反映当时情况。

2. 更新数据

更新就是修改数据。在更新命令中可以用 WHERE 子句限定条件,对满足条件的元组予以更新。若不写条件,则对所有元组更新。语法格式为

UPDATE 表名 SET 列名 = 新值[,列名 2 = 新值 2] WHERE 列名 = 某值

例 8-41　将前面例子中插入的图书填上作者和出版单位。

```
UPDATE book
SET author ="张庆华", publishinghouse ="清华大学出版社"
WHERE bookid = "446943";
```

例 8-42　将所有图书的单价上调 5%。

```
UPDATE book
SET price = price * 1.05;
```

例 8-43　将书名中包含"计算机"的书分类号改为"TP31/138"。

```
UPDATE book
SET classificationNo = "TP31/138"
WHERE title = "%计算机%";
```

例 8-44　把借书证号"20071023"改为"20110623"。

```
UPDATE reader
SET librarycardno = "20071023"
WHERE librarycardno = "20110623";
UPDATE borrowbooks
SET librarycardno = "20071023"
WHERE librarycardno = "20110623";
```

在修改同名属性时应当特别注意保持数据的一致性。第一个更新命令运行之后,数据库处于不一致状态,因为读者中的借书证号已有变动,而借阅中的借书证号书未动。只有当下一个更新命令运行过之后,数据库才又达到一个新的一致状态。为了保持数据更新时一致,经常用到触发器。触发器是用户定义在关系表上的一类由事件触发的特殊过程。任何对表的增加、删除、修改操作均自动激活相应的触发器执行相应的 SQL 命令。

3. 删除数据

删除单位是元组,不是元组的部分属性。一次可以删除一个或几个元组,以至于将整个表删成空表,只保留表的结构定义,删除同名属性时也要注意保持数据的一致性。

如果要"删除"属性,需要用更新语句将某个记录的相应属性修改成空值。若要想从结构上取消某个属性,这是属于修改关系模式的问题,属于数据定义操作而不是数据操纵问题。

删除数据记录的命令格式为

DELETE FROM 表名 WHERE 列名 = 值

例 8-45   删除借书证号"9011100"所借图书 ID 为"44698080"的借阅登记。

```
DELETE
FROM borrowbooks
WHERE librarycardno = "9011100" AND bookid = "44698080";
```

使用删除命令一定要谨慎,一旦数据被物理删除往往很难恢复。实际应用中常把当前不需要的数据移到历史数据表中进行存档。

8.3.5 SQL 数据控制

数据控制是指通过对数据库各种权限的授予或回收来管理数据库系统。每个用户在系统登录时都要输入用户名称和口令,通过系统的合法性检验之后才能使用系统。用户有定义基本表的权限和使用自己所定义的基本表的所有权限。数据库管理员(DBA)对数据库的所有资源拥有所有权限,包括数据定义、数据查询、数据操纵和数据控制。

数据库管理员和基本表的定义者有权将对基本表的各种权限授予别人,授权者也可以回收权限。非基本表的建立者必须经过授权才能使用不是自己定义的表。这些权限包括对基本表的修改(ALTER)、插入(INSERT)、删除(DELETE)、更新(UPDATE)、建立索引(INDEX)、查询(SELECT)和所有权限(ALL)。

1. 授权

授权语句的格式如下:

GRANT 权限表 ON TABLE 表名 TO 用户名表[WITH GRANT OPTION]

该语句把对指定表的某些权限授予若干用户。当选用 WITH GRANT OPTION 短语时,被授权的用户有权将获得的权限再授予其他用户。被授权的对象可以是 PUBLIC(所有用户)或具体用户名。

例 8-46 将查询和更新各部门借阅图书情况统计基本表 dw_jsh 的权限授予所有用户。

```
GRANT SELECT,UPDATE
ON TABLE dw_jsh
TO PUBLIC
```

注意,系统为了防止滥用权限,WITH GRANT OPTION 短语不能与 PUBLIC 同时使用。

2. 回收权限

例 8-47 回收用户 LIMING 和 WANGWEI 对基本表 dw_jsh 的更新权限。

```
REVOKE UPDATE
ON TABLE dw_jsh
FROM LIMING,WANGWEI;
```

授予和回收权限是有层次的。设用户 A 把自己所建立的表"通讯录"的所有权限授予用户 B,并用 WITH GRANT OPTION 允许他再向别人授权。用户 B 又将对"通讯录"的 UPDATE 和 SELECT 权授予用户 C。后来,用户 A 回收了用户 B 的 UPDATE 权限,用户 C 的这种权限自然也被取消了。

8.4 小   结

本章介绍了数据库相关知识,数据库技术是软件开发技术的重要内容之一,这些内容是后续知识乃至相关问题解决方案的基础,读者应掌握以下几方面的内容。

(1) 数据库管理系统基本功能和层次结构。

(2) 数据库系统的分类。

(3) 关系数据模型。

(4) 关系运算。

(5) SQL 查询语句、定义语句、插入语句、更新语句等的语法规则和不同条件的使用方法。

8.5 习   题

1. 什么是数据库?

2. 什么是 DBMS?

3. DBMS 的基本功能有哪些?

4. DBMS 的层次结构是什么?

5. 什么是关系?

6. 什么是元组?

7. 什么是属性?

8. 什么是值域？

9. 什么是主键？

10. 什么是关系模式？

11. 什么是元数？

12. 关系模型有哪些特点？

13. 关系运算有哪些？

14. 什么是 SQL？

15. SQL 定义语句是什么？如何定义表？

16. SQL 查询语句是什么？

17. SQL 插入数据语句是什么？

18. SQL 更新数据语句是什么？

19. 什么是 SQL 数据控制？

第 9 章

系统需求管理

9.1 软件系统的生命周期

软件系统的生命周期一般分为系统规划、系统分析、系统设计、系统实施、系统运行和维护等几个阶段,包括软件系统的产生、应用、更新和消亡的整个过程。

1. 系统规划阶段

系统规划阶段的任务是对企业的环境、目标、现行系统的状况进行初步调查,根据企业目标和发展战略,确定信息系统的发展战略,对建设新系统的需求做出分析和预测,同时考虑建设新系统所受的各种约束,研究建设新系统的必要性和可能性。根据需要与可能,给出拟建系统的备选方案。对这些方案进行可行性分析,写出可行性分析报告。可行性分析报告审议通过后,将新系统建设方案及实施计划编写成系统设计任务书。

2. 系统分析阶段

系统分析(又称逻辑设计)是软件系统开发的关键环节,要求在系统调查的基础上,对新系统的功能进行细致的分析,并建立一个新系统的逻辑模型。

系统分析阶段的任务是根据系统设计任务书所确定的范围,对现行系统进行详细调查,描述现行系统的业务流程,指出现行系统的局限性和不足之处,确定新系统的基本目标和逻辑功能要求,即提出新系统的逻辑模型。这个阶段是整个系统建设的关键阶段,也是信息系统建设与一般工程项目的重要区别所在。

系统分析阶段的工作成果体现在系统说明书中,这是系统建设的必备文件。新系统的逻辑模型由系统数据流程图、概况表、数据字典、逻辑表达式及有关说明组成。最后要完成系统分析报告(也称为系统逻辑设计说明书)。用户通过系统说明书可以了解未来系统的功能,判断是不是其所要求的系统;系统说明书一旦讨论通过,就是系统设计的依据,也是将来验收系统的依据。

3. 系统设计阶段

系统设计阶段要根据系统分析报告中的系统逻辑模型综合考虑各种约束,利用一切可用的技术手段和方法进行各种具体设计,确定新系统的实施方案,解决"系统怎么做"的问题。该阶段的任务是根据系统逻辑设计说明书中规定的功能要求,考虑实际条件,具体设计实现逻辑模型的技术方案,也即设计新系统的物理模型。在系统设计阶段要做认真、细致的分析、研究工作,避免新系统在功能上存在先天不足或缺陷。这个阶段又称为物理设计阶段，又可分为总体设计和详细设计两个阶段。这个阶段的技术文档是"系统设计说明书"。

软件系统的开发是一项系统工程，为了保证系统的质量，设计人员必须遵守共同的设计原则，尽可能地提高系统的各项指标(系统可变性、可靠性、工作质量、工作效率、经济性等)。

4. 系统实施阶段

系统实施阶段是将设计的系统付诸实施的阶段。这一阶段的任务包括计算机等硬件设备的购置和安装调试、程序的编写(购买)和调试、人员培训、系统有关数据的准备和录入、系统调试与转换等。这个阶段的特点是几项互相联系、互相制约的任务同时展开，必须精心安排、合理组织。

系统实施是按实施计划分阶段完成的，每个阶段应写出实施进度报告。系统测试之后写出系统测试分析报告。

5. 系统运行和维护阶段

系统投入运行后，需要经常进行维护和评价，记录系统运行的情况，根据一定的规格对系统进行必要的修改，评价系统的工作质量和经济效益。

9.2　系统调查与系统规划

9.2.1　系统调查

开发软件系统的任务与要求，无论是采用何种开发方式，都必须以书面形式提出任务书，内容要尽可能完整、具体和明确，作为整个开发工作的主要依据。开发人员要认真阅读开发任务书，在任务和要求明确以后，就要对现行系统及其周围环境进行系统调查，掌握与系统有关的基本情况，作为可行性研究和制订开发计划的基础。系统调查的内容主要包括：

(1) 单位概况：包括单位的规划、人力、物力、主要耗用物资、业务流程、现行组织机构、管理体制和经济效益等。

(2) 系统目标：通常用户在开发任务书中提出的系统目标一般是粗略的，希望系统能达到某些要求或具有某些功能。开发人员要通过同用户的反复交流，明确用户的总体需求，初步确定一个较为具体的、可行的系统目标。

(3) 现行软件系统的一般状况：如管理信息系统在单位中的地位和作用，工作内容，人员组成及分工，分析决策水平，当前工作中存在的主要问题，业务部门对开发新系统的认识、设想和迫切程度，能够提供给新系统的原始数据的完整性和准确性等。

(4) 与外界的联系：管理信息系统与哪些外单位有工作联系，有哪些工作联系，这些外单位和其他业务管理信息系统的目前状况和今后的打算等。

(5) 各级领导的态度：特别是单位主要领导对开发新系统的认识、设想和决心。

(6) 可提供的资源：包括资金的来源是否落实、可靠，可参与开发工作人员的数量和素质，已有计算机系统的数量、功能、容量和运行情况等。

(7) 约束条件：主要是指在人员、资金、设备、处理时间、功能要求、性能要求等方面的限制条件。

9.2.2　系统规划的方法

对用户进行调研后,就要对整个系统进行系统规划。系统规划的方法主要有系统规划法、关键成功因素法和战略目标集转化法。

1. 系统规划法

系统规划法(business system planning,BSP)是 IBM 公司于 20 世纪 70 年代提出的自上而下识别系统目标、企业过程、数据,自下而上设计系统,支持系统目标实现的结构化规划方法。它要求所建立的软件系统支持企业目标,表达所有管理层次的要求,BSP 通过定义企业的"过程"或"功能/数据矩阵",然后识别共享的信息,制订长远计划与子系统开发的优先次序。

用 BSP 制定规划是一项系统工程,其主要的工作步骤为:

(1) 准备工作。

(2) 调研。

(3) 定义业务过程(又称企业过程或管理功能组)。

(4) 业务过程重组。

(5) 定义数据类。

(6) 定义信息系统总体结构。

(7) 确定总体结构中的优先顺序。

(8) 完成 BSP 研究报告,提出建议书和开发计划。

BSP 将过程(或称流程)和数据类两者作为定义企业信息系统总体结构的基础,具体做法是利用过程/数据矩阵(也称 U/C 矩阵)来表达两者之间的关系。矩阵中的行表示数据类,列表示过程,并以字母 U(use)和 C(create)来表示过程对数据类的使用和产生。

2. 关键成功因素法

关键成功因素法(critical success factors,CSF)通过对关键成功因素的识别,找出实现目标所需要的关键信息集合,确定子系统开发优先次序。

例如,数据库的分析与建立,包括以下几个步骤:

(1) 了解企业目标;

(2) 识别关键成功因素;

(3) 识别性能的指标和标准;

(4) 识别性能的数据或者定义数据字典。

这是要建立一个数据库,因而输出的是一个数据字典。关键成功因素就是要识别与系统目标相联系的主要数据类及其关系。识别成功因素所用的工具是树枝因果图,例如,某企业有一个目标,即提供产品竞争力,可以用树枝因果图画出影响它的各种因素,以及影响这些因素的子因素,如图 9-1 所示。

3. 战略目标集转化法

战略目标集转化法(strategy set transformation,SST)将整个目标看成是一个信息集

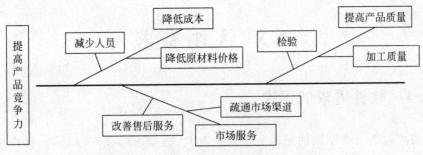

图 9-1　应用 CSF 进行提高产品竞争力规划

合，由使命、目标、战略和其他战略变量等组成。系统规划的过程就是将组织目标转变为软件系统目标的过程。

第一步是识别组织的战略集。先考虑该组织是否有战略长期计划，如果没有，就要构造这种战略集合，为此，可采取如下步骤：描绘组织中各类人员的结构，如卖主、经理、员工、供应商、顾客、贷款人、地区社团竞争者等，识别每类人员的目标，识别每类人员的使命及战略；当组织战略初步识别后，应立即交决策者审查和修改。

第二步是将组织战略转化为软件系统战略。软件系统战略应包括系统目标、约束以及设计原则等，这个转化过程包括对应组织战略集的每个元素所对应的软件系统战略约束，然后提出整个软件系统的结构。

4．各种方法的比较

CSF 能抓住主要矛盾，使目标的识别重点突出，由于决策者熟知这种方法，用这种方法所确定的目标，决策者们乐于去努力实现。也就是说 CSF 与传统方法衔接得比较好，但是此法只适用于半结构化问题决策的系统，并且关键因素靠主观确定，难免有随意性。

SST 从另一角度识别管理目标，它反映了各种人的要求，而且给出了按这种要求的分层结构，然后转化为软件系统目标的结构化方法。它能保证目标全面，但重点不如前者突出。

BSP 虽然也强调目标，但它没有明显的目标过程，它是通过管理人员酝酿过程引出了系统目标，企业目标到系统目标的转换是通过组织/系统、组织/过程以及系统/过程矩阵的分析得出的，这样定义的新系统可以支持企业过程，也能把企业过程转化为系统的目标。BSP 对计划与控制活动没有给出有效的识别过程，对综合性的公共组织资源难以识别；而且，收集、分析资料花费太多的时间，因此，对大的 U/C 矩阵结构分析有一定困难。

有人提出将三种方法集合起来，用 CSF 确定企业目标，然后用 SST 补充完善企业目标，并将这些企业目标转化为软件系统目标，用 BSP 校核两个目标，并确定软件系统结构，这样补充了单个方法的不足，但这种方法过于复杂，削弱了单个方法的灵活性。

除上面提到的几种规划方法外，还有战略信息系统规划法（strategic information system planning，SISP）、价值链分析法（value chain analysis，VCA）、战略栅格法（strategic grid，SG）等。

9.3 软 件 需 求

9.3.1 软件需求的层次

软件需求包括三个不同的层次——业务需求(business requirement)、用户需求(user requirement)和功能需求(functional requirement),也包括非功能需求。业务需求反映了组织机构或客户对系统、产品高层次的目标要求,它们在项目视图与范围文档中予以说明。用户需求文档描述了用户使用产品必须要完成的任务,这在使用实例(use case)文档或方案脚本(scenario)说明中予以说明。功能需求定义了开发人员必须实现的软件功能,使得用户能完成他们的任务,从而满足了业务需求。软件需求各组成部分之间的关系如图 9-2 所示。

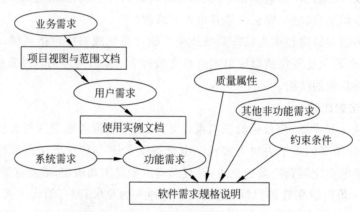

图 9-2 软件需求各组成部分之间的关系

所有的用户需求必须与业务需求一致。需求分析者从用户需求中总结出功能需求以满足用户对产品的要求,从而完成用户的工作任务,而开发人员则根据功能需求来设计软件以实现必需的功能。

作为功能需求的补充,软件需求规格说明还应包括非功能需求,它描述了系统展现给用户的行为和执行的操作等,具体包括:

- 产品必须遵循的标准、规范和合约;
- 外部界面的具体细节;
- 性能要求;
- 设计或实现的约束条件及质量属性。

所谓约束是指对开发人员在软件产品设计和构造上的限制。质量属性是通过多种角度对产品的特点进行描述,从而反映产品功能。多角度描述产品对用户和开发人员都极为重要。

9.3.2　需求说明的特征

在软件需求规格说明（software requirements specification，SRS）中说明的功能需求充分描述了软件系统所应具有的外部行为。软件需求规格说明在开发、测试、质量保证、项目管理以及相关项目功能中都起到了重要的作用。

软件需求规格说明是信息系统开发的基础，具有以下特征。

1）完整性

每一项需求都必须将所要实现的功能描述清楚，以使开发人员获得设计和实现这些功能所需的所有必要信息。不能遗漏任何必要的需求信息，若遗漏则相关需求将很难查出。注重用户的任务而不是系统的功能将有助于避免不完整性。

2）正确性

做出正确判断的参考依据是需求的来源。若软件需求与对应的系统需求相抵触则是不正确的。只有用户代表才能确定用户需求的正确性，这就是一定要有用户积极参与的原因。

3）可行性

每一项需求都必须是在已知系统和环境的权能和限制范围内可以实施的。为避免不可行的需求，最好在获取需求（收集需求）的过程中始终有一位软件工程小组的组员与需求分析人员或考虑市场的人员在一起工作，负责检查技术可行性。

4）划分优先级

给每项需求、特性或使用实例分配一个实施优先级以指明它在特定产品中所占的分量。如果把所有的需求都看作同样重要，那么项目管理者在开发或节省预算或调度中就丧失控制自由度。

5）无二义性

对所有读者需求说明都只能有一个明确统一的解释，由于自然语言极易导致二义性，因此尽量把每项需求用简洁明了的用户性的语言表达出来。避免二义性的有效方法包括对需求文档的正规审查、编写测试用例、开发原型以及设计特定的方案脚本。

6）可验证性

检查一下每项需求是否能通过设计测试用例或其他的验证方法，如用演示、检测等，来确定产品是否确实按需求实现了。如果需求不可验证，则确定其实施是否正确就成为主观臆断，而非客观分析。

9.3.3　需求获取

软件项目中需求的三个层次在不同的时间有不同的来源，也有着不同的目标和对象，并需要以不同的方式编写成文档。业务需求（或产品视图和范围）不应包括用户需求（或使用实例），而所有的功能需求都应源于该用户需求，同时也需要获取非功能需求，如质量属性等。

需求获取一般有以下几种方式。

（1）确定需求开发过程。确定如何组织需求的收集、分析、细化并核实的步骤，编写文档。

（2）编写项目视图和范围文档。项目视图和范围文档应该包括高层的产品业务目标，所有的使用实例和功能需求都必须遵从能达到的业务需求。项目视图说明使所有项目参与者对项目的目标能达成共识，而范围则是作为评估需求或潜在特性的参考。

（3）将用户群分类并归纳各自特点。为避免出现疏忽某一用户群需求的情况，要将可能使用产品的客户分成不同组别。他们可能在使用频率、使用特性、优先等级或熟练程度等方面都有所差异。

（4）选择每类用户的代表。为每类用户至少选择一位能真正代表他们需求的人作为那一类用户的代表并能做出决策。

（5）让用户代表确定使用实例。从用户代表处收集他们使用软件完成所需任务的描述——使用实例，讨论用户与系统间的交互方式和对话要求。在编写使用实例的文档时可采用标准模板，在使用实例基础上可得到功能需求。

（6）召开应用程序开发联系会议。应用程序开发联系会议是范围广的、简便的专题讨论会，也是分析人员与客户代表之间一种很好的合作办法，并能由此拟出需求文档的底稿。

（7）分析用户工作流程。观察用户执行业务任务的过程，画一张简单的示意图（最好用数据流程图）来描绘出用户什么时候获得什么数据，并怎样使用这些数据。编制业务过程流程文档将有助于明确产品的使用实例和功能需求。

（8）确定质量属性和其他非功能需求。在功能需求之外再考虑一下非功能的质量特点，这会使产品达到并超过客户的期望。这些特点包括性能、有效性、可靠性、可用性等，而在这些质量属性上客户提供的信息相对来说就非常重要。

（9）通过检查当前系统的问题报告来进一步完善需求。客户的问题报告及补充需求为新产品或新版本提供了大量丰富的改进及增加特性的想法，负责提供用户支持及帮助的人能为收集需求过程提供极有价值的信息。

（10）跨项目重用需求。如果客户要求的功能与已有的产品很相似，则可查看需求是否有足够的灵活性以允许重用一些已有的软件组件。

9.3.4　需求验证

验证是为了确保需求说明准确、完整地表达必要的质量特点，客户的参与在需求验证（requirement verification）中占有重要的位置。

需求验证包括以下几个方面。

（1）审查需求文档。对需求文档进行正式审查是保证软件质量非常有效的方法。组织一个由不同代表（如分析人员、客户、设计人员、测试人员）组成的小组，对 SRS 及相关模型进行仔细检查。

（2）以需求为依据编写测试用例。根据用户需求所要求的产品特性写出黑盒功能测试用例，客户通过使用测试用例以确认是否达到了期望的要求。还要从测试用例追溯回功能需求，以确保没有需求被疏忽，并且确保所有测试结果与测试用例一致。同时，要使用测试用例来验证需求模型的正确性，如对话框和原型等。

（3）编写用户手册。在需求开发早期即可起草一份用户手册，用它作为需求规格说明的参考并辅助需求分析。用户手册要用浅显易懂的语言描述出所有对用户可见的功能,而辅助需求如质量属性。性能需求及对用户不可见的功能则在 SRS 中予以说明。

（4）确定合格的标准。让用户描述什么样的系统才算满足他们的要求和适合他们使用,将合格的测试建立在使用情景描述或使用实例的基础之上。

9.3.5　需求管理

当完成需求说明之后,不可避免地还会遇到项目需求的变更,有效的变更管理需要对变更带来的潜在影响及可能的成本费用进行评估。变更控制者与关键的项目风险承担者要进行协商,以确定哪些需求可以变更。同时,无论是在开发阶段还是在系统测试阶段,还应跟踪每项需求的状态。

建立良好的配置管理方法是进行有效需求管理的先决条件,许多开发组织使用版本控制和其他管理配置技术来管理需求文档。

（1）确定需求变更控制过程。确定一个选择、分析和决策需求变更的过程,所有的需求变更都需遵循此过程,商业化的问题跟踪工具都能支持变更控制过程。

（2）建立变更控制委员会。组织一个由项目风险承担者组成的小组作为变更控制委员会,由他们来确定进行哪些需求变更,评估此变更是否在项目范围内,并对此评估做出决策,以确定选择哪些、放弃哪些,并设置实现的优先顺序,制订目标版本。

（3）进行需求变更影响分析。应评估每项选择的需求变更,以确定它对项目计划安排和其他需求的影响,明确与变更相关的任务并评估完成这些任务需要的工作量。

（4）跟踪所有受需求变更影响的模块。当进行某项需求变更时,参照需求跟踪能力矩阵找到相关的其他需求、设计模板、源代码和测试用例,这些相关部分可能也需要修改。这样能减少因疏忽而不得不变更产品的情况发生,这种受需求变更影响的模块变更在变更需求的情况下是必须进行的。

（5）建立需求基准版本和需求控制版本文档。确定一个需求基准,这是一致性需求在特定时刻的快照。之后的需求变更遵循变更控制过程即可。每个版本的需求规格说明都必须是独立说明,以避免将底稿和基准或新旧版本相混淆。最好的办法是使用合适的配置管理工具在版本控制下为需求文档定位。

（6）维护需求变更的历史记录。记录变更需求文档版本的日期以及所做的变更、原因,还包括由谁负责更新和更新的新版本号等。版本控制工具能自动完成这些任务。

（7）跟踪每项需求的状态。建立一个数据库,其中每一条记录保存一项功能需求并保存每项功能需求的重要属性,包括状态（如已推荐的、已通过的、已实施的或已验证的）,这样在任何时候都能得到每个状态类的需求数量。

（8）衡量需求稳定性。记录基准需求的数量和每周或每月的变更（添加、修改、删除）数量。过多的需求变更是一个“报警信号”,意味着问题并未真正弄清楚、项目范围并未很好地确定下来或是政策变化较大。

（9）使用需求管理工具。商业化的需求管理工具能帮助在数据库中存储不同类型的需求,为每项需求确定属性,可跟踪其状态,并在需求与其他软件开发工具间建立跟踪联系链。

9.4　小　　结

　　本章介绍了软件系统工程中的需求管理相关知识,需求的获取和整理是软件项目中的重要工作内容,准确把握系统需求,对整个项目是否能够实施成功具有非常重要的作用。在软件项目中需求管理主要内容包括:

　　(1) 软件的生命周期。

　　(2) 系统调查方法。

　　(3) 系统规划方法。

　　(4) 如何获取需求。

　　(5) 需求验证。

　　(6) 需求管理。

9.5　习　　题

1. 软件系统的生命周期有哪几个阶段?
2. 系统调查的内容主要有哪些?
3. 系统规划的方法主要有哪些? 各有何特点?
4. 软件需求的层次有哪些?
5. 需求说明有哪些特征?
6. 如何进行需求获取?
7. 如何进行需求验证?
8. 如何进行需求管理?

第10章

系统分析

系统分析是信息系统开发的关键环节,根据系统设计任务书所确定的范围,对现行系统进行详细分析,确定新系统的基本目标和逻辑功能要求,即提出新系统的逻辑模型。新系统的逻辑模型由系统数据流程图、概况表、数据字典、逻辑表达式及有关说明组成。系统分析工作最后要完成系统分析报告,用户通过系统说明书可以了解未来系统的功能,判断是不是其所要求的系统。系统说明书是系统设计的依据,也是将来验收系统的依据。

这个阶段的任务是需要确定"为了解决这个问题,目标系统必须做什么",确定目标系统必须具备哪些功能、系统必须满足哪些需求。

用户了解他们所面对的问题,知道必须做什么,但是通常不能完整、准确地表达出他们的要求,更不知道怎样利用计算机解决他们的问题。软件开发人员知道怎样用软件实现人们的要求,但是对特定用户的具体要求并不完全清楚。因此,系统分析员在需求分析阶段必须和用户密切配合,充分交流信息,以得出经过用户确认的系统逻辑模型。通常用数据流程图、数据字典和简要的算法描述表示系统的逻辑模型。

在需求分析阶段确定的系统逻辑模型是以后设计和实现目标系统的基础,因此必须准确、完整地体现用户的要求。系统分析员通常都是计算机软件专家,技术专家一般都喜欢很快着手进行具体设计,然而,一旦分析员开始谈论程序设计的细节,就会脱离用户,使他们不能继续提出他们的要求和建议。软件工程使用的结构分析设计的方法为每个阶段都规定了特定的结束标准,需求分析阶段必须提出完整、正确的系统逻辑模型,经过用户确认之后才能进入下一个阶段,这就可以有效地防止和克服急于着手进行具体设计的倾向。

10.1 结构化分析方法

10.1.1 结构化分析方法概述

结构化分析方法(structured analysis,SA)采用自顶向下层层分解,找出各部分之间的数据接口,用这个抽象与分解的方法来剖析一个系统。这种方法实质上就是传统的"化整为零,各个击破"的思想,图10-1中系统S很复杂,为了理解它,将它分解成子系统1、2、3,如果子系统1仍很复杂,将它们再分解成子系统1.1、1.2、1.3、…如此一层一层地分解下去,直到子系统足够简单为止。图 10-1 的顶层抽象地描述了整个系统,底层具体画出了系统的每一个细部,而中间层则是从抽象到具体的逐步过渡。

按照这一思想,无论系统多庞大、多复杂,分析工作都可以有条不紊地进行下去,系统功能都可以清晰地表达出来。系统规模的大小只是分解层数的多少而已。所以,SA 方法有效地控制了复杂性。

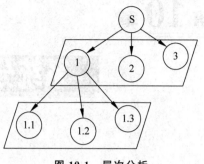

图 10-1 层次分析

10.1.2 业务流程图

业务流程图是一种描述系统内各单位、人员之间业务关系、作业顺序和信息流向的图表。业务流程图易于阅读和理解,是分析业务流程的重要步骤。系统分析员一般采用业务流程图完成业务流程调查的文档整理工作。

业务流程图的基本图例符号如图 10-2 所示。业务处理单位或部门符号表达了参与某项业务的人或事物。数据流动及方向符号表达了业务数据的流动方向,用单箭头表示。单证、报表符号表明了数据的载体。数据存储或存档符号也表明了一种数据的载体,但这个数据载体是作为档案来保存的。处理符号表明了业务处理功能。收集/统计数据是多文档,一般表示重复的单据、报告或账目等。

图 10-2 业务流程图的基本图例符号

业务流程分析采用的是自顶向下的方法,首先画出高层管理的业务流程,然后再对每一个功能描述进行分解,画出详细的业务流程图。

例如订货业务处理中,采购部门从仓库收到缺货通知单立即进行订货处理,查阅订货合同,若已经订货,则向供应商发出催货单,否则填写订货单并送达供应商,供货商发送货物后,向采购部门发出提货通知单,如图 10-3 所示。

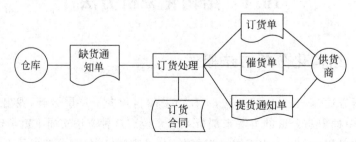

图 10-3 订货业务流程图

10.1.3　数据流程图

数据流程图(data flow diagram,DFD,也称数据流图)描述数据流动、存储、处理的逻辑关系,也称为逻辑数据流程图。常采用数据流程图描述一个系统由哪些部分组成,以及部分之间的联系。它描绘了一个系统的整体框架,是理解和表达系统的关键工具。

1. 数据流程图的基本成分

数据流程图一般由外部实体(即数据源点/终点)、数据处理(加工)、数据流和数据存储四种基本成分组成。

1) 外部实体

人或组织是引起数据来源去向的"源点"或"终点"。大多数情况中,它表达系统数据的外部来源和去向,例如顾客、职工、供货单位等。外部实体也可以是另一个信息系统。

用一个正方形并在其左上角外边加一个直角来表示外部实体,在正方形内写上外部实体的名称。为了区分不同的外部实体,可以在左上角用一个字符表示。为了减少线条交叉,同一个外部实体可在一张 DFD 中多次出现,这时在该外部实体右下角画小斜线,表示重复,若重复的外部实体有多个,则相同的外部实体画数目相同的小斜线,如图 10-4 所示。

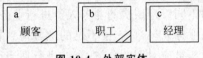

图 10-4　外部实体

2) 数据处理

数据处理指对数据的逻辑处理,也就是数据的变换,用带圆角的长方形表示处理,如图 10-5(a)所示。其中,标识部分用来标识一个功能,一般用字符串表示,如 P1;功能描述部分表达处理的逻辑功能;功能执行部分表示功能的执行者,可以是一个人、部门,也可以是一个计算机程序或软件系统。

3) 数据流

用带有箭头的线段表示数据从线段的尾端流向箭头所指的目标。在线段上注明数据流的名称。

如:

水电费 →

分析中,如果发现了一组有意义的数据,而且用户把它看作一个整体来处理(即一起到达,一起被加工),那么这组数据就是一个数据流。例如,会计信息系统中的凭证、单据等。

4) 数据存储

数据存储用右边开口的长方形表示。为区别和引用方便,再加一个标识,由字母和数字组成,用竖线表示同一数据存储出现在图中的不同地方,如图 10-5(b)所示。

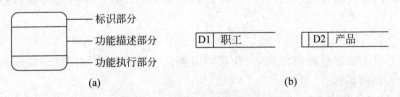

(a)　　　　　　　　　　　(b)

图 10-5　数据处理和数据存储

(a) 数据处理；(b) 数据存储

图 10-6 所示为一个银行活期存取款数据流程图。

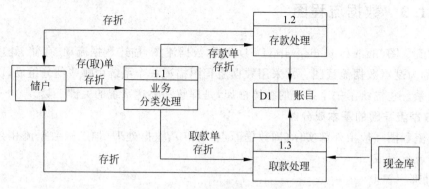

图 10-6   银行活期存取款数据流程图

2. 画数据流程图的注意事项

在系统分析中,数据流程图是系统分析员与用户交流思想的工具。这种图用的符号少,通俗易懂。实践证明,只要对用户稍做解释,用户就能看明白。同时,这种图层次性强,适合对不同管理层次的业务人员进行业务调查。在调查过程中,随手就可记录有关情况,随时可与业务人员讨论,使不足的地方得到补充,有出入的地方得到纠正。在草图的基础上,系统分析员应对图的分解、布局进行适当调整,画出正式图,使之更清晰,可读性更好。

1) 关于层次的划分

数据流程图应该使人一目了然,立即有一个深刻印象,使人知道这个系统的主要功能和与环境的主要联系是什么。

系统分析中得到一系列分层的数据流程图,最上层的数据流程图相当概括地反映出信息系统最主要的功能逻辑、外部实体和数据存储。

逐层扩展数据流程图,是对上一层图(父图)中某些处理框加以分解。随着处理的分解,功能越来越具体,数据存储、数据流越来越多。必须注意,下层图(子图)是上层图中某个处理框的"放大"。因此,凡是与这个处理框有关的外部实体、数据流、数据存储必须在下层图中反映出来。下层图上用虚线长方框表示所放大的处理框,属于这个处理内部用到的数据存储画在虚线框内,属于其他框也要用到的数据存储则画在虚线框之外或跨在虚线框上。流入或流出虚线框的数据流若在上层图中没出现,则在与虚线交叉处用"×"表示。

逐层扩展的目的是把一个复杂的功能逐步分解为若干较为简单的功能。逐层扩展不是肢解和蚕食,使系统失去原来的面貌,而应保持系统的完整性和一致性。究竟怎样划分层次、划分到什么程度,没有绝对的标准,但一般认为:

(1) 展开的层次与管理层次一致,也可以划分得更细。处理块的分解要自然,注意功能的完整性。

(2) 一个处理框经过展开,一般以分解为 4~10 个处理框为宜。

(3) 最下层的处理过程用几句话、几张判定表或一张简单的 HIPO 图就能表达清楚,其工作量一个人能够承担。

2) 检查数据流程图的正确性

对一个系统的理解,不可能一开始就完美无缺。开始分析一个系统时,尽管对问题的理解有不正确、不确切的地方,但还是应该根据对问题的理解,用数据流程图表达出来,进行核对,逐步修改,获得较为完美的 DFD。

通常可以从以下几个方面检查数据流程图的正确性。

(1) 数据守恒,或称为输入数据与输出数据匹配。数据不守恒有两种情况:一种是某个处理过程用来产生输出,但没有输入,这肯定是遗漏了某些数据流;另一种是某些输入在处理过程中没有被使用,这不一定是一个错误,但产生这种情况的原因以及是否可以简化值得研究。

(2) 在一套数据流程图中的任何一个数据存储,必定有流入的数据流和流出的数据流,即写文件和读文件,缺少任何一种都意味着遗漏某些加工。

画数据流程图时,应注意处理框与数据存储之间数据流的方向。一个处理过程要读文件,数据流的箭头应指向处理框,若是写文件则箭头指向数据存储。修改文件要先读后写,但本质上是写,箭头也指向数据存储。若除修改之外,为了达到其他目的还要读文件,此时箭头画成双向的。

(3) 父图中某一处理框的输入输出数据流必须出现在相应的子图中,否则就会出现父图与子图的不平衡。这是一种比较常见的错误,而不平衡的分层使人无法理解。因此,特别应注意检查父图与子图的平衡,尤其是在对子图进行某些修改之后。父图的某框扩展时,在子图中用虚线框表示有利于这种检查。

(4) 任何一个数据流至少有一端是处理框。换言之,数据流不能从外部实体直接到数据存储,不能从数据存储到外部实体,也不能在外部实体之间或数据存储之间流动。初学者往往容易违反这一规定,常常在数据存储与外部实体之间画数据流。其实,记住数据流是指处理功能的输入或输出,就不会出现这类错误。

3) 提高数据流程图的易理解性

数据流程图是系统分析员调查业务过程、与用户交换思想的工具。因此,数据流程图应该简明易懂。这也有利于后面的设计和对系统说明书的维护。可以从以下几个方面提高易理解性。

(1) 简化处理间的联系。

结构化分析的基本手段是"分解",其目的是控制复杂性。合理的分解是将一个复杂的问题分成相对独立的几部分,每部分可单独理解。在数据流程图中,处理框间的数据流越少,各个处理就越独立,所以应尽量减少处理框间输入及输出数据流的数目。

(2) 均匀分解。

如果在一张数据流程图中某些处理已是基本加工,而另一些却还要进一步分解三四层,这样的分解就不均匀。不均匀的分解不易被理解,因为其中某些部分描述的是细节,而其他部分描述的是较高层的功能。遇到这种情况,应重新考虑分解,努力避免特别不均匀的分解。

(3) 适当命名。

数据流程图中各种成分的命名与易解性有直接关系,所以应注意命名适当。处理框的命名应能准确地表达其功能。理想的命名由一个具体的动词加一个具体的名词(宾语)组成,在下层尤其应该如此,例如"计算总工作量""开发票"。而"存储和打印提货单"最好分成两个。"处理订货单""处理输入"则不太好,"处理"是空洞的动词,没有说明究竟做什么,"输入"也是不具体的宾语,而"做杂事"几乎等于没有命名。难于为某个成分命名,往往是分解不当的迹象,应考虑重新分解。

同样,数据流、数据存储也应适当命名,尽量避免产生错觉,以减少设计和编程等阶段的错误。

数据流程图也常常要重新分解。例如画到某一层时意识到上一层或上几层所犯的错误,这时就需要对它们重新分解。重新分解可以按下述方法进行。

(1) 把需要重新分解的某张图的所有子图拼成一张图。

(2) 把图分成几部分,使各部分之间的联系最少。

(3) 重新建立父图,即把第(2)步所得的每一部分画成一个处理框。

(4) 重新画子图,只要把第(2)步所得的图沿各部分边界分开即可。

(5) 为所有处理重新命名、编号。

10.1.4　数据字典

数据字典是数据流程图的辅助资料,对数据流程图起注解作用。数据字典对数据流程图中的每一个成分一一给出精确的定义,所有这些成分的定义按一定次序排列起来,便组成了一本数据字典。简单地说,数据字典是所有数据流、文件、加工定义的总和。

数据字典主要用来描述数据流程图中的数据流、数据存储、处理过程和外部实体。数据字典把数据的最小组成单位看成是数据元素(基本数据项),若干个数据元素可以组成一个数据结构(组合数据项)。数据结构是一个递归概念,即数据结构的成分也可以是数据结构。数据字典通过数据元素和数据结构来描述数据流、数据存储的属性,数据元素组成数据结构,数据结构组成数据流和数据存储。

建立数据字典的工作量很大,相当烦琐。但这是一项必不可少的工作。数据字典在系统开发中具有十分重要的意义,不仅在系统分析阶段,而且在整个研制过程中以及今后系统运行中都要使用它。

1. 数据字典的各类条目

数据字典中有六类条目:数据元素、数据结构、数据流、数据存储、处理过程、外部实体。不同类型的条目有不同的属性需要描述,现分别说明如下。

1) 数据元素

数据元素是最小的数据组成单位,也就是不可再分的数据单位,如学号、姓名等。对每个数据元素,需要描述以下属性。

(1) 名称,数据元素的名称要尽量反映该元素的含义,便于理解和记忆。

(2) 别名,一个数据元素可能其名称不止一个,若有多个名称,则需加以说明。

(3) 类型说明,取值是字符型还是数值型等。

(4) 取值范围和取值的含义,指数据元素可能取什么值或每一个值代表的含义。

(5) 长度,指出该数据元素由几个数字或字母组成。

除以上内容外,数据元素的条目还包括对该元素的简要说明、与它有关的数据结构等。图 10-7 是数据元素条目的一个例子。

2) 数据结构

数据结构的描述重点是数据之间的组合关系,即说明这个数据结构包括哪些成分。一个数据结构可以包括若干个数据元素或(和)数据结构。这些成分中有如下三种特殊情况。

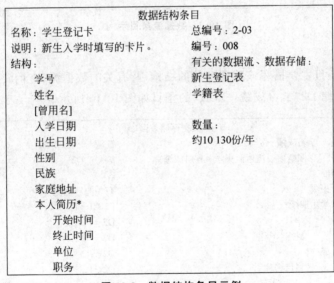

图 10-7　数据元素条目示例

（1）任选项。

这是可以出现也可以省略的项，用"[ ]"表示，如图 10-8 中的[曾用名]是任选项，可以有，也可以没有。

（2）必选项。

在两个或多个数据项中，必须出现其中的一个称为必选项。例如，任何一门课程是必修课或选修课，二者必居其一。必选项的表示办法是将候选的多个数据项用"{ }"括起来。

（3）重复项。

重复项即可以多次出现的数据项。例如一张订单可订多种零件，每种零件有品名、规格、数量，这些属性用"零件细节"表示。在订单中，"零件细节"可重复多次，表示成"零件细节 *"。图 10-8 是数据结构条目的一个例子。

数据结构条目

名称：学生登记卡　　　　　　　总编号：2-03
说明：新生入学时填写的卡片。　　编号：008
结构：　　　　　　　　　　　　有关的数据流、数据存储：
　　学号　　　　　　　　　　　　新生登记表
　　姓名　　　　　　　　　　　　学籍表
　　[曾用名]
　　入学日期　　　　　　　　　　数量：
　　出生日期　　　　　　　　　　约10 130份/年
　　性别
　　民族
　　家庭地址
　　本人简历*
　　　　开始时间
　　　　终止时间
　　　　单位
　　　　职务

图 10-8　数据结构条目示例

3）数据流

关于数据流，在数据字典中描述以下属性。

（1）数据流的来源。

数据流可以来自某个外部实体、数据存储或某个处理。

（2）数据流的去处。

某些数据流的去处可能不止一个，如果流到两个处理过程，两个去处都要说明。

（3）数据流的组成。

数据流的组成指数据流所包含的数据结构。一个数据流可包含一个或多个数据结构。若只含一个数据结构,应注意名称的统一,以免产生二义性。

（4）数据流的流通量。

数据流的流通量指单位时间(每日、每小时等)里的数据传输次数。可以估计平均数或最高、最低流量各是多少。

（5）高峰时的流通量。

图 10-9 是数据流条目的一个例子。

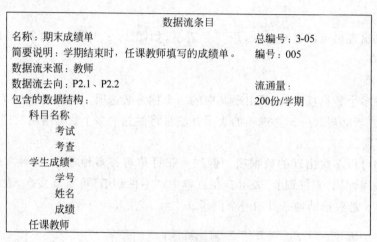

```
                        数据流条目
名称：期末成绩单                              总编号：3-05
简要说明：学期结束时，任课教师填写的成绩单。      编号：005
数据流来源：教师
数据流去向：P2.1、P2.2                        流通量：
包含的数据结构：                              200份/学期
      科目名称
            考试
            考查
      学生成绩*
            学号
            姓名
            成绩
      任课教师
```

图 10-9　数据流条目示例

4）数据存储

数据存储的条目主要描写该数据存储的结构,及有关的数据流、查询要求。

例如,数据存储 D2"学习成绩一览表"的条目如图 10-10 所示。

```
                        数据存储条目
名称：学习成绩一览表                          总编号：4-02
说明：学期结束，按班汇集学生各科成绩。          编号：D2
结构：
      班级                               有关的数据流：
      学生成绩*                          P2.1.1→D2
            学号                         D2→P2.1.2
            姓名                         D2→P2.1.4
      成绩*                             D2→P2.1.3
            科目名称                     D2→P2.1.5
                  考试
                  考查                  信息量：150份/学期
            成绩                        有无立即查询：有
```

图 10-10　数据存储条目示例

有些数据存储的结构可能很复杂,如"学籍表",包括学生的基本情况、学生动态、奖惩记录、学习成绩、毕业论文成绩等,其中每一项又是数据结构。这些数据结构有各自的条目分别加以说明,因此在"学籍表"的条目中只需列出这些数据结构,而不要列出这些数据结构的内部构成。数据流程图是分层的,下层图是上层图的具体化。同一个数据存储可能在不同层次的图中出现。描述这样的数据存储,应列出最底层图中的数据流。

5)处理过程

对于数据流程图中的处理框,需要在数据字典中简要描述处理框的编号、名称、功能,有关输入输出。对功能进行描述,应使人能有一个较明确的概念,知道该框的主要功能。详细的功能还要用"小说明"进一步描述。图 10-11 是 P2.1.4"填写成绩单"的条目。

处理过程条目

名称:填写成绩单   总编号:5-007

说明:通知学生成绩,有补考科目的说明补考日期。   编号:P2.1.4

输入:D2→P2.1.4

输出:P2.1.4→学生(成绩通知单)

处理:查D2(成绩一览表),打印每个学生的成绩通知单,若有不及格科目,不够直接留级,则在"成绩通知"中填写补考科目、时间,若直接留级则注明留级。

图 10-11 处理过程条目示例

6)外部实体

外部实体是数据的来源和去向。在数据字典中主要说明外部实体产生的数据流和传给该外部实体的数据流,以及该外部实体的数量。外部实体的数量对于估计本系统的业务量有参考作用,尤其是关系密切的主要外部实体。图 10-12 是描述"学生"这个外部实体的条目。"学生"这个外部实体与学籍管理系统有很多联系,如入学时要填写各种登记表,若要休学、复学等则要提出申请。

外部实体条目

名称:学生   总编号:06-001

说明: 编号:001

输入数据流: 个数:约4000个

输出数据流:

    P2.1.4→学生(成绩通知)

图 10-12 外部实体条目

2. 数据字典的使用与管理

数据字典的内容是随着数据流程图自顶向下、逐层扩展而不断充实的。数据流程图的修改与完善将导致数据字典的修改,这样才能保持数据字典的一致性和完整性。对于中小规模的管理信息系统来说,人工建立数据字典是较为合适的,但对于大型的管理信息系统,必须建立一部自动化的数据字典,以提高工作效率。

数据字典的建立,对于系统分析人员、用户或系统设计人员均有很大好处,他们可以从不同的角度分别从数据字典中得到有关信息,便于认识整个系统和随时查询系统中的部分信息。随着系统开发工作的不断深入,数据字典所带来的效益也将越来越明显。

数据字典实际上是"关于系统数据的数据库"。在整个系统开发过程以及系统运行后的维护阶段,数据字典是必不可少的工具。数据字典是所有人员工作的依据,统一的标准。它可以确保数据在系统中的完整性和一致性。具体讲,数据字典有以下作用。

1)按各种要求列表

可以根据数据字典,把所有数据元素、数据结构、数据流、数据存储、处理逻辑、外部实体,按一定的顺序全部列出,保证系统设计时不会遗漏。

如果系统分析员要对某个数据存储的结构进行深入分析,需要了解有关的细节,了解数据结构的组成乃至每个数据元素的属性,数据字典也可提供相应的内容。

2) 相互参照,便于系统修改

根据初步的数据流程图,建立相应的数据字典。在系统分析过程中,常会发现原来的数据流程图及各种数据定义中有错误或遗漏,需要修改或补充。有了数据字典,这种修改就变得容易多了。

例如,在某个库存管理系统中,"商品库存"这个数据存储的结构是:代码、品名、规格、当前库存量。一般地,考虑能否满足用户订货有这些数据项就够了。但如果要求库存数量不能少于某个"安全库存量",则这些数据项还不够。这时,在这个结构中就要增加"安全库存量"这个数据项。这一改动可能影响其他项目,例如"确定顾客订货"的处理逻辑。以前,只要"当前库存量大于或等于顾客订货量",就认为可以满足用户订货。现在则只有"当前库存量减顾客订货量之差大于或等于安全库存量"才能满足顾客订货。有了数据字典,这个修改就容易了。因为在该数据存储的条目中,记录了有关的数据流,由此可以找到因数据存储的改动而可能影响的处理逻辑,不至于遗漏而造成不一致。

3) 由描述内容检索名称

在一个稍微复杂的系统中,系统分析员可能没有把握断定某个数据项在数据字典中是否已经定义,或者记不清楚其确切名字时,可以由内容查找其名称,就像根据图书的内容查询图书的名字。

4) 一致性检验和完整性检验

根据各类条目的规定格式,可以发现以下一些问题。

(1) 是否存在没有指明来源或去向的数据流;

(2) 是否存在没有指明数据存储或所属数据流的数据元素;

(3) 处理逻辑与输入的数据元素是否匹配;

(4) 是否存在没有输入或输出的数据存储。

为了保证数据的一致性,数据字典必须由专人(数据管理员)管理。其职责就是维护和管理数据字典,保证数据字典内容的完整一致。任何人,包括系统分析员、系统设计员、程序员,修改数据字典的内容,都必须通过数据管理员。数据管理员要把数据字典的最新版本及时通知有关人员。

10.1.5 处理逻辑的表达方法

在数据流程图中,用数据流、文件和加工等一系列工具来描述一个系统,要清楚地分析一个系统,还必须用处理逻辑工具把数据流程图中的各个处理或加工加以详尽的说明。

需要指出的是,处理逻辑的描述不是一件容易的事,因为一般的文字说明存在很多含糊不清之处。例如,描述某公司计算折扣的处理逻辑,其中一句是:

"顾客每年的交易额在 50 000 元以上和支付信用好或已经与公司交易 20 年以上,给予优惠待遇。"

这里的"和"与"或"使条件含糊了。究竟是交易额在 50 000 元以上、有好的支付信用、交易时间超过 20 年三者都可以给予优惠,还是交易额在 50 000 元以上且支付信用好、另外只要已经与公司交易 20 年以上二者可以给予优惠,还是只要交易额在 50 000 元以上、另外支付信用好且与公司交易 20 年以上二者可以给予优惠呢? 以上这句话没有描述清楚,各人有各人的理解。

这是用自然语言描述处理逻辑难以避免的情况。但是,处理逻辑必须是确定的含义,即无二义性。因此,对于某些处理,应该采用合适的工具进行确定的描述。下面介绍三种工具:决策树、判定表、结构式语言。

1. 决策树

决策树是用树形图来表示处理逻辑的一种工具。现以某公司折扣政策为例,用决策树表示其处理逻辑,如图 10-13 所示。

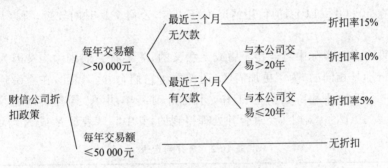

图 10-13　折扣政策决策树

决策树的表达比较直观、明确,一目了然。从树根部开始到树叶,共有三级分支,即三个判断条件:交易额、支付信用和交易时间,最后一级(也称树叶)则是应采取的行动,全图表示了经过不同条件的判断和政策,做出相应处理的过程。

对决策分析来说,决策树并不是最好的工具。当系统本身太复杂时,会存在许多步骤和组合条件的序列,结果系统的规模变得难以控制。分支的数目太大和通过的路径太多,对分析不但没有帮助而且会使分析人员束手无策。在发生这些问题的场合,分析人员应避免用决策树而考虑改用判定表。

2. 判定表

判定表是采用表格方式来表示处理逻辑的一种工具。现仍以图 10-13 所示的折扣政策的例子来说明。用判定表来进行表达,如表 10-1 所示。

判定表分四大部分:左上角为条件说明;左下角为行动说明;右上角为各种条件的组合;右下角为各种条件组合的行动。

表 10-1　判定表

条件和行动	同条件组合							
	1	2	3	4	5	6	7	8
C1:交易额在 50 000 元以上	Y	Y	Y	Y	N	N	N	N
C2:最近三个月中,无欠款	Y	Y	N	N	Y	Y	N	N
C3:与本公司交易 20 年以上	Y	N	Y	N	Y	N	Y	N

条件和行动	同条件组合							
	1	2	3	4	5	6	7	8
A1：折扣率15%	√	√						
A2：折扣率10%			√					
A3：折扣率5%				√				
A4：无折扣率					√	√	√	√

注：C1~C3为条件；A1~A4为行动；1~8为不同条件的组合；Y为是；N为否；√为该种组合情况下的行动。

判定表是根据条件组合进行判断的，每个条件存在"是"和"非"两种可能，所以，三个条件共有 $2^3=8$ 种可能性(条件组合)。表格的阅读有一定规律，假设是第四种条件组合，则说明交易额虽在 50 000 元以上，但信用情况不好，与本公司交易时间较短，所以只能享受 5% 的折扣率。

有些条件组合在实际中可能是矛盾或无意义的，需要将它们剔除。又因为不同组合条件下的有些行动是相同的，为了更加简明，还需要将它们合并。因此，在原始判定表的基础上，要进行一系列整理和综合分析工作，才能得到简单明了、具有实际意义的判定表。表 10-2 是在表 10-1 的基础上，经过合并处理得到的，其中"—"表示 Y 或 N 均可。

表 10-2　合并判定表

条件和行动	同条件组合			
	1(1/2)	2(3)	3(4)	4(5/6/7/8)
C1：交易额在 50 000 元以上	Y	Y	Y	N
C2：最近三个月中，无欠款	Y	N	N	—
C3：与本公司交易 20 年以上	—	Y	N	—
A1：折扣率15%	√			
A2：折扣率10%		√		
A3：折扣率5%			√	
A4：无折扣率				√

3. 结构式语言

自然语言的优点容易理解，但不够精确，易产生二义性。选择结构式语言作为处理逻辑的描述语句，是因为它具有自然语言简单易懂的优点，又可避免自然语言的一些缺点。

结构式语言使用的词汇主要有以下三类。

(1) 祈使句中的动词；

(2) 数据字典中已定义的名词；

(3) 常用的运算符、关系符等保留字。

结构式语言只使用以下几类语句。

(1) 简单的祈使句。

祈使语句明确地指出做什么事情，至少包括一个动词说明要执行的功能以及一个名词表示动作的对象。

（2）判断语句。

行动的顺序描述常常包括在标识条件的决策结构中，当能够采取两个或多个行动时，可以根据具体条件的值产生决策结构，判断语句就是为描述决策结构而设计的语句。

（3）循环语句。

循环语句是在某一条件存在时，重复执行相同的行动，直到条件不成立为止。

（4）上述三种语句的复合语句。

决策树、判定表和结构式语言作为处理逻辑的表达工具各有其优缺点。在表达一个处理过程时，系统分析员应根据不同的情况，选择合适的表达工具。一般地，对一个不太复杂的逻辑判断，使用决策树较好；对一个十分复杂的逻辑判断，使用判定表较好；如果一个处理过程中，既包含顺序结构又有判断和循环逻辑时，使用结构式语言较好。

10.1.6　功能需求分析

在对现行系统的业务流程、管理功能、数据流程及数据分析都进行了详细的分析和形式化的描述之后，就要在此基础上做系统化的分析，以便于整体地考虑新系统的功能子系统和数据资源的合理分布。功能/数据分析是进行这种系统化分析的有力工具之一，该方法是通过 U/C 矩阵的建立与分析来实现的。这种方法不仅适用于功能/数据分析，还可用于其他各方面的管理分析。

1. U/C 矩阵及其建立

U/C 矩阵借助于一个二维表格来描述其分析的内容，即是 x 和 y 两个方向的坐标变量。如果将 x_i 和 y_i 之间的联系用二维表内的 U、C 来表示，就构成了一个 U/C 矩阵。U/C 矩阵中字母 C 表示有关的业务过程产生了所对应的数据并使用该数据，字母 U 指出有关的业务过程使用对应的数据。

建立一个 U/C 矩阵从理论上需要经历以下三个步骤。

（1）要自顶而下进行系统划分；

（2）逐个确定具体的功能和数据；

（3）填上功能数据之间的关系。

这样就得到了一个初始的 U/C 矩阵。举例说明一个 U/C 矩阵的建立，如表 10-3 所示。

表 10-3　表上 U/C 作业过程

过程	数据类															
	计划	财务计划	产品	零件规格	材料表	材料库存	成本库存	任务单	设备负荷	物资供应	工艺流程	客户	销售区域	订货	成本	职工
经营计划	C	U													U	
财务规划	U	C													U	U
资产规模		U														
产品预测	U		U									U	U			
产品设计开发			C	C	U							U				
产品工艺			U	U	C	U										

续表

过程	数据类															
	计划	财务计划	产品	零件规格	材料表	材料库存	成本库存	任务单	设备负荷	物资供应	工艺流程	客户	销售区域	订货	成本	职工
库存控制						C	C	U		U						
调度			U				U	C	U		U					
生产能力计划									C	U	U					
材料需求			U		U	U					C					
操作顺序								U	U	U	C					
销售区域管理			U				U					C		U		
销售			U									U	C	U		
订货服务			U									U			C	
发运			U				U							U		
通用会计			U									U				U
成本会计														U	C	
用人计划																C
业绩考评																U

2. 正确性检验

建立 U/C 矩阵后一定要根据"数据守恒"原则进行正确性检验,以确保系统功能数据项划分和所建 U/C 矩阵的正确性。通过正确性检验,可从中找出前段分析和调查的不足、疏漏和划分不合理的地方,分析数据的正确性和完整性,以便及时加以修正。

U/C 矩阵的正确性检验主要从以下三个方面进行。

(1) 完备性检验。完备性检验指对具体的数据项必须有一个产生者(即 C)和至少一个使用者(即 U),功能则必须有产生或使用(C 或 U)发生,否则此 U/C 矩阵的建立是不完备的。

(2) 一致性检验。一致性检验是指对具体的数据项必须有且仅有一个产生者(C),如果有多个产生者的情况出现,则产生了不一致的现象,其结果会给后续工作带来混乱。

产生不一致现象的原因可能是以下两种。

① 没有产生者,则可能是漏填了 C 元素或者是功能、数据划分不当。

② 多个产生者,则可能是错填了 C 元素或者是功能、数据划分不独立、不一致。

(3) 无冗余性检验。无冗余性检验是指表中不允许有空行空列。如果有空行空列出现,则可能出现如下问题。

① 漏填了 C 或 U 元素。

② 功能项或数据项的划分是冗余的。

3. U/C 矩阵的求解

U/C 矩阵的求解过程就是对系统结构划分的优化过程。它的求解是在子系统划分相互独立和内部凝聚性高的原则下进行的,其求解过程为:使表中的 C 元素尽量靠近 U/C 矩阵的对角线,然后以 C 元素为标准,划分子系统。

U/C 矩阵的求解过程是通过表上作业来完成的。即调换表中的行变量和列变量,使得

C 元素尽量朝对角线靠近,如表 10-4 所示。

表 10-4　U/C 矩阵的求解

过程	数　据　类															
	计划	财务计划	产品	零件规格	材料表	材料库存	成本库存	任务单	设备负荷	物资供应	工艺流程	客户	销售区域	订货	成本	职工
经营计划	C	U													U	
财务规划	U	C													U	U
资产规模		U														
产品预测			U									U	U			
产品设计开发	U		C	C	U							U				
产品工艺			U	U	C	U										
库存控制						C	C	U		U						
调度			U					U	C	U	U					
生产能力计划									C	U	U					
材料需求			U		U	U				C						
操作顺序								U	U	U	C					
销售区域管理			U									C	U			
销售			U									U	C	U		
订货服务			U									U		C		
发运			U				U							U		
通用会计			U									U				U
成本会计														U	C	
用人计划																C
业绩考评																U

4. 系统功能划分与数据资源分布

U/C 矩阵的求解目的是对系统进行逻辑功能划分和考虑今后数据资源的合理分布。

(1) U/C 矩阵的主要功能。U/C 矩阵的主要功能有以下四点。

① 通过对 U/C 矩阵的正确性检验,及时发现前段分析和调查工作的疏漏和错误。

② 通过对 U/C 矩阵的正确性检验来分析数据的正确性和完整性。

③ 通过对 U/C 矩阵的求解过程最终得到子系统的划分。

④ 通过子系统之间的联系 U 可以确定子系统之间的共享数据。

但在这里主要是指后两点。

(2) 系统逻辑功能的划分。在对 U/C 矩阵进行求解处理后,就要进行系统逻辑功能的划分。系统逻辑功能划分的方法是在求解后的 U/C 矩阵中画出一个个的小方块。划分时需注意以下事项。

① 沿对角线一个接一个地画,既不能重叠,又不能漏掉任何一个数据和功能。

② 小方块的划分是任意的,但必须将所有的 C 元素都包含在小方块之内。划分后的小方块即为新系统划分的基础,每一个小方块即一个子系统。

③ 对同一个调整出来的结果,子系统小方块的划分不是唯一的。具体如何划分要根据实际情况以及分析者个人的工作经验和习惯来定。

　　子系统划定之后,留在子系统小方块的外面还有若干个 U 元素,这些 U 元素就是今后子系统之间的数据联系,即共享的数据资源。为每一个子系统命名,如表 10-5 所示。

　　(3) 数据资源分布。在确定子系统之后,所有数据的使用关系都被小方块分隔成了两类。

　　一类在小方块以内。在小方块以内所产生和使用的数据,则今后主要考虑放在本子系统中处理。另一类在小方块以外。在小方块以外的数据联系,表示的是各子系统之间的数据联系,这些数据资源今后应考虑放在网络服务器上供各子系统共享或通过网络来相互传递数据。

表 10-5　数据联系

过程	计划	财务计划	产品	零件规格	材料表	材料库存	成本库存	任务单	设备负荷	物资供应	工艺流程	客户	销售区域	订货	成本	职工
经营计划	经营														U	
财务规划	计划														U	U
资产规模	子系统															
产品预测			产品									U	U			
产品设计开发	U		工艺									U				
产品工艺			子系统		U											
库存控制																
调度			U													
生产能力计划						生产制造										
材料需求			U		U	子系统										
操作顺序																
销售区域管理			U													
销售			U									销售				
订货服务			U									子系统				
发运			U			U										
通用会计			U									U			财	U
成本会计														U	会	
用人计划																人
业绩考评																事

10.1.7　新系统逻辑模型

　　新系统逻辑方案指的是新系统拟采用的管理模型和信息处理方法。进行详细调查和系统分析的最终目的是确立新系统的逻辑方案。因此,新系统逻辑方案的建立是系统分析阶段的重要成果,它是进行下一步设计和实现系统的基础性指导文件,同时也是系统开发者和用户共同确认的新系统处理模式以及共同努力的方向。

　　新系统逻辑方案的内容主要包括对系统业务流程分析整理的结果、对数据及数据流程分析整理的结果、子系统划分的结果、各个具体的业务处理过程以及根据实际情况应建立的管理模型和管理方法。

(1) 新系统信息处理方案。对原有系统进行大量的分析和优化的结果就是新系统拟采用的信息处理方案。信息处理方案包括以下三部分。

① 确定合理的业务处理流程。业务流程分析结果具体内容包括：

- 指出删去或合并了哪些多余的或重复处理的过程；
- 指出对哪些业务处理过程进行了优化和改动、改动的原因、改动后将带来的好处；
- 给出最后确定的业务流程图；
- 在业务流程图中，指出哪些部分新系统可以完成，哪些部分需要用户完成。

② 确定合理的数据和数据流程。数据与数据流程分析结果的具体内容包括：

- 用户确认最终的数据指标体系和数据字典。确认的内容主要是指体系是否全面、合理，数据精度是否满足要求等；
- 指出删除或者合并了哪些多余的或重复的数据处理过程；
- 指出对哪些数据处理过程进行了优化和改动、改动的原因、改动后带来的好处；
- 给出确定的数据流程图；
- 在数据流程图中，指出新系统可以完成哪些部分，需要用户完成哪些部分。

③ 新系统的逻辑结构和数据分布。将数据/功能分析的结果分为两部分：一部分是系统逻辑划分方案，即子系统的划分；另一部分是系统数据资源的分布方案，即哪些在本系统内部，哪些在网络服务器上。

(2) 新系统可能涉及的管理模型。管理模型是系统在每一个具体的管理环节上所采用的管理方法。在系统分析中，要根据业务和数据流程分析的结果，对每一处理过程进行分析，研究每一管理过程的信息处理特点，找出相适应的管理模型。管理科学的发展使管理活动的各个层次、各个环节都形成了较为成熟的管理方法和定量化的管理模型。但是管理模型的采用要由上一段的分析结果和有关管理科学决定，并没有固定模式。下面给出几种常用的管理模型。

① 生产计划管理模型。生产计划的制订主要包括生产计划大纲的编制和详细的生产作业计划。

生产计划大纲的编写主要是安排与综合计划有关的生产指标，常用的模型主要有数学规划模型、物资需求计划模型、能力需求计划模型、投入产出模型等。

生产作业计划是具体给出产品生产数量、加工路线、时间安排、材料供应以及设备生产能力负荷平衡等方面。常用模型有投入产出矩阵模型、时间排序模型、网络计划、关键路径模型、物料需求模型、设备能力负荷平衡、滚动式生产作业计划模型、甘特图等。

② 库存管理模型。常用的库存管理有很多不同的模型，如最佳经济批量模型等。常用的程序化管理模型有库存物资分类法、库存控制模型等。

③ 财会管理模型。财会管理模型相对比较固定。确定一个财会管理模型主要有如下几方面。

- 会计记账科目的设定；
- 会计记账方法的确定；
- 财会管理方法；
- 内部核算制度或内部银行的建立以及具体的核算方法；

- 安全和保密措施以及对应的保存方法与管理方法；
- 文档、数据、原始凭证的保存方法与保存周期；
- 审计和随机抽查的形式范围和对账方法等。

④ 成本管理模型。主要有成本核算模型、成本预测模型、成本分析模型等。

- 成本核算模型包括直接生产过程的消耗和间接费用的分配，常用模型有品种法、分布法、逐步结转法、平行结转法、定额差异法等；
- 成本预测模型。常用的有数量经济模型、投入产出模型、回归分析模型、指数平滑模型等；
- 成本分析模型。常用的方法有实际成本与定额成本比较模型、本期成本与历史同期可比产品比较模型、产品成本与计划指标比较模型、产品成本与计划指数比较模型、产品成本差额管理模型、量—本—利分析模型等。

⑤ 经营管理决策模型。经营管理决策是高层管理活动，既有结构化决策，也有半结构化决策和非结构化决策。确定一个有效的经营管理决策模型不是一件容易的事情，一般需要同用户（即决策者）在系统分析阶段进行反复的协商来共同确定。其研究的范围包括：

- 组织决策体系；
- 确定适当的决策过程；
- 确定收集、处理、提炼对决策有用信息的渠道、步骤和方法；
- 确定适当的决策模型；
- 确定和选择优化解的方式；
- 系统支持决策的方式；
- 模拟决策执行过程；
- 决策评价指标体系的研究以及反馈控制决策系统运行的方式。

⑥ 统计分析与预测模型。统计分析与预测模型用来反映销售、市场、质量、财务状况等的变化情况以及未来发展趋势。这类模型在信息系统中常以各种分析图形的方式给出，常用的统计分析方法有市场占有率分析、消费变化趋势分析、销售额与利润变化趋势分析、销售统计分析、质量状况及指标分布分析、综合经济效益指标统计分析、生产统计分析、财务统计分析等。

10.2　面向对象方法与 UML

10.2.1　面向对象方法简介

面向对象方法是一种把面向对象的思想应用于软件开发过程中，指导开发活动的系统方法，它是建立在对象概念（对象、类和继承）基础上的方法。

面向对象技术与结构化技术有本质的区别。结构化设计方法是将复杂系统按功能划分成简单的子系统，它的缺点是过分强调了对象的行为特征，而忽视了它的结构特征，这样有可能使有些对象的信息被零散地拆分到各个功能模块中，甚至有可能会破坏自然存在的实体结构。面向对象的程序设计方法则是根据对象来组织系统的逻辑结构，对象和对象之间被组织成层次结构和组合结构，做到层次分明，易于理解、验证和控制。例如，一个图书馆管理系统，若按功能划分可以分解为借书子系统、还书子系统、统计子系统和催还子系统。但有关读者的信息被零散地拆散到各个子系统中而破坏了自然存在的实体结构。用面向对象的程序设计方法，图书馆是一个对象，其数据即是图书，其方法是出借图书和收回图书；读者是一个对象，其数据是借书证，其方法是借书和还书。读者借书时发送借书消息给图书馆，图书馆接到借书消息后，决定是否出借图书。因此，用面向对象程序设计（OOP）方法进行开发工作，一旦定义好各个对象，组织好各个对象之间的联系，那么要实现这个系统，只要把各个对象进行组装，把相应的信息送给相应的对象即可，这为实现快速原型提供可能。OOP方法的优点还在于对象的继承性和封装性。继承性是指一个对象可以从另一个对象（称为父类）派生出来，它继承其父类的数据和方法，再加上它自己的数据和方法。最基本的对象称为基类，它是一些经过精心编写、具有高质量代码、经过实践验证完全正确的对象。若干基类的集合构成类库，这样在进行软件开发时只需用类库来派生新的对象，从而大大提高软件的开发效率及可重用性。封装性是一种信息隐蔽技术，在使用一个对象时，只需看到其外在特性，即公共的数据和方法，而其私有数据和方法对使用者是隐蔽的。使用者不必知道对象行为实现的细节，这给程序设计提供了方便。

面向对象分析（object-oriented analysis，OOA）的目的是有效地描述问题领域（空间）的信息行为，确定待建的系统要做什么，并建立系统的模型。为达到此目的，面向对象分析提供了信息模型、一系列状态模型和处理模型三种形式的模型。在面向对象分析中，这三种模型被有机地结合起来，它们相互影响、相互制约。

面向对象分析的任务及一般工作步骤如下。

（1）获取客户对系统的需求。

（2）以基本的需求为依据标识类和对象（包括属性和操作）。

（3）定义类的结构和层次。

（4）建立表示类（对象）之间关系的对象—关系模型。

（5）根据对象行为建立对象—行为模型。

（6）利用用例/场景来复审分析模型，进行调整和完善。

类和对象—关系模型刻画了待建系统的静态结构，对象—行为模型刻画了系统的动态行为。

10.2.2 统一建模语言

各种面向对象的方法都有自己的表示方法、过程和工具，甚至各种方法所使用的术语也不尽相同。由于在不同公司和不同文化之间，过程（或方法）的区别是很大的，要创建一个人人都能使用的标准过程（或方法）相当困难。

一个系统往往可以从不同的角度进行观察，从一个角度观察到的系统即为系统的一个视图（view），每个视图是系统的一个投影，说明了系统的一个特殊侧面。若干个不同的视图可以完整地描述所建造的系统。每种视图用若干幅图来描述，一幅图包含了系统某一特殊方面的信息，它阐明了系统的一个特定部分或方面。由于不同视图之间存在一些交叉，因此一幅图可以作为多个视图的一部分。下面介绍统一建模语言和常用的几种视图。

1. 统一建模语言简介

统一建模语言(unified modeling language,UML)是一个通用的可视化建模语言,是由一整套图表组成的标准化建模语言,用于对软件进行描述、可视化处理、构造和建立软件系统制品的文档。UML 可用于对系统的理解、设计、浏览、配置、维护和信息控制。UML 适用于各种软件开发方法、软件生命周期的各个阶段、各种应用领域以及各种开发工具。UML 包括概念的语义、表示法和说明,提供了静态、动态、系统环境及组织结构的模型。它可被交互的可视化建模工具所支持,这些工具提供了代码生成器和报表生成器。

UML 描述了一个系统的静态结构和动态行为。UML 将系统描述为一些离散的、相互作用的对象并最终为外部用户提供一定功能的模型结构。静态结构定义了系统中对象的属性和操作以及这些对象之间的相互关系。动态行为定义了对象的时间特性和对象为完成目标而相互进行通信的机制。从不同但相互联系的角度对系统建立的模型可用于不同的目的。

UML 还包括可将模型分解成包的结构组件,以便于软件小组将大的系统分解成易于处理的块结构,并理解和控制各个包之间的依赖关系,在复杂的开发环境中管理模型单元。它还包括用于显示系统实现和组织运行的组件。

UML 中的各种组件和概念之间没有明显的划分界限,但为方便起见,用视图来划分这些概念和组件。视图只是表达系统某一方面特征的 UML 建模组件的子集,在每一类视图中使用一种或两种特定的图来可视化地表示视图中的各种概念。

在最上一层,视图被划分成三个视图域:结构分类、动态行为和模型管理。

结构分类描述了系统中的结构成员及其相互关系。类元包括类、用例、构件和节点。类元为研究系统动态行为奠定了基础。类元视图包括静态视图、用例视图和实现视图。

动态行为描述了系统随时间变化的行为。行为用从静态视图中抽取的瞬间值的变化来描述。动态行为视图包括状态机视图、活动视图和交互视图。

模型管理说明了模型的分层组织结构。包是模型的基本组织单元,特殊的包还包括模型和子系统。模型管理视图跨越了其他视图并根据系统开发和配置组织这些视图。

UML 还包括多种具有扩展能力的组件,这些扩展能力有限但很有用。这些组件包括约束、构造型和标记值,它们适用于所有的视图元素。

表 10-6 列出了 UML 的视图和视图所包括的图以及与每种图有关的主要概念。不能把这张表看成是一套死板的规则,应将其视为对 UML 常规使用方法的指导,因为 UML 允许使用混合视图。

表 10-6　UML 视图和视图所包括的图以及与每种图有关的主要概念

主要的域	视图	图	主 要 概 念
结构	静态视图	类图	类、关联、泛化、依赖关系、实现、接口
	用例视图	用例图	用例、参与者、关联、扩展、包含、用例泛化
	实现视图	构件图	构件、接口、依赖关系、实现
	部署视图	部署图	节点、构件、依赖关系、位置
动态	状态机视图	状态机图	状态、事件、转换、动作
	活动视图	活动图	状态、活动、完成转换、分叉、结合
	交互视图	顺序图	交互、对象、消息、激活
		协作图	协作、交互、协作角色、消息

续表

主要的域	视图	图	主要概念
模型管理	模型管理视图	类图	包、子系统、模型
可扩展性	所有	所有	约束、构造型、标记值

2. 用例视图

用例视图(use case)是外部用户所能观察到的系统功能模型图。用例是系统中的一个功能单元,可以被描述为参与者与系统之间的一次交互作用。用例模型的用途是列出系统中的用例和参与者,并显示哪个参与者参与了哪个用例的执行。

图 10-14 是售票系统的用例图。参与者包括售票员、监督员和信用卡服务商。公用电话亭是另一个系统,它接受顾客的订票请求。在售票处的应用模型中,顾客不是参与者,因为顾客不直接与售票处打交道。用例包括通过公用电话亭或售票员购票、购预约票(只能通过售票员)和售票监督(应监督员的要求)。购票和预约票包括一个共同的部分,即通过信用卡付钱。

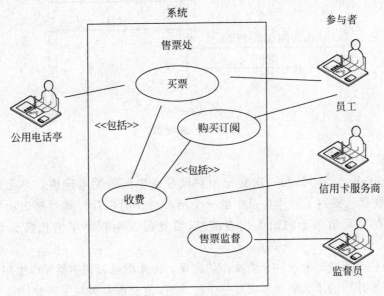

图 10-14 用例图

3. 交互视图

交互视图描述了各个角色之间相互传递消息的顺序关系。交互视图显示了跨越多个对象的系统控制流程。交互视图可用顺序图和协作图表示,它们各有不同的侧重点。

1) 顺序图

顺序图(sequence)表示了对象之间传送消息的时间顺序。每一个类元角色用一条生命线来表示,即用垂直线代表整个交互过程中对象的生命期。生命线之间的箭头连线代表消息。顺序图可以用来进行一个场景说明,即一个事务的发生过程。

顺序图的一个用途是表示用例中的行为顺序。当执行一个用例行为时,顺序图中的每条消息对应了一个类操作或状态机中引起转换的触发事件。

图 10-15 是描述购票这个用例的顺序图。顾客在公共电话亭与售票处通话触发了这个

用例的执行。顺序图中付款这个用例包括售票处与公用电话亭和信用卡服务商的两个通信过程。这个顺序图用于系统开发初期,未包括完整的与用户之间的接口信息。例如,座位是怎样排列的、对各类座位的详细说明都还没有确定。尽管如此,交互过程中最基本的通信已经在这个用例的顺序图中表达出来了。

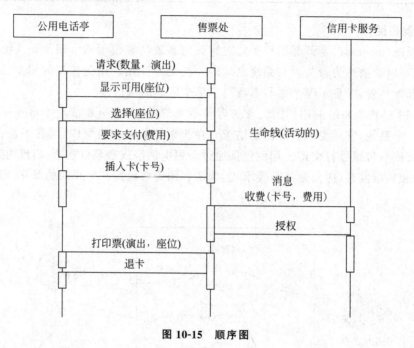

图 10-15   顺序图

2) 协作图

协作图(collaboration)是在一次交互中对象和对象间的关系建模。类元角色描述了一个对象,关联角色描述了协作关系中的一个链。协作图用几何排列来表示交互作用中的各角色,附在类元角色上的箭头代表消息,消息的发生顺序用消息箭头处的编号来说明。

协作图的一个用途是表示一个类操作的实现。协作图可以说明类操作中用到的参数和局部变量以及操作中的永久链。当实现一个行为时,消息编号对应了程序中嵌套调用结构和信号传递过程。

图 10-16 是开发过程后期订票交互的协作图。这个图表示了订票涉及的各个对象间的交互关系。请求从公用电话亭发出,要求从所有的演出中查找某次演出的资料。返回给售票员(ticketseller)对象的指针(db)代表了与某次演出资料的局部暂时链接,这个链接在交互过程中保持,交互结束时关闭。售票方准备了许多演出的票,顾客在各种价位做一次选择,锁定所选座位,售票员将座位表返回给公用电话亭。当顾客在座位表中做出选择后,所选座位被声明,其余座位解锁。

顺序图和协作图都可以表示各对象间的交互关系,但它们的侧重点不同。顺序图用消息的几何排列关系来表达消息的时间顺序,各角色之间的相关关系是隐含的。协作图用各个角色的几何排列图形来表示角色之间的关系,并用消息来说明这些关系。在实际中可以根据需要选用这两种图。

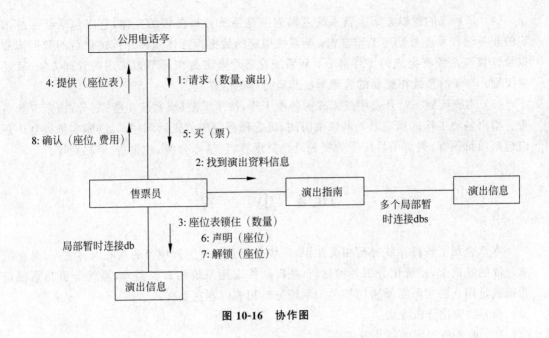

图 10-16　协作图

10.3　系统分析报告

经过调查、分析,已经在分析当前系统功能的基础上,提出了目标系统的逻辑模型。完成了这些工作,系统分析的任务已基本结束。

系统分析报告(也称系统说明书)是系统分析阶段的最终成果,它全面反映了系统分析阶段调查分析的情况,是进行设计与实现系统的纲领性文件。

系统分析报告形成后必须组织各方面的人员,包括领导、管理人员、专业技术人员、系统分析人员等一起对已经形成的逻辑方案论证,尽可能地发现其中的问题、误解和疏漏。对于问题、疏漏要及时纠正,对于有争论的问题要重新核实当初的原始调查资料或进一步深入调查研究,对于重大的问题甚至可能需要调整或修改系统目标,重新进行系统分析。

系统分析报告不但能够充分展示前段调查的结果,而且还应反映系统结果——系统的逻辑方案。系统分析报告的内容包括:

(1)组织情况简述。组织情况简述主要是对分析对象的基本情况做概括性的描述。它包括组织的结构、组织的目标、组织的工作过程和性质、业务功能、对外联系、组织与外部实体间有哪些物质以及信息的交换关系、研制系统工作的背景等。

(2)系统目标。新系统的总目标是什么,系统拟采用什么样的开发战略和开发方法,人力、资金以及计划进度的安排,系统计划实现后各部分应该完成什么样的功能,某些指标预期达到什么样的程度,有哪些工作是原系统没有而计划在新系统中增补的等。

(3)现行系统运行状况。新系统是在现行系统基础上建立起来的,设计新系统之前,必须对现行系统详细调查分析。现行系统运行状况介绍主要是由系统业务流程图、数据流程图来详细描述原系统信息处理以及信息流动情况。

（4）新系统的逻辑方案。新系统逻辑方案是系统分析报告的主体,它应包括新系统拟定的业务流程及业务处理工作方式;新系统拟定的数据指标体系和分析优化后的数据流程以及计算机系统将完成的工作部分;新系统在各个业务处理环节拟采用的管理方法、算法或模型;与新的系统相配套的管理制度和运行体制的建立。

（5）实施计划。对开发中应完成的各项工作,按子系统(或系统功能)划分,指定专人负责。给出各项工作的预定开始和结束时间,确定任务完成的先后顺序。此外,实施计划中还应包括项目预算,列出项目所需的资源及经费预算,包括办公费、差旅费、资料费等。

10.4　小　　结

本章介绍了软件系统分析相关知识,系统分析是软件工程项目的核心内容之一,是在需求获取的基础上,系统化分析各种材料,把握软件应用系统的真实需求,系统分析与系统是否能满足用户的实际需要密切相关。系统分析相关内容主要有:

（1）结构化分析方法。

（2）业务流程图的画法及应用。

（3）数据流程图的画法及应用。

（4）数据字典的使用。

（5）处理逻辑的表达方法。

（6）功能需求分析方法。

（7）面向对象分析方法和统一建模语言。

（8）系统分析报告的主要内容。

10.5　习　　题

1. 什么是结构化分析方法?

2. 业务流程图的基本图例符号有哪些? 试结合实际绘制业务流程图。

3. 什么是数据流程图? 有什么作用?

4. 如何绘制数据流程图? 有哪些注意事项?

5. 什么是数据字典? 有什么作用? 如何创建?

6. 处理逻辑的表达方法有哪些?

7. 什么是 U/C 矩阵? 如何求解?

8. 如何应用 U/C 矩阵进行系统功能需求分析?

9. 如何进行 U/C 矩阵正确性检验?

10. 什么是面向对象分析方法?

11. 面向对象分析的任务有哪些?

12. 面向对象分析的一般步骤有哪些?

13. 什么是 UML?

14．UML 有哪些视图和图？

15．什么是用例视图？试举例说明。

16．什么是交互视图？有何作用？

17．什么是顺序图？试举例说明。

18．什么是协作图？试举例说明。

19．系统分析报告的内容有哪些？

第11章

系统设计

系统设计的任务是在系统分析提出的逻辑模型的基础上，科学、合理地进行物理模型设计。系统设计可以分为总体设计和详细设计，总体设计包括子系统的划分和模块设计，详细设计包括各模块的详细描述、数据库设计、代码(或编码)设计等。

11.1　系统功能模块设计

11.1.1　功能模块设计概述

功能模块设计的目的是建立一套完整的功能模块处理体系，作为系统实施阶段的依据。

设计是以系统分析阶段和系统总体设计阶段的有关结果为依据，制定出详细的、具体的系统实施方案。

功能模块设计的内容可以分为如下两部分。

(1) 总控系统部分。总控系统部分的设计内容主要包括系统主控程序的处理方式，各子系统的接口、人机接口以及各种校验、保护、后备手段接口的确定。根据总体结构和子系统划分以及功能模块的设置情况，进行总体界面设计。

(2) 子系统部分。子系统部分的设计主要是对子系统的主控程序和交互界面、各功能模块和子模块的处理过程的设计。主要有数据的输入、运算、处理和输出，其中对数据的处理部分应给出相应的符号和公式。

为了确保设计工作的顺利进行，功能模块设计一般应遵循以下原则。

(1) 模块的内聚性要强，模块具有相对的独立性，减少模块间的联系。

(2) 模块之间的耦合只能存在上下级之间的调用关系，不能有同级之间的横向关联。

(3) 连接调用关系应只有上下级之间的调用，不能采用网状关系或交叉调用。

(4) 整个系统呈树状结构，不允许有网状结构或交叉调用关系出现。

(5) 所有模块都必须严格地分类编码并建立归档文件，建立模块档案进行编码以利于系统模块的实现。

(6) 适当采用通用模块将有助于减少设计工作量。

(7) 模块的层次不能过多，一般最多使用七层。

模块按功能和数据流程连接，是常用的一种方法。

11.1.2　功能模块设计工具

1. 结构图

系统功能设计的主要任务是采用"自顶向下"的原则将系统分解为若干个功能模块,运用一组设计原则和策略对这些功能模块进行优化,使其成为有机结合的系统结构。表达这种结构的工具是结构图。

结构图是指描述系统功能层次和功能模块关系的图,通常为树形结构。结构图主要关心的是模块的外部属性,即上下级模块、同级模块之间的数据传递和调用关系。

层次输入—处理—输出图(hierarchy plus input-processing-output,HIPO)是在结构图的基础上推出的一种描述系统结构和模块内部处理功能的工具。

任何模块都由输入、处理和输出三个基本部分组成。HIPO 方法的模块层次功能分解,就是以模块的这一特性和模块分解的层次性为基础,将一个大的功能模块逐层分解,得到系统的模块层次结构,而后再进一步把每个模块分解为输入、处理和输出的具体执行模块。

一个 HIPO 的基本结构示例如图 11-1 所示。

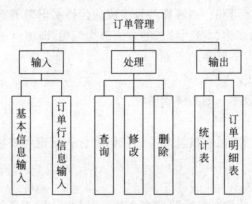

图 11-1　HIPO 的基本结构

2. 模块处理流程图

模块处理流程设计是指用统一的标准符号来描述模块内部具体运行步骤,设计出一个个模块和它们之间的连接方式以及每个模块内部的功能与处理过程。模块处理流程的设计是在系统处理流程图的基础上,借助于 HIPO 来实现的。通过对输入输出数据的详细分析,将处理模块在系统中的具体运行步骤标识出来,形成模块处理流程图,作为程序设计的基本依据。

通常采用结构化程序设计方法来描述模块的处理过程,主要应用以下五种处理结构:顺序处理结构、选择处理结构、先判断后执行的循环结构、先执行后判断的循环结构和多种选择处理结构。

流程图的基本成分和基本结构如图 11-2 和图 11-3 所示。

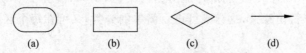

图 11-2　处理流程图的基本成分

(a) 开始/结束;(b) 处理;(c) 逻辑条件;(d) 控制流

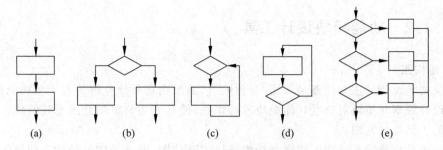

图 11-3　处理流程图的基本结构

(a) 顺序；(b) 选择；(c) 先判定型循环；(d) 后判定型循环；(e) 多分支选择

11.2　编　码　设　计

运用计算机进行数据处理时，为了录入、处理的方便，节省存储空间，提高处理速度、效率和精度，通常用数字、字母和一些特殊符号组成的代码来识别事物和处理数据。这种用数据、字母和符号替代事物名称、属性、状态的方法称为编码，即编码设计。

编码设计一般遵循以下原则。

(1) 具备唯一确定性。

每一个代码都仅代表唯一的实体或属性。

(2) 标准化与通用性。

凡是国家和主管部门对某些信息分类和代码有统一规定和要求的，则应采用标准形式的代码，以使其通用化。

(3) 可扩充且易修改。

要考虑今后的发展，为增加新代码留有余地，使某个代码在条件或代表的实体改变时，容易进行变更。

(4) 短小精悍，即选择最小长度代码。

代码的长度会影响所占据的内存空间、处理速度以及输入时的出错概率，因此要尽量短小。

(5) 具有规律性，便于编码和识别。

代码应具有逻辑性强、直观性好的特点，便于用户识别和记忆。

编码一般有以下几种类型。

(1) 顺序码。

顺序码是以某种顺序形式编码。用连续数字代表编码对象，通常从 1 开始编码。顺序码的一个特例是分区顺序码，它将顺序码分为若干区，例如，按五十个号码或一百个号码分区，并赋予每个区以特定意义，这样既可进行简单的分类，又可在每个区插入号码。

(2) 数字码。

数字码即以纯数字符号形式编码。数字码是最常用的一类编码形式。根据数据在编码中的排列关系或代表对象的属性不同，可分为区间码和层次码。

（3）字符码。

字符码即以纯字符形式编码（英文、汉语拼音等）。这类编码常见的有在程序设计中的字段名、变量名、函数名等编码。

11.3 数据库设计

11.3.1 数据库设计的要求及步骤

数据库设计的核心是确定一个合适的数据模型，这个数据模型应当满足以下三个要求。

（1）符合用户的要求。既能包含用户需要处理的所有数据，又能支持用户提出的所有处理功能的实现。

（2）能被某个现有的 DBMS 所接受，如 MySQL、Oracle、SQL Server 等。

（3）具有较高的质量，如易于理解、便于维护、没有数据冲突、完整性好、效益高等。

开发人员在数据库设计时一般不需要过多地考虑物理细节，而是由 DBMS 自行去处理。

数据库是一组相关数据的集合，它不仅包括数据本身，而且包括关于数据之间的联系，即数据模型。给出一组数据，如何构造一个适合的数据模型、在关系数据库中应该组织成几个关系模式、每个关系模式包括哪些属性是数据库逻辑设计要解决的问题。在具体数据库系统实现之前，尚未录入实际数据时，组建较好的数据模型是关系到整个系统运行的效率及系统成败的关键。

在以关系模型为基础的数据库中，用关系来描述现实世界。关系具有概念单一性的特点，一个关系既可以描述一个实体，也可以描述实体间的联系。一个关系模型包括一组关系模式，各个关系不是完全孤立的。只有它们相互间存在关联，才能构成一个模型。这些关系模式的全体定义构成关系数据库模式。

关系模型有严格的理论基础，也是目前应用最广泛的数据模型，指导数据库逻辑设计有关系数据库规范化理论。关系数据库设计理论主要包括三方面的内容：数据依赖、范式（normal form，NF）和模式设计方法。数据依赖在此起着核心的作用。

数据库的设计与应用环境联系紧密，其设计过程与应用规模、数据的复杂程度密切相关。实践表明，数据库设计应分阶段进行，不同阶段完成不同的设计内容。数据库的设计相关工作可分为以下六个阶段。

（1）需求分析。

需求分析阶段主要是获得用户对所要建立数据库的信息要求和处理要求的全面描述。通过调查研究，了解用户业务流程，与用户取得对需求的一致认识。

（2）概念设计。

概念设计阶段要对收集的信息、数据进行分析、整理，确定实体、属性及它们之间的联系，在系统分析期间得到的数据流程图、数据字典的基础上，结合有关数据规范化的理论，用一个概念数据模型将用户的数据需求明确地表达出来，这是数据库设计过程中的一个关键。概念数据模型是一个面向问题的数据模型，它独立于计算机反映用户的现实环境，与数据库的具体实现技术无关。概念模型接近现实世界，结构稳定，用户容易理解，能较准确地反映用户的信息需求。

（3）逻辑设计。

根据前一阶段建立起来的概念数据模型，以及所选定的某一个 DBMS 的特性，按照一定的转换规则，把概念数据模型转换为这个 DBMS 所能接受的数据模型，一般称为逻辑数据模型。即确定数据库模式和子模式，包括确定数据项、记录及记录间的联系、安全性、完整性、一致性约束等。

导出的逻辑结构是否与概念模式一致、从功能和性能上是否能满足用户要求，要进行模式评价。如果达不到用户要求，还要反复修正或重新进行设计。

（4）物理设计。

物理设计的任务是确定数据在介质上的物理存储结构，即数据在介质上如何存放，包括存取方法及存取路径的选择。这一阶段根据所选定的软硬件运行环境，权衡各种利弊因素，确定一种高效的物理存储结构，使之既能节省存储空间，又能提高存取速度。有了这样一个物理数据模型，开发人员就可以在系统实现阶段，用所选定的 DBMS 所提供的命令进行上机操作，建立数据库并对数据库中的数据进行多种操作。

逻辑设计和物理设计的好坏对数据库的性能影响很大，在物理设计完后，要进行性能分析和测试。如果需要，还要重新设计逻辑结构和物理结构。在逻辑结构和物理结构确定后，就可以建立数据库了。

（5）数据库实施和运行。

数据库实施阶段包括建立实际数据库结构、装入数据、完成编码、进行测试，然后就可以投入运行。在设计期间进行的结构设计可以和应用程序的设计结合起来进行，以相互参照，补充完善各阶段的设计。

（6）数据库的使用和维护。

按照软件工程的设计思想，软件生存期指软件从开始分析、设计直到停止使用的整个时间。使用和维护阶段是整个生存期的最长时间段。数据库使用和维护阶段需要不断完善系统性能和改进系统功能，进行数据库的再组织和重构造，以延长数据库使用时间。

为保证设计质量，在数据库设计的不同阶段要产生文档资料或程序产品，进行评审、检查，与用户交流。如果某个阶段设计不能满足用户要求，则需要回溯，重复设计过程。为了减少反复，降低开发代价，应特别重视需求分析和概念设计阶段的工作。

11.3.2 数据存储结构规范化

设计关系数据库时，关系模式必须满足一定的规范化要求。这些规范化模式被称为范式。范式表示一个关系内部各属性之间联系的合理化程度。满足不同程度的要求构成不同的范式级别。一个关系模式满足某一指定的规范化约束，称此关系模式为特定范式的关系模式。关系模式有下列几种范式：第一范式（1NF）、第二范式（2NF）、第三范式（3NF）、BCNF、第四范式（4NF）和第五范式（5NF）。越后面的数据库设计范式冗余度越低。第四范式和第五范式是建立在多值依赖和连接依赖基础上的，不在这里讨论。

1. 规范化概述

假设在一个教学管理系统中，有这样一个数据结构，它反映学生所选课程的成绩及该课程任课老师的一些情况,教师任课及学生成绩文件的组成包括学号、课程号、成绩、教师姓名、教师年龄、教师办公室,具体内容如表 11-1 所示。

表 11-1　教师任课及学生成绩文件示例

学号	课程号	成绩	教师姓名	教师年龄	教师办公室
1001	C1	90	王东	40	05-508
1001	C2	85	张三	34	47-101
1002	C1	78	王东	40	05-508
1002	C3	95	李晓	38	05-304
1002	C2	58	张三	34	47-101
1003	C2	80	张三	34	47-101

通过分析,可发现上述结构存在如下问题。

(1) 冗余度高。如教师姓名、教师年龄、教师办公室等数据项重复出现多项。

(2) 修改困难,容易出现数据不一致的情况。如当课程修改后,相应地要修改教师姓名、教师年龄、教师办公室三处,否则,会出现数据不一致的情况。

(3) 插入、删除信息时均可能产生其他问题。如有了学生而尚未选课的情况,就无法把教师的有关情况存入数据库中,这称为"插入异常"。又如当删除学生的信息时,会把教师的有关信息也删除掉,这称为"删除异常"。

产生这些问题的主要原因是上述数据结构内存在多余的数据相关性。解决的方法是将结构复杂的数据结构分解成结构简单的数据结构,用规范化方法来设计数据存储的结构,并力求简化数据存储的数据结构,提高数据的可修改性、完整性和一致性。当然,分解的过程中既不能增加信息,也不能减少信息。

2. 第一范式

所谓第一范式(1NF)是指数据库表的每一列都是不可分割的基本数据项,同一列中不能有多个值,即实体中的某个属性不能有多个值,或者不能有重复的属性。

表 11-2 所示的职工电话号码表,由于"电话号码"一列填写家庭电话号码和单位电话号码,导致"职工号"和"姓名"列有重复项,不符合第一范式。

表 11-2　职工电话号码

职工号	姓名	电话号码
1001	李明	701 2633(H)
		714 6688(O)
1002	张敏	500 1287
1003	刘大维	253 3886(O)
		204 6543(H)
1004	章良弟	567 8901
1005	何为民	504 7996

将表 11-2 规范成 1NF 可以有三种方法。

(1) 重复存储职工号和姓名。在这样的关系中,关键字只能是电话号码。如果单独查阅此关系问题不大,若通过职工号与其他关系连接,由于职工号不是关键字,则可能造成大量冗余。

（2）保留职工号的关键字地位，把电话号码拆分成单位电话和住宅电话两个属性。这样会使只有一个电话号码的元组出现空属性值，由于电话号码不是关键字，因此允许有空值。

（3）保留职工号的关键字地位，维持原模式不变，但强制每个元组只能录入一个电话号码。

以上三种选择，第一种最不可取，后两种选择可根据应用需要确定一种。

如果将单位号码和住宅号码用分号分隔放在同一列，也是不符合第一范式的要求，因为一个属性中不能有多个值。并且这种设计会增加数据解析的处理，即程序需要对读取的号码根据分号分隔符进行拆分才能得到单位号码和住宅号码。

3. 第二范式

表 11-1 所示的数据结构中，如果给定"学号""课程号"，可以唯一查到相应的其他数据项的值。因此，可以把"学号"和"课程号"作为该数据结构的关键字，而"成绩""教师姓名""教师年龄"等为非关键字数据项。

如果在一个数据结构中，数据项 B 的取值依赖于数据项 A 的取值，则称 B 函数依赖于 A，即 A 决定 B，记作 A→B。

显然，表 11-1 中的"成绩"函数依赖于"学号"，"教师姓名"和"教师年龄"等函数依赖于"课程号"，但"学号"不能决定"教师姓名"。

如果一个规范化的数据结构，它所有的非关键字数据项都完全函数依赖于它的整个关键字，则称该数据结构是第二范式的，记为 2NF。

第二范式要求数据库表中的每个实例或行必须可以被唯一地区分。为实现区分通常需要为表加上一列，以存储各个实例的唯一标识。例如，员工信息表中加上了"员工编号"（emp_id）列，因为每个员工的编号是唯一的，因此每个员工可以被唯一区分。这个唯一属性列被称为主关键字或主键、主码。

第二范式要求实体的属性完全依赖于主关键字。所谓完全依赖是指不能存在仅依赖主关键字一部分的属性（常发生在联合主键），如果存在，那么这个属性和主关键字的这一部分应该分离出来形成一个新的实体，新实体与原实体之间是一对多的关系。

根据上述定义，已知表 11-1 中的数据结构是非 2NF。因为"教师姓名""教师年龄""教师办公室"等非关键字数据项仅仅函数依赖于"课程号"，而非整个关键字（"学号"＋"课程号"），因此不满足 2NF 定义。然而，可把教师任课与学生成绩分解为两个符合 2NF 的数据结构（见表 11-3 和表 11-4）。

根据第二范式的定义，一个 2NF 的数据结构必定是 1NF 的，如果一个 1NF 的数据结构，其关键字仅由一个数据项组成，则它必定满足 2NF 定义。

表 11-3　学生成绩表

学号	课程号	成绩
1001	C1	90
1001	C2	85
1002	C1	78

表 11-4 教师任课表

课程号	教师姓名	教师年龄	教师办公室
C1	王东	40	45-402
C2	张三	34	47-401

将上述非 2NF 的关系规范化为 2NF 关系,应设法消除部分依赖。通过投影把它分解为以下两个关系模式:

学生成绩(学号,课程号,成绩)
教师任课(课程号,教师姓名,教师年龄,教师办公室)

新关系模型包括两个关系模式,它们之间通过学生成绩中的外关键字"课程号"相联系,需要时再自然连接则恢复了原来的关系。

4. 第三范式

1NF 和 2NF 的数据结构仍然存在前述冗余度大、修改困难及插入和删除的问题。所以对 2NF 的数据结构还要进一步规范。假设 A、B、C 分别是同一数据结构中的三个数据项或数据项集合,如果 B 函数依赖于 A,C 函数依赖于 B,则有 C 函数依赖于 A,那么称 C 传递依赖于 A(经过 B)。

如果一个数据结构中任何一个非关键字数据项都不传递依赖于它的关键字,则称该数据结构是第三范式的,记为 3NF。根据第三范式的定义,一个 3NF 的数据结构必定是 2NF 的;如果一个 2NF 的数据结构,它所有的非关键字数据项之间不存在函数依赖关系,则它是 3NF 的。

简而言之,第三范式(3NF)要求一个数据库表中不包含已在其他表中包含的非主关键字信息。例如,存在一个部门信息表,其中每个部门有部门编号、部门名称、部门简介等信息,那么在员工的信息表中列出部门编号后就不能再将部门名称、部门简介等与部门有关的信息加入员工信息表中。换句话说,第三范式就是属性不依赖于其他非主属性。

表 11-4 所示的教师任课文件是 2NF 的,但非 3NF。因为在该数据结构中,"教师年龄"传递依赖于"课程号"(经过"教师姓名")。表 11-4 可继续分解成表 11-5 和表 11-6 所示的数据结构,这两个数据结构均是 3NF 的。

表 11-5 教师任课记录

课程号	教师姓名
C1	王东
C2	张三

表 11-6 教师档案

教师姓名	年龄	办公室
王东	40	45-402
张三	34	47-101

从上面可以看出,范式的作用是尽可能减少一个表中的关系数量,表中的关系数量越少,越有利于数据维护。

11.3.3　E-R 图

E-R 模型即实体-联系模型(entity relationship model,E-R 模型)用 E-R 模型描述现实世界,不必考虑信息的存储结构、存取路径及存取效率等与计算机有关的内容,比起一般的数据模型(如层次、网状或关系模型)更接近于现实世界。它具有直观、自然、语义较丰富等特点,容易被用户理解,因此,在数据库设计中得到了广泛的应用。

用 E-R 模型表示信息结构的方法称 E-R 方法。它用简单的图形方式构造 E-R 模型,称为 E-R 图。此法主要用在数据库设计的概念数据模型设计、逻辑结构设计阶段。

E-R 图有三种基本成分:实体、属性和联系。

1. 实体

实体指现实世界中存在的对象或事物。它可以是人,也可以是物或抽象的概念;可以指事物本身,也可以指事物之间的联系。用方框表示同类实体的集合,在方框内写上实体名。

2. 属性

实体是由若干属性组成的,属性是指事物在某一方面的特性。如"职工"实体,可以有职工号、姓名、出生年月、性别、职称、职务等属性,"零件"实体可以有零件号、零件名等属性。

在 E-R 图中,用椭圆形框表示实体的属性,椭圆形框内写属性名,并用无向边将属性与实体连接起来。图 11-4 表示学生实体及组成学生的属性:学号、姓名、年龄、性别、班级。

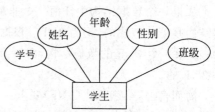

图 11-4　学生实体及属性

3. 联系

现实世界的事物之间是有联系的,反映到信息世界中,就是实体内部的联系(如实体属性之间的联系)及实体型之间的联系。这里讨论的是实体与实体之间的联系,在 E-R 图中,用菱形框表示实体之间的联系,菱形框内写上联系名。用无向边把菱形框和有关联的实体分别连接起来。实体间的联系标注在连线旁。

实体与实体间的联系可以分为以下三类。

(1) 一对一联系(1∶1)。

若对于实体集 A 中的每一个实体,实体集 B 中至多有一个实体与之联系,反之亦然,则称实体集 A 与实体集 B 具有一对一的联系。例如,一个部门有一个经理,而每个经理只在一个部门任职,则部门与经理之间具有一对一的联系。

(2) 一对多联系(1∶n)。

若对于实体集 A 中的每一个实体,实体集 B 中有 n(n>0)个实体与之联系,反之,对于实体集 B 中的每一个实体,实体集 A 中至多只有一个实体与之联系,则称实体集 A 实体集 B 有一对多的联系。例如,一个部门有若干个职工,而每个职工只在一个部门工作,则部门与职工之间是一对多的联系。

(3) 多对多联系(m∶n)。

若对于实体集 A 中的每一个实体,实体集 B 中有 n(n>0)个实体与之联系,反之,对于实体集 B 中的每一个实体,实体集 A 中也有 $m(m>0)$ 个实体与之联系,则称实体集 A 与实体集 B 具有多对多的联系。例如,一个工作项目有多个职工参加,而一个职工又可以参加若干项目的工作,则项目和职工之间具有多对多的联系。

实体之间的三类关系如图 11-5 所示。

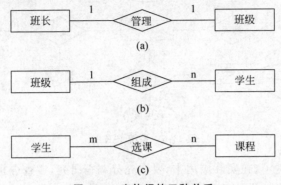

图 11-5　实体间的三种关系

(a) 一对一联系(1∶1);(b) 一对多联系(1∶n);(c) 多对多联系(m∶n)

因为通常用实体、联系和属性这三个概念来理解现实问题,所以用 E-R 图描述的概念数据模型非常接近人的思维方式,又因为 E-R 模型采用简单的图形来表达人们对现实的理解,所以不熟悉计算机技术的用户也能接受它。

11.3.4　概念结构设计

在系统分析期间,开发人员收集了大量的素材,画出数据流程图,编写了数据字典。现在要在此基础上建立一个用 E-R 图表达的概念数据模型。这里,结合一个简单的材料核算系统的例子来进行讨论。

假定通过对该系统数据流程图、数据字典的分析研究与数据规范,确定该系统须保留的实体有产品、零件、仓库、材料四个,这四个实体的属性分别如下(注有 * 的为主键)。

产品:产品号 *、产品名、预算;

零件:零件号 *、零件名;

仓库:仓库号 *、地点、面积;

材料:材料号 *、材料名、单位、单价。

在这些实体之间,有一个名叫"构成"的 m∶n 的联系,表达的是某一种产品是由哪些零件构成的,当然一种零件也可以出现在多种产品中,"构成"这个联系本身具有一个属性"零件数"。零件与材料之间,有一个名叫"消耗"的 1∶n 的联系,表达的是某种零件耗用了哪一种材料,一种材料可以被用于多种零件。这个联系本身也具有一个属性"耗用量"。

零件与仓库之间,有一个名叫"存储"的 m∶n 的联系,表达的是某一种零件实际存储在哪几个仓库中,每个仓库又存储了哪些零件。这个联系本身也具有一个属性"存储量"。

确定了上述实体集、联系集及相应的属性后,可以画出该系统的 E-R 图,如图 11-6 所示。仔细检查、反复修改并确认了所画的 E-R 图是正确无误地反映了用户的客观环境和要求后,所需的概念数据模型就通过这个 E-R 图建立起来了。可以看出,它是信息系统工作的客观反映,与 DBMS 的特性完全无关;它使用户与开发人员之间有了共同语言,是建立逻辑数据模型和物理数据模型的基础。

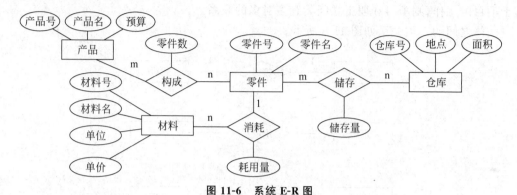

图 11-6　系统 E-R 图

上面只是个简单例子,在实际应用中,要在充分调查研究,考查分析数据流程图、数据字典和必要的数据规范化工作的基础上,按照实际工作准确地建立概念数据模型。

对于一个大型的复杂的系统,要一下子就建立起整体 E-R 图可能会有困难,这时,可以把整个系统划分为几块。先进行几个局部设计,画出几幅局部 E-R 图,然后将这些局部 E-R 图进行汇总,综合成一个整体 E-R 图(此时需注意消除数据冲突和数据冗余现象)。再在整体 E-R 图的基础上进行逻辑结构设计,导出一个对应于整体 E-R 图的可由某个 DBMS 所接受的逻辑数据模型。

1. 设计局部概念模式

基于 E-R 模型的概念设计是用概念模型描述目标系统所涉及的实体、属性及实体间的联系。这些实体、属性及联系是对现实世界的人、物、事等的一种抽象,它是在需求分析的基础上进行的。

概念设计通常分两步进行:首先建立局部概念模式;然后综合局部模式形成全局概念模式。这是概念设计普遍采用的一种方法。

局部概念模式的设计是从用户的观点出发,设计符合用户需求的概念结构。局部概念模式设计的第一步是确定设计范围。一个数据库应用系统是面向多个用户的,不同用户对数据库有不同的数据观点,因而对数据库的需求也不同。从用户或用户组的不同数据观点出发,可以将应用系统划分为多个不同的局部应用。每个局部应用分别设计一个局部概念模式。如一个工厂的数据库应用系统有销售、物资、生产、人力、财务等不同部门的用户,这些用户涉及的数据及对数据处理的要求各不相同,应分别设计其局部概念模式。局部设计范围确定得合理,将会使数据和应用界面清楚,简化设计的复杂性。

设计范围确定后,就可以分别设计局部结构。首先把需求分析阶段得到的与局部应用有关的数据流程图汇集起来,同时把涉及的数据元素从数据字典中抽取出来,进行分类、聚集、抽象,定义实体、联系和确定与之有关的属性。

一般是按自然习惯来划分实体。如学校的教师、学生、课程等,这些都是自然存在的实体。但有些实体要根据信息处理需求定义。如单价通常是商品的一个属性,但商店为了促销,不同季节规定了商品的不同价格,则单价就成为一个独立的实体。可见,实体与属性之间不存在截然划分的界线。但如果确定为属性,则不能再用其他属性加以描述,也不能与其他实体或属性发生联系。如果同类实体中的不同实体还有一些特殊性,应考虑是否用子类或超类。

实体确定后,组成实体的属性就基本确定了,要给这些属性指定一个表示符,以建立同其他实体的关系。实体间的联系也是根据需求分析结果确定的。在实体确定后,某个实体可能同其他实体有联系,有联系的需要用属性说明,也要随之确定。在确定实体间的联系时可能会出现冗余联系,冗余联系应该在局部设计中消除。

确定了实体及其联系后,基本的 E-R 模型框架就形成了。剩下的工作是进行属性分配,要把属性分配给实体和联系。实际上,在确定实体和联系的过程中属性就基本确定了。这一步主要是考察在需求分析中收集的数据是否还存在一些没有确定的内容。要分析数据流程图,将它们合理分配给实体类或联系。对不宜归属于实体或联系类的属性,可增加新的实体表示。如职工的奖惩情况,有的职工有,有的职工没有,有的职工可能发生多次,则奖惩情况应作为一个实体。有关奖惩的时间、内容等属性都应归入这一实体。

有的属性在多个实体中都要用到,应将它们分配给一个实体,以避免数据冗余、影响数据的完整性和一致性。

2. 设计全局概念模式

局部 E-R 模式反映的是用户的数据观点,称局部 E-R 图。全局概念模式设计就是要汇集局部 E-R 模式,从全局数据观点出发进行局部视图的综合、归并,消除不一致的和冗余的,形成一个完整的能支持各个局部概念模式的数据库概念结构。

对大型应用系统,视图的归并可以分步完成。先归并联系较紧密的两个或多个局部视图,形成中间局部视图,然后再将中间局部视图归并成全局视图。对归并后的全局视图要从全局概念结构考虑,进行调整和重构,生成全局 E-R 模式。

视图的归并包括实体类的归并和联系类的归并,主要应解决局部视图中用户观点的不一致性和消除冗余。

1)实体类的归并

在实体类归并时主要注意以下几点。

(1)命名冲突。命名冲突有两种情况,即同名异义和异名同义。

同名异义是指命名相同,但由于局部模式中抽象的层次不同,因而含义也不同。如学生实体,在有的局部模式中指所有在校学生,有的指本科生,有的指研究生。为消除冲突,可将学生改为本科生和研究生,或在学生实体中增加一个属性来区分。

异名同义大多同人们的习惯有关,一般可通过协商解决,也可以用行政手段解决。

(2)标识冲突。同一实体类的标识符应取得一致。如职工实体,在人事部门用职工号标识,在图书馆用图书证号标识,而在医院用医疗证号标识。又如产品代码,有的用五位标识,有的用七位标识。类似这些情况在归并时要统一表示。

(3)属性冲突。属性冲突包括属性名、类型、长度和取值范围、度量单位等的冲突。如产品价格,在工厂的不同部门,有的叫现行价,有的叫销售价;又如产品数量,有的用整数表示,有的用实数表示,而度量单位有个、万个、千克、吨等。关于这类冲突,解决的方法应该从全局出发,以能满足所有用户的需要为原则,必要时可进行相应的转换。

(4)结构冲突。同一实体在不同局部 E-R 图中所含的属性不一致,应该将不同属性归并到一起形成一个综合实体类。

结构冲突还包括实体类与属性的冲突,即有的属性在其他 E-R 图中是独立的实体类。如职工实体中的属性"配偶姓名",有的局部 E-R 图中被作为一个实体,用职务、职称、所在单位、地址、电话号码等属性描述。这种情况应统一作为独立实体处理。

2)联系类的归并

联系类同实体类一样,也要消除各种冲突,此外还应消除归并后的冗余联系及冗余属性。

联系类的归并是通过对语义的分析来归并和调整来自不同局部模式的联系结构。联系类的归并中,一种情况是实体间的联系在不同局部视图中联系名相同,但联系类型不同。如有的规定学生只能参加一个社团活动,而有的允许学生参加多个社团活动,则在社团与学生间分别存在 1∶n 和 m∶n 的联系表示,为满足不同应用需要,在归并时实体间用 m∶n 的联系表示,而 1∶n 的联系作约束条件处理,使全局视图中二者的联系趋于一致。

另一种情况是联系的实体类不同。如管理工程项目,在供应部门,材料与供应商间有供应联系;在施工部门,材料与工程项目间有供需联系;而在管理部门,在材料、供应商与工程项目间有供应联系。它们间的联系都是多对多的联系,可直接归并在一起,统一用材料、供应商和工程项目三者之间的多对多联系表示。

在归并中还要注意消除冗余联系和冗余数据,在全局 E-R 图中去掉冗余内容。

11.3.5　逻辑结构设计

前面得到的 E-R 图表达的是概念数据模型,它是系统的客观反映,与具体数据库的实现技术无关,但它却是下一步设计的基础。下一步就要把这个概念数据模型按一定的方法转换为某个具体的 DBMS 所能接受的形式,这就是所谓的逻辑结构设计。

逻辑设计过程可分为以下几步。

(1)模型转换。将 E-R 图转换为一般的 DBMS 可接受的数据模型。

(2)模型评价。检查转换后的模型是否满足用户对数据的处理要求,主要包括功能和性能要求两个方面。

(3)模型优化。根据模型评价的结果调整和修正数据模型,以提高系统性能。

修改后的模型要重新进行评价,直到认为满意为止。

由于不同的 DBMS 所支持的数据模型的类型不同,由 E-R 图转换为不同 DBMS 所支持的数据模型的方法也就各不相同,常用的数据模型有层次型、网状型和关系型三种。目前数据库大多采用支持关系型数据模型的 DBMS,如 Oracle、MySQL、SQL Server 等。

1. 导出数据模型

关系数据模型是通过"关系"来反映客观现象的,把 E-R 图转换为一个一个具体的关系。转换工作可以参考以下这些基本规则进行。

(1)对 E-R 图中的每一个实体,分别用它们建立一个"关系",关系所包含的属性要包括 E-R 图中对应实体所具有的全部属性。

(2)对 E-R 图中每一个 1∶n 的联系,分别让"1"的一方的关键字进入"n"的一方作为外部关键字。"联系"本身若具有属性,也让它们进入"n"的一方作为外部关键字。

(3)对 E-R 图中每一个 m∶n 的二元、三元或更多元的"联系",为这些联系分别建立一个"关系",关系的属性要包括对应联系自身的全部属性,还要包括形成该联系的多方实体的关键字。

(4) 对 E-R 图中每一个同种实体(即发生联系的是同一种实体中的两个不同的个体)自身 1∶n 的"联系",分别在为对应实体所形成的"关系"中多设一个属性。由于同种实体自身的 1∶n 的"联系"会在这种实体的不同个体间形成多个级别,这个多设的属性就用来存放上级个体的关键字。如果"联系"本身还具有属性,也应把它们收进为这个实体而形成的"关系"中。

(5) 对 E-R 图中每一个同种实体自身的 m∶n 的"联系",为这些"联系"分别建立一个"关系"。关系的属性除了包括对应"联系"的全部属性外(若有的话),还要增加两个属性,用来存放对应"联系"的双方个体(同一种实体内部)的关键字,关系的关键字就是新增的表示双方个体关键字的属性组合。

(6) 检查按照以上方法所形成的多个"关系",如果发现有的"关系"最终只含有一个属性,则把这样的"关系"取消。

以上所列的六条是一些基本规则,可以参照这些规则进行转换。但是这些规则并不是万能的,在具体的 DBMS 有某些特殊要求和限制时,还需要根据具体情况进行调整。

根据上述规则,对图 11-6 所示的 E-R 图进行转换,可以得到六个"关系"(注:有 * 的为关键字):

产品(产品号 * ,产品名,预算)
零件(零件号 * ,零件名,材料号,耗用量)
仓库(仓库号 * ,地点,面积)
材料(材料号 * ,材料名,单位,单价)
构成(产品号 * ,零件号,零件数)
存储(零件号 * ,仓库号,存储量)

至于这六个"关系"中所有属性的类型(数字型、字符型、日期型或逻辑型)及长度,完全可以从数据字典查得并做必要的调整,这六个"关系"就构成了该材料核算系统数据库的逻辑数据模型。至此,已经把概念数据模型转换为 DBMS 所能接受的形式。

得到关系模型后,要运用规范化的理论对其做进一步的处理,以消除各种存储异常。首先要确定关系模型的数据依赖集。在一个关系模型中非主键属性对主键属性的函数依赖比较明显,容易确定。但在属性间特别是不同实体的属性间是否还存在某种数据依赖、要结合分析阶段得到的文档资料仔细分析。

在获得数据依赖集后,逐一分析关系模型,检查是否存在部分函数依赖,传递函数依赖、多值依赖等,以确定关系模式处于第几范式。

关系模式是否要进行分解,要根据数据处理要求决定。例如,在关系模型中存在部分或传递函数依赖,需要进行分解。但若在数据处理中,关系的所有属性需要一起处理,则从处理效率出发,可以不进行模型分解。

2. 模型评价

由设计获得的数据模型是否符合用户的应用要求,要进一步审查。主要从功能和性能两方面考虑。

1) 功能评价

功能评价主要依据需求分析后确定的系统功能,审查逻辑数据库结构是否支持用户的所有应用要求。要仔细检查每个应用涉及的信息是否在逻辑结构中都有对应的属性,或能从已有属性中导出。另外,检查中也可能发现冗余属性或模式,要分析它们是为系统扩充而用的还是冗余的。

如果全局模式不能完全满足应用要求或存在冗余属性,都要对模式进行修正。如果是属于需求分析或概念设计阶段的问题,还要返回到这两个阶段重新审定,必要时要重复设计过程。

2) 性能评价

性能评价主要考虑数据的存取效率和空间利用率。逻辑记录存取法(logical record access,LRA)是衡量数据库结构性能的一种方法,它主要通过计算记录的逻辑存取次数(LRA)、应用需要存取的数据量(transport volume,TV)、数据所占的空间(storage space,SS)进行定量分析。

3. 模型优化

模型评价的结果可能要对已有模型进行修改,如果不能满足功能要求,可能还要返回到需求分析或概念设计阶段,或者要重新设计数据模型。这里主要讨论提高性能方面的一些常用方法。

模型优化的方法主要以降低逻辑存取次数、减少存取的数据量和数据占用空间为目标。优化的方法与具体模型有关,常用以下方法。

1) 垂直分割

把一个记录型中经常要用的数据项和不经常使用的数据项分开存放,形成两个记录型,以减少存取的数据量。如产品记录的数据项有:

产品号	产品名	规格	单价	重量	颜色	体积	产品说明

其中,产品号、产品名、规格、单价经常要存取,而其他数据项用得较少,则可以把记录垂直分割成如下两个记录型:

产品号	产品名	规格	单价

产品号	重量	颜色	体积	产品说明

2) 水平分割

可根据应用不同或记录的使用频率不同,把一个记录型中的记录分开存放,以减少记录的逻辑存取次数。如学生记录,研究生院的应用只涉及研究生记录,而教务处却只处理本科生的记录,可将学生记录水平分割成研究生和本科生两个记录型。

又如工厂的历史经济指标,近十年的数据经常需要查阅,而十年前的数据使用很少,则可以将近十年的经济指标分割出来,单独形成一个记录型。

3) 数据冗余

适当的数据冗余可减少记录的逻辑存取次数,这是用空间换取存取效率的常用方法。如在模型中有学生和系两个记录模型,若在学生记录中增加系号,则在存取学生记录时要同时存取学生所在系的应用中,可不必先从系表中存取系记录,减少了数据库操作工作量。

可对关系模型以规范化理论为指南进行改进,但在有些情况下,处于第一范式、第二范式的关系比第三范式的关系处理的效率更高一些,则还需进行模式的合并。

需要指出的是,数据模型的设计没有绝对的准则,要根据具体应用要求而定。一个数据模型很难说是最佳的,对它的各种要求和制约因素间往往是相互矛盾的。同一模型对一些应用可能是较优的,而对另一些应用恰恰相反。因此,实际设计中往往需要在多个模型间进行折中。要力求在满足不同应用需要的同时,设计出较优的数据模型。

数据库的逻辑设计还包括数据的安全性和完整性方面的设计。在逻辑设计阶段还要产生所有的子模式,子模式的逻辑结构要根据局部概念模式结构生成。数据库的逻辑结构生成后就可以转入数据库的物理结构设计。

11.3.6　数据库物理设计

数据库物理设计的任务是如何有效地把数据库逻辑结构在物理存储器上加以实现。所谓"有效"主要有两个含义:一个是要使设计出的物理数据库占有较少的存储空间;另一个是对数据库的操作具有尽可能高的处理速度。这二者有时是矛盾的,数据库物理设计的目标就是要在限定的软硬件及应用环境下建立一个具有较高性能的物理数据库。

数据库的物理设计与具体 DBMS 有关,物理设计的内容大致如下。

(1) 确定记录存储格式。

数据库中每个记录数据项的类型和长度要根据用户要求及数据值的特点来确定。一般 DBMS 提供了多种数据类型可以进行选择。如字符型的数据可用字符或二进制位串来表示,如果数据项的值在一个不大的有限集内,用二进制位串来表示可以节约存储空间。如职工记录中的职称有"教授""副教授""讲师""助教"等几种值,则用二进制位串表示为:

0001 表示教授
0010 表示副教授
0011 表示讲师
……

这比起用汉字、英文或汉语拼音等形式表示存储空间会节约很多,特别是存储的数据量大时效果会更加明显。

为加快存取速度,可把记录数据按不同应用进行水平或垂直分割,把它们分别存储在不同的设备或同一设备的不同位置上,或把经常用的数据存储在磁盘上,不经常用的数据放在磁带上。

(2) 选择文件的存储结构。

文件存储结构的选择与对文件进行的处理有关。对需要成批处理的数据文件,可选用顺序存储结构,而经常需要随机查询某一记录时,则选用散列方式存储结构比较合适。一些 DBMS 支持多种存储方式,不同的存储方式处理效率有时会不同,要根据实际数据处理的需要选择存储结构。

在有些 DBMS 中还支持聚集索引,如 SQL Server、Oracle。采用聚集索引,使记录的物理存储顺序与主键值顺序相同,以提供按主关键字查询的最高效率。

随着云技术的发展、分布式系统的广泛应用,逐渐出现更多的数据存储技术,支持大量数据的处理,如火车售票系统、大型电子商务系统的数据库设计。

（3）决定存取路径。

一个文件的记录之间及不同文件的记录之间都存在着一定的联系。因此，对于一个记录的存取可根据应用的不同选择不同的存取路径，以提高处理效率。物理设计的任务之一就是要确定和建立这些存取路径。

在关系数据库中可通过建立索引来提供不同的存储路径。需要在哪些属性上建立索引、哪个是主索引、哪个是次索引、索引的键是单属性还是属性的组合，这些都是设计中需要解决的问题。

当然，索引的建立会增加许多系统开销，数据更新时要同时更新索引，降低了数据更新操作的效率。

（4）分配存储空间。

许多 DBMS 为了便于数据管理，数据空间是以区段和页块来组织的。一个区段有多大的存储空间，页块的大小、溢出空间的大小及分布、缓冲区的大小、装填因子（也称负载因子）（load factor）等都要由设计者提供。

空间分配是否合理会影响到数据库的性能。如页面大，一页中存储的数据就多，顺序存取或一次处理多个记录时，物理输入输出的次数就少。但随机查询时，页面大，数据流量也大，存取时间就长。

又如装填因子，若取值小，每页的自由空间就大，数据插入时同一记录型的数据将集中存放，有利于数据的存取。但装填因子小，数据占用空间多，可能会造成空间的浪费。

因此，存储分配要结合存取速度和空间占用，权衡利弊，综合考虑。要依据数据的主要应用特点（是成批处理还是随机查询，数据相对稳定还是经常需要对数据进行更新，或需要不断地增加信息量等）确定参数值，以得到响应时间和空间占用的最佳分配。

11.4　用户界面设计

用户界面又称人机界面或人机接口，它是人与硬件、软件的交叉部分。用户通过人机界面可以和软件系统进行交互。目前人机交互已发展成计算机科学的一个重要领域。

用户界面设计是软件设计的重要组成部分。近年来，人机界面在系统中所占的比例越来越大，在个别系统中人机界面的设计工作量甚至占总设计量的一半以上。同时软件的用户界面正日渐成为是否具有竞争优势的重要条件。如果一个产品的界面引起了用户的注意并易学易用、具有合适的价格和功能，那么这个产品就会具有很强的竞争性。因此人机界面设计至关重要。

11.4.1　用户界面设计的一般原则

用户界面是介于用户和计算机之间，是人与计算机之间传递、交换信息的中间环节，是用户使用计算机系统的综合操作环境。因此用户界面设计不仅需要计算机科学的理论和知识，而且需要认知心理学以及人机工程学、语言学等学科的知识。其中有一些用户界面设计的一般基本原则，在设计中必须认真考虑。

（1）以信息交换作为界面设计的核心。

人机界面设计的关键是使人与计算机之间能够准确地交流信息。一方面，人向计算机输入信息时应当尽量采取自然的方式；另一方面，计算机向人传递的信息必须准确，不致引起误解或混乱。另外，不要把内部的处理、加工与人机界面混在一起，以免互相干扰，影响速度。

设计时，针对每一个功能，都要按照"I-P-O"的模块化思想，使输入、处理与输出"泾渭分明"，充分体现人机界面的通信功能。这样设计出来的程序不易出错，而且易于维护。

（2）用户熟悉原则。

"用户熟悉"这一指导原则是指在界面设计中不是让用户只因为这样的界面容易实现而被动地适应某个界面。界面应该使用用户熟悉的术语，由系统操纵的对象应该与用户的环境直接有关。界面所使用的术语和概念应该是来自用户的经验，这些用户是将要使用系统最多的人。

（3）一致性原则。

用户界面的一致性主要体现在输入输出方面的一致性。具体是指在应用程序的不同部分，甚至不同应用程序之间，具有相似的界面外观、布局和相似的人机交互方式以及相似的信息显示格式等。例如，在整个系统可以用问号图标表示帮助，以磁盘图标表示存盘，以打印机图标表示打印等。统一的人机界面不会增加用户的负担，且可以让用户始终用同一种方式思考与操作。一致性原则有助于用户学习，减少学习量和记忆量。

（4）输入界面友好、使用方便。

多数信息系统的数据输入量较大。对于一些相对固定的数据，不应让用户频频输入（特别是汉字），而应让用户用鼠标轻松选择。例如，在商品信息的处理过程中，采用下拉列表等查询方式，而不应让用户输入商品名称汉字。

总之，系统在使用过程中，应使用户的数据键盘输入量降至最低限度，同时也要减少用户的干预量。实践证明，用户干预越少，系统的满意程度越高。

（5）具有较强的容错功能。

误操作、按键连击等均有可能导致数据误录。巧妙地进行程序设计，可以避免此类因素造成的错误。例如，录入信息时，可以对数据类型、取值范围进行限定，使用户无法输入例外数据。

另外，开发者应编写一个错误实时记录程序，自动记录何日、何时、何程序出了何种错误。

（6）可恢复性原则。

用户在使用系统的时候，犯错误是不可避免的。因此界面应该有一种机制来允许用户从错误中恢复，并且界面设计应能够最大限度地减少这些错误。但是错误不可能完全消除，用户界面应该便于用户恢复到出错之前的状态。如果用户指定的操作有潜在的破坏性，那么在信息被破坏之前，界面应该提问用户是否确实想这样做，这样可使用户对该操作进一步确认。撤销命令可以使系统恢复到操作执行前的状态，由于用户并不能马上意识到自己已经犯了错误，多级撤销命令就很有用。

（7）用户指南原则。

当用户遇到复杂问题或使用系统遇到困难时，需要系统的指导，因此设计界面时要考虑到这些因素。

（8）用户差异性原则。

系统应该为不同类型用户提供合适的交互功能。对许多交互式系统而言,可能有各种类型的用户。这些不同类型的用户在系统中的信息处理权限一般也不同,因此要根据用户的操作权限、处理信息范围等设置不同的操作页面。

上述是用户界面设计时的一般性原则,在针对特定的机构或特定类型的系统做设计时,不能生搬硬套这几条一般原则,需要将这些基本原则进一步实例化,结合具体需求添加更详细的内容作为具体的设计指南。

11.4.2　用户界面设计过程

用户界面设计是以用户为中心,反复迭代的过程。也就是说,通常先在充分分析和理解用户的基础上,创建设计模型,再用原型实现这个设计模型,并由用户试用和评估,让系统的最终用户积极参与设计过程中,然后根据用户意见进行修改。

图 11-7 是用户界面设计过程图。从图 11-7 中可以看出,完成初步设计之后就创建第一级原型,一般在创建原型之前就对用户界面的设计质量进行初步评估。这是因为如果能及早发现并改正潜在的问题,就可以减少评估周期的执行次数,从而缩短软件的开发时间。用户试用并评估该原型,直接向设计者表述对界面的评价;设计者根据用户意见修改设计并实现下一级原型。上述评估过程持续进行下去,直到用户感到满意,不需要再修改界面设计时为止。所以用户界面设计完全以用户为中心的反复迭代的活动,最终目的是得到一个用户满意的界面。

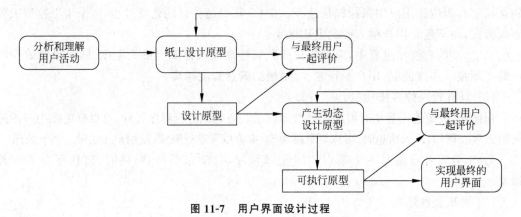

图 11-7　用户界面设计过程

11.5　系统设计报告

系统设计阶段的最终结果是系统设计报告,系统设计报告是下一步系统实施的基础。它包括以下主要内容。

（1）系统总体结构图,包括总体结构图、子系统结构图、流程图等。

（2）系统设备配置图,设备在各工作节点的分布图、网络结构图等。

（3）系统分类编码方案,包括分类方案、编码和校对方式等。

（4）I/O 设计方案。

（5）文件或数据库的设计说明。

（6）HIPO,包括层次化模块控制图、IPO 等。

（7）系统详细设计方案说明书。

11.6　小　　结

本章介绍了系统设计相关内容,在系统分析的基础上形成系统设计报告,是系统实现的基础。系统设计的主要内容包括:

（1）系统功能模块设计工具及应用。

（2）编码设计。

（3）数据库设计,包括规范化、E-R 图、概念结构设计、逻辑结构设计和物理设计。

（4）用户界面设计。

（5）系统设计报告。

11.7　习　　题

1. 功能模块设计的内容有哪些?

2. 功能模块设计的工具有哪些?

3. 什么是系统功能结构图?

4. 如何表达模块处理流程?

5. 数据设计的步骤有哪些?

6. 什么是数据存储结构的规范化?

7. 试举例说明数据存储结构规范化分析的过程。

8. 什么是 E-R 图? 有什么作用?

9. 实体与实体间的联系有哪几类?

10. 如何进行数据库逻辑结构设计?

11. 试绘制学生课表信息 E-R 图,包括课程名称信息、上课时间信息、上课地点信息、使用教材信息等,并建立对应数据库。

12. 如何进行系统编码设计?

13. 系统设计报告的内容有哪些?

第**12**章

系统实施

12.1　信息系统的开发方式

信息系统的开发方式主要有独立开发、委托开发、合作开发、购买成熟商品化软件四种方式。这四种开发方式各有优点和不足,需要根据企业用户的技术力量、资金情况、外部环境等各种因素进行综合考虑和选择。无论哪种开发方式都需要有用户企业的领导和业务人员参加,并在管理信息系统的整个开发过程中培养、锻炼、壮大该系统的维护队伍。

1. 独立开发

独立开发适合于有较强的管理信息系统分析与设计队伍和程序设计人员、系统维护使用队伍的组织和单位,如大学、研究所、计算机公司、高科技公司等单位。独立开发的优点是开发费用少,开发后,系统能够适应本单位的需求且满意度较高,最为方便的是系统维护工作;缺点是容易受业务工作的限制,系统优化不够,如果开发队伍专业性不强会导致开发水平较低,且因为开发人员是临时从所属各部门抽调出来进行管理信息系统开发,这些人员在其原部门还有其他工作,精力有限,容易造成系统开发时间长,开发人员调动后,系统维护工作可能会没有保证。

2. 委托开发

委托开发方式适合于无管理信息系统分析、设计及软件开发人员或开发队伍力量较弱但资金较为充足的企业用户。双方应签订管理信息系统开发项目协议,明确新系统的目标和功能、开发时间与费用、系统标准与验收方式、人员培训等内容。委托开发方式的优点是省时、省事,开发的系统技术水平较高;缺点是费用高,系统维护需要开发单位的长期支持。此种开发方式需要企业用户的业务骨干参与系统的论证工作,开发过程中需要开发单位和企业用户双方及时沟通,进行协调和检查。

3. 合作开发

合作开发方式适合于有一定的管理信息系统分析、设计及软件开发人员,但开发队伍力量较弱,希望通过管理信息系统的开发完善和提高自己的技术队伍,便于系统维护工作的企业用户。双方共享开发成果,实际上是一种半委托性质的开发工作。其优点是相对于委托开发方式而言节约了资金,并可以培养、增强技术力量,便于系统维护工作,系统技术水平较高;缺点是双方在合作中沟通易出现问题,需要双方及时达成共识,进行协调和检查。

4. 购买成熟商品化软件

目前,软件的开发正在向专业化方向发展。一批专门从事管理信息系统开发的公司已经开发出一批使用方便、功能强大的专项业务管理信息系统软件。为了避免重复劳动，提高系统开发的经济效益，也可以购买管理信息系统的成套软件或开发平台，如财务管理系统、小型企业管理信息系统、供销存管理信息系统等。此方式的优点是节省时间和费用，技术水平较高；缺点是通用软件的专用性较差，需要有一定的技术力量根据用户的要求做软件改善和接口研发等二次开发工作。

总之，不同的开发方式有不同的长处和短处，需要根据用户的实际情况进行选择，也可综合使用各种开发方式。

12.2 管理信息系统的项目管理

一般来讲，管理信息系统的建设是一个比较大型的项目，在项目的开发过程中会出现很多预想不到的问题，不得不采取相应的措施来预防和解决，而这些问题在制定系统目标时是无法控制的。

进行管理信息系统研发项目的管理，需要合理安排项目的各种资源，包括办公室的分配、硬件软件系统的管理、项目经费的筹集与使用、各项工作任务的人员配备等。在管理信息系统开发的整个过程中会形成很多文档资料，包括工作文档和技术文档。文档管理是管理信息系统项目管理中非常重要的一部分工作。在实践过程中，人们已经认识到了管理信息系统文档管理的重要意义，并且已开始体现在管理信息系统的项目管理工作中。

另外，在项目管理的过程中，还需要不断协调项目组同软硬件供应商、投资企业及其他相关部门的关系。尤其对于投资企业，必须了解其实际需求及对项目的实际期望。项目的投资企业直接影响项目的计划与实施。如果不能正确地理解投资企业的需求，在出现问题时就不能成功地进行沟通协商，这样会直接影响项目的进度，甚至会影响项目的最终完成。

12.2.1 项目角色与分工

项目团队的组织是管理信息系统成功开发的重要因素之一。管理信息系统的建设是比较大的工程项目，必须进行任务的分解，由不同的人员共同来完成。项目团队的组建一般包括项目经理（项目负责人）、系统分析员、系统设计员、数据库系统管理员、系统管理员、程序设计员、文档管理员等。另外，管理信息系统项目的团队还要邀请部分投资企业的业务人员参加。项目团队中的各种角色的成员在项目开发的过程中分担着不同的工作，相互协作，共同来完成系统的开发工作。

1. 项目经理

项目经理负责管理项目的开发活动和开发方向，应该具有很强的管理才能、丰富的组织经验和协调能力，掌握项目开发过程中的关键点，在参与项目的各方之间找到一个让各方都满意的方案。项目经理的工作内容有制订项目计划、确定开发所用的技术和方法、有计划地分配现有的各种资源、协调项目、控制项目的规模、成员评价等。

2. 系统分析员

系统分析员负责确定具体的商务需求，并正确地传达给系统设计员和其他开发人员。

系统分析员应该具备丰富的相关业务领域知识,能够与企业的业务负责人员很好地交流,并明确地表达实际的业务需求。

3. 系统设计员

系统设计员是管理信息系统项目团队中非常重要的角色,负责管理信息系统的总体设计和详细设计。系统设计员不仅要具备相关领域的业务知识,理解具体的业务需求,而且要具备丰富的计算机软硬件知识,设计如何实现系统分析中提出的业务需求的方案。

4. 数据库系统管理员

数据库系统管理员负责数据库系统的正常使用管理,保证数据库系统的安全性和保密性。

5. 系统管理员

系统管理员也是管理信息系统项目团队中很重要的角色,负责计算机系统的管理,保证计算机系统的安全。系统管理员必须具有丰富的计算机软硬件知识,并能够随时投入工作。

6. 程序设计员

程序设计员的工作是进行程序设计,即使用应用开发工具来实现系统设计中的内容。程序设计员应该熟悉系统的硬件环境,熟练掌握所使用的数据库系统和计算机程序设计语言。

7. 文档管理员

在管理信息系统的开发过程中,存在着普遍不愿意在开发阶段书写文档的不良现象。但实际情况表明,没有完整、系统的文档会给未来系统的维护带来巨大困难,也是管理信息系统项目管理的一种失败。配备专门的文档管理员来负责项目文档的书写和管理是一种比较好的选择。

8. 企业业务人员

管理信息系统项目的开发需要系统开发人员和系统使用人员之间的相互配合。开发人员和使用人员的配合与协作非常重要,这主要源于以下两个方面的原因:一方面是管理信息系统的开发人员往往对计算机系统非常熟悉,但是对具体业务不是很了解,所以一般从计算机技术的角度考虑问题,在进行系统的分析与设计时不容易正确理解系统的需求;另一方面,系统的使用人员对具体业务非常熟悉,但是对管理信息系统的开发方法不是很了解,可能会提出计算机系统难以实现的要求。系统的开发人员和使用人员必须相互配合,反复讨论,才能做好管理信息系统的分析与设计工作。

在管理信息系统的开发过程中,上述各角色是必需的,但工作的划分不是绝对的。例如,在很多应用系统中会出现这样的情况:系统管理员与数据库系统管理员由同一人担任,不一定配备专门的文档管理员,系统设计员同时负责系统的分析等。另外,在有些关键的技术问题上,还可能外聘相关领域的专家,请他们提供帮助和提出建设性的意见。

12.2.2　软件质量管理

软件的质量因素很多,如正确性、精确性、可靠性、易用性、可复用性、可扩充性、兼容性等。

正确性与精确性之所以排在质量因素的第一位,是因为如果软件运行不正确或者不精确,就会给用户造成不便甚至造成损失。机器不会主动欺骗人,软件运行不正确或者不精确一般都是人为因素造成的。

与正确性、精确性相关的质量因素是容错性和可靠性。容错性首先承认软件系统存在不正确与不精确的因素,为了防止潜在的不正确与不精确因素引发灾难,系统为此设计了安全措施。可靠性是指在一定的环境下,在给定的时间内,系统不发生故障的概率。

易用性是指用户感觉使用软件的难易程度。用户可能是操作软件的最终用户,也可能是那些要使用源代码的程序员。

复用的一种方式是原封不动地使用现成的软构件,另一种方式是对现成的软构件进行必要的扩充后再使用。可复用性好的程序一般也具有良好的可扩充性。

用户都希望软件的运行速度高些(高性能),并且占用资源少些(高效率)。程序员可以通过优化算法、数据结构和代码组织来提高软件系统的性能与效率。

12.3　系统开发方法

信息系统的开发是一个复杂的系统工程,它涉及计算机处理技术、系统理论、组织结构、管理功能、管理知识等各方面的问题,至今没有一种统一、完备的开发方法。但是,每一种开发方法都要遵循相应的开发策略。信息系统开发方法主要有结构化生命周期开发方法、原型法、面向对象的开发方法等。

任何一种开发策略都要明确以下问题。

(1) 系统要解决的问题。如采取何种方式解决组织管理和信息处理方面的问题、对企业提出的新的管理需求该如何满足等。

(2) 系统可行性研究。确定系统所要实现的目标。通过对企业状况的初步调研得出现状分析的结果,然后提出可行性方案并进行论证。系统可行性研究包括目标和方案的可行性、技术的可行性、经济方面的可行性和社会影响方面的考虑。

(3) 系统开发的原则。在系统开发过程中,要遵循领导参与、优化创新、实用高效、处理规范化的原则。

(4) 系统开发前的准备工作。做好开发人员的组织准备和企业基础准备工作。

(5) 系统开发方法的选择和开发计划的制订。针对已经确定的开发策略选定相应的开发方法,既是选择结构化系统分析和设计方法,还是选择原型法或面向对象的方法。开发计划的制订要明确系统开发的工作计划、投资计划、工程进度计划和资源利用计划。

12.4　程序设计

在系统开发过程中,程序设计是非常重要的一步。通常,管理应用程序规模大,复杂性高,因此,开发这类大型程序时,应尽量采用先进的软件开发技术和工具。

12.4.1　程序设计的性能要求

随着计算机硬件价格越来越低,软件费用占比急剧上升,人们对程序设计的要求发生了变化。过去主要强调程序的正确和效率,这对小型程序来说无疑是适用的。对于大型程序,人们则倾向于首先强调程序的可维护性、可靠性和可理解性,其次才是效率。

1. 可维护性

一个程序在其运行期间,往往会逐步暴露出某些隐含的错误,这些错误需要及时排除。同时,用户也可能提出一些新的要求,这就需要对程序进行修改或扩充,使其进一步完善。此外,可能由于计算机软件与硬件的更新换代,应用程序也需要做相应的调整或移植。这些工作都属于程序维护任务。考虑到应用程序一般都要运行 3~10 年的时间,因此,程序的维护工作量相当大。一个程序即使其他方面都十分理想,如果不容易维护,那么其实际使用价值就很差,所以说可维护性是对程序设计的重要要求之一。

2. 可靠性

一个程序不仅应该在正常情况下正确地工作,而且在意外情况下,应便于处理,防止造成严重的损失。

3. 可理解性

程序不仅要求逻辑正确、计算机能够执行,而且应当层次清楚,简洁明了,便于人们阅读。在实际编写程序的过程中,人们往往宁可牺牲一定的时间和空间,也要尽量换取程序的可维护性和可理解性的提高。

12.4.2　程序设计方法

程序设计是把复杂问题的求解转换为计算机能运行的简单操作过程。在程序设计过程中往往出现人的思维与问题的复杂性不适应的情况,因此需要合理地组织复杂性与人的思维,使两者统一起来。程序设计方法论的研究主要有以下两方面:

1) 由顶向下法

"由顶向下、逐步细化"是结构程序设计的一种方法,由 Dijkstra 首先提出,由 Wirth 具体化。即在设计一个程序时,首先确定一般性的目标,然后再逐步将此目标往下分解成子目标并具体化,最后得到可运行的程序模块。这一方法符合人们解决复杂问题的普遍规律,可以显著提高程序设计效率。同时,采用先全局后局部、先整体后细节、先抽象后具体的逐步细化设计出的程序具有清晰的层次结构,因此容易阅读和理解。

2) 自底向上法

这种方法强调程序设计的模块化。它是把一个大程序按照人的思维能理解的大小规模进行分解的一种方法。在这种方法中,主要考虑按什么原则划分模块以及如何组织、处理各模块之间的联系。

模块划分的基本原则是使每个模块易于理解。一般说来,单一概念的事物容易被理解。人们可以从不同角度去抽象"概念",当时提倡从功能角度解释事物,即按功能划分模块,希望在一个模块内包括且仅包括某一具体任务的所有成分。这样得到的模块内部联系较强而模块之间的联系较弱,使每个模块功能单一,独立性较高,便于单独编程、调试及验证其正确性,并使得由于程序错误及修改引起的副作用局部化。同时在扩充系统或建立新系统时,可以充分利用已有模块,用积木式方法进行开发,提高程序的可重用性。由于程序各模块之间接口关系简单,这种程序的可读性及可理解性较好。

事实上,无论自底向上或由顶向下方法都各有优点和不足,最合理的途径是将这两种方法结合起来,例如用由顶向下方法设计程序,再用自底向上方法编制和调试程序。

12.4.3　程序设计的原则

1. 模块化

模块化就是把程序划分成若干个模块,每个模块具有一个子功能,把这些模块集成起来构成一个整体,可以完成指定的功能,实现问题的求解。确切地说,模块是数据说明、可执行语句等程序对象的集合。模块可以被单独命名,而且可通过名字来访问,例如,过程、函数、子程序、宏等都可作为模块。在面向对象的方法学中,对象和对象内的方法也是模块。在软件的体系结构中,模块是可组合、分解和更换的单元。模块是构成程序的基本构件。模块具有以下几个基本属性。

(1) 接口:指模块的输入与输出。

(2) 功能:指模块实现什么功能。

(3) 逻辑:描述内部如何实现要求的功能及所需的数据,即描述模块内部处理过程。

(4) 状态:指该模块的运行状态,即模块的调用与被调用关系。

功能、状态与接口反映模块的外部特性,逻辑反映它的内部特性。在软件设计阶段通常首先要确定模块的外部特性,这就是软件总体设计需要解决的问题。然后再确定模块的内部特性,这就是软件详细设计需要解决的问题。

目前,模块化方法已被广泛接受和应用,特别是在面向对象的软件开发模式中很自然地支持了把系统划分成模块的思想。

2. 抽象与细化

抽象是人类在认识复杂现象的过程中使用的最强有力的思维工具,抽象就是抽取出事物的本质特性而暂时忽略它们的细节。处理复杂系统的唯一有效的方法是用层次的方式构造和分析它,因此在进行模块化软件设计时,可以在不同的抽象层次进行设计。在抽象的最高层次使用问题环境的语言,以概括的方式叙述问题的解法;在较低的抽象层次采用更过程化的方法,把面向问题的术语和面向实现的术语结合起来叙述问题的解法;最后在最低的抽象层次用可直接实现的方式叙述问题的解法。

细化实际上是一个详细描述的过程。在高层抽象定义时,从功能说明或信息描述开始。也就是说给出功能说明或信息的概念,而不给出功能内部的工作细节或信息的内部结构。细化则是设计者在原始说明的基础上进行详细说明,随着不断的细化(详细说明)给出更多的细节。

抽象与细化是紧密相关的。实际上,软件工作过程的每一步都是对软件解法的抽象层次的一次细化。在可行性研究阶段,软件作为系统的一个完整部件;在需求分析阶段,软件解法是使用在问题环境内熟悉的方式描述的,它是最高程度的抽象;当由总体设计向详细设计过渡时,抽象的程度也就随之减少了,相当于在最高程度上进行了一次深入的细化;最后,当源程序写出来以后,也就达到了抽象的最底层,完成了最高程度的细化。

3. 信息隐蔽

信息隐蔽是指在设计和确定模块时,使一个模块内包含的信息(过程和数据)对于不需要这些信息的模块来说是不能访问的。有效的模块化可以通过定义一组独立的模块而实现,这些独立的模块彼此间仅仅交换那些为了完成系统功能而必须交换的信息。隐藏并不是隐藏有关模块的一切信息,而是模块的实现细节。通过抽象,可以确定组成软件的过程实体;而通过信息隐蔽,则可以实现对模块过程细节和局部数据的存取限制。

使用信息隐蔽给模块化系统设计带来了极大的好处。因为绝大多数数据和过程对于软件的其他部分而言是隐藏的(也就是"看不见"的),在修改期间由于疏忽而引入的错误传播到软件的其他部分的可能性就很小。

4. 可重用

软件重用(software reuse),又称软件复用或软件再用是指同一程序段不做修改或稍加改动就多次重复使用。软件复用的范围基本上可归纳为数据复用、模块复用、结构复用、设计复用和规格说明复用五个层次。自从软件重用思想产生以来,出现多种软件重用技术,如库函数、模板、面向对象、设计模式、组件、框架、构架等。在面向对象方法中更有利于软件的复用,因为它的主要概念及原则与软件复用十分吻合。

最理想的重用技术是它的重用产品能够和用户的需求完全一致,不需要用户做任何自定义,并且无须用户学习就能够被使用。然而,随着技术的发展和应用范围的变化,一种重用技术具有时间局限性和应用场景局限性。

对建立软件目标系统而言,就是利用某些先前开发的、现在对建立新系统有用的信息来生产新系统。软件设计过程中一方面在构造新系统时不仅要考虑数据复用和模块复用,还要考虑结构复用、设计复用和规格说明复用,设计出新的可重用系统;另一方面要应用已有的可重用软件成分,来提高软件的开发质量和效率。

12.4.4 模块独立性

模块独立性是指软件系统中每个模块只涉及软件要求的具体子功能,例如,如果一个模块只具有单一的功能,并且与其他的模块没有太多的联系,则称此模块具有模块独立性。

模块的独立程度可以由模块间的耦合和模块的内聚两个定性标准度量。耦合是衡量不同模块彼此间互相依赖(连接)的紧密程度;内聚是衡量一个模块内部各个元素彼此结合的紧密程度。一个模块内部各个元素之间的联系越紧密,它的内聚性就越高,对应地它与其他模块之间的耦合性就会降低,模块独立性就越强。相反,模块内聚性越低,模块间耦合性就越强,模块的独立性也就越弱。在软件设计中要追求高内聚低耦合的模块,应尽量提高模块的独立性,这样可以降低问题的复杂度,对模块测试、维护就容易,错误传播的可能性就减小。

1. 耦合

耦合是程序结构中各个模块之间相互关联的度量。耦合的强弱取决于模块间接口的复杂程度、调用模块的方式以及通过接口的信息。Myers从耦合的机制上将耦合分为非直接耦合、数据耦合、标记耦合、控制耦合、外部耦合、公共耦合、内容耦合七种类型,并对其进行了比较和分析,图 12-1 是七种耦合类型的关系图。需要注意的是,实际中模块之间的耦合并不是七种耦合类型中的某一种,而是多种类型的混合。

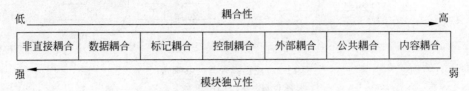

图 12-1　七种耦合类型的关系

1）非直接耦合

如果两个模块之间没有直接关系,彼此之间完全独立,它们之间的联系完全是通过主模块的控制和调用来实现的,称为非直接耦合。非直接耦合程度最低,因此模块的独立性最强。

2）数据耦合

如果两个模块彼此间通过参数交换信息,而且交换的信息仅仅是数据,那么这种耦合称为数据耦合。数据耦合是松散的耦合,模块的独立性比较强。

3）标记耦合

如果一组模块通过参数表传递具有某一数据结构的记录信息,这就是标记耦合。这就意味着另一模块要共享这个记录,必须清楚该记录的数据结构,并按要求对此记录进行操作。这就使得在数据结构上的操作复杂化,在设计中应尽量避免或采用相应的其他方法消除这种耦合。

4）控制耦合

如果两个模块之间传递的信息有控制信息,则这种耦合称为控制耦合。控制耦合是中等程度的耦合,它增加了系统的复杂程度。例如图 12-2(a)所示,模块 A 的内部处理逻辑判定是执行模块 C 还是执行模块 D,要取决于模块 B 传来的信息标志 Status。这就意味着对所控模块 C 或模块 D 的任意修改,都会影响控制模块 A。因此在设计中要尽量避免这种耦合,通过把模块适当重新分解后用数据耦合来代替,就可以消除这种耦合。

5）外部耦合

如果几个模块都访问同一全局简单变量而不是同一全局数据结构,而且不是通过参数表传递该变量的信息,则称为外部耦合。外部耦合程度较高,模块的独立性较弱。外部耦合可能引起数据的修改、模块的可靠性和适应性,以及程序的可读性问题。在程序设计时尽量少用外部耦合。

6）公共耦合

当两个或多个模块通过一个公共数据区相互作用时,它们之间的耦合称为公共耦合。公共数据区可以是全程数据区、共享通信区、内存公共覆盖区、任何介质上的文件、物理设备等。公共耦合的复杂程度随耦合模块的个数增多而显著地增加,当程序中存在大量的公共耦合会给程序测试和诊断带来非常大的困难。例如在图 12-2(b)中,A、C 和 E 模块共用一个全程数据区,当全程数据区的数据发生错误时,很难断定是由哪一个模块引起的。因此,在设计时还是使用耦合性低、模块的独立性比较高的耦合为好。只有在两个模块共享的数据很多,都通过参数传递很不方便时,才使用公共耦合。

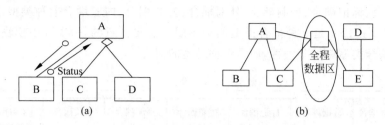

图 12-2　控制耦合与公共耦合

（a）控制耦合；（b）公共耦合

如果两个模块产生了公共耦合，那么它可能是下述两种可能：

（1）一个模块向公共数据区送数据，另一个模块从公共数据区取数据，称为松散公共耦合，如图 12-3(a)所示。

（2）两个模块都既向公共数据区送数据又从里面取数据，这种耦合比较紧密，称紧密公共耦合。如图 12-3(b)所示。这种紧密公共耦合将会给使用公共数据区数据的一致性带来问题，所以如使用公共耦合，尽量采用松散公共耦合。

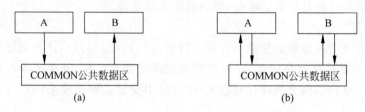

图 12-3　两种形式的公共耦合

（a）松散公共耦合；（b）紧密公共耦合

7）内容耦合

最高程度的耦合是内容耦合。内容耦合使得模块的独立性最弱，应该坚决避免使用内容耦合。如果出现下列情况之一，就发生了内容耦合。

（1）一个模块访问另一个模块的内部数据；

（2）一个模块不通过正常入口而转到另一个模块的内部（见图 12-4(a)）；

（3）两个模块有一部分程序代码重叠（见图 12-4(b)）；

（4）一个模块有多个入口（这表明一个模块有几种功能）（见图 12-4(c)）。

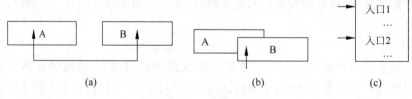

图 12-4　内容耦合

（a）进入另一模块内部；（b）模块代码重叠；（c）多入口模块

上面介绍了 Myers 的七种耦合类型。在设计中处理耦合的总体原则是：尽量使用数据耦合，少用标记耦合和控制耦合，限制外部耦合和公共耦合的范围，完全不用内容耦合。

在面向对象的方法学中，对象是最基本的模块，因此耦合主要指不同对象之间相互关联的紧密程度。如果一类对象过多地依赖其他类对象来完成自己的工作,它们之间的相互依赖关系是紧耦合的。不同对象间的紧耦合将给理解、测试或修改类带来很大困难,同时还将大大降低类的可重用性和可移植性。因此,在设计中尽量减弱对象间的耦合程度,以提高模块的独立性。

一般来说,对象之间的耦合可分为交互耦合和继承耦合两大类。所谓交互耦合是指对象之间的耦合通过消息连接来实现。如果一个对象与其他对象有较多的消息连接,则它们彼此之间耦合就越密切,因此要尽量减少对象发送的消息个数和消息中的参数个数,以使交互耦合尽可能松散。而继承耦合是指一个派生类与它的基类耦合程度。如果一个派生类继承并使用了基类的很多属性和方法,那么继承耦合程度就大;相反,如果一个派生类摒弃了它基类的许多属性和方法,则它们之间的继承耦合是松散的。图 12-5 表示了两个对象间的交互耦合和继承耦合。由于通过继承关系结合起来的基类和派生类构成了系统中粒度更大的模块,因此要尽量加大继承耦合的程度,以提高模块的独立性。

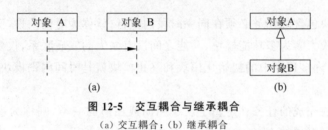

图 12-5　交互耦合与继承耦合

（a）交互耦合；（b）继承耦合

2. 内聚

内聚是程序结构中模块内各个元素彼此结合紧密程度的度量。理想内聚的模块只做一件事情,模块内的各个元素紧密相关,共同完成一个功能,而不是多个功能。根据模块内部构成情况,可以用高、中、低把内聚分成三类。其中,高内聚有功能内聚和顺序内聚;中内聚有通信内聚和过程内聚;低内聚有时间内聚、逻辑内聚和偶然内聚。图 12-6 是这七种内聚类型关系图。从图 12-6 中可以看出,功能内聚的模块独立性最强,偶然内聚模块独立性最弱。在设计时力争做到高内聚,并辨别出低内聚的模块,然后对其修改,提高模块的内聚程度,从而得到高内聚独立性强的模块。

图 12-6　七种内聚类型关系图

1) 功能内聚

如果一个模块内所有处理元素仅为完成一个具体的功能而协同工作,紧密联系,不可分割,则称为功能内聚。功能内聚是最高程度的内聚,在设计时应尽可能使模块达到功能内聚这一级。

2) 顺序内聚

如果一个模块内的各个处理单元和同一个功能密切相关,而且这些处理单元必须顺序执行(通常一个处理单元的输出数据作为下一个处理单元的输入数据),则称为顺序内聚。

3) 通信内聚

如果模块中各功能部分都使用同一个输入数据和(或)产生同一个输出数据,则称为通信内聚。例如,一个模块的处理单元是基于同一数据文件产生不同的报表 A 和 B。

4) 过程内聚

如果一个模块内的处理单元是相关的,而且必须以特定次序执行,则称为过程内聚。例如,在利用流程图划分模块时,如果将流程图中完成同一处理的循环部分、判定部分、计算部分分成三个模块,则这三个模块就是过程内聚模块。过程内聚与顺序内聚有点类似,但区别主要在于:顺序内聚中是数据流从一个处理单元流到另一个处理单元,而过程内聚中是控制流从一个动作流向另一个动作。因为过程内聚模块仅完成完整功能的一部分,所以它的内聚程度仍然比较低,模块间的耦合程度还是比较高。

5) 时间内聚

如果一个模块包含的任务必须在同一时段内执行,就称为时间内聚,又称瞬时内聚或经典内聚。这种模块大多为多功能模块,功能之间没有多大的实质联系,仅要求它们在同一时间内完成。例如,许多程序中的初始化模块和终止模块就是时间内聚模块。

6) 逻辑内聚

如果一个模块完成的任务在逻辑上属于相同或相似的一类,则称为逻辑内聚。这种模块通常是几种相关的功能组合在一起的,对这种模块的调用常常需要有一个功能开关,由上层调用模块向它发出一个控制信号。在多个关联性功能中选择执行某一个功能。图 12-7 中被调用模块就是一个逻辑内聚模块,它根据输入的控制信息判定执行相应的功能。

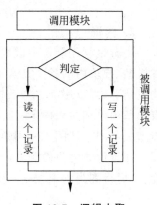

图 12-7　逻辑内聚

7) 偶然内聚

偶然内聚又称巧合内聚,这种模块由完成若干毫无关系(或关系不大)的功能处理单元偶然组合在一起。偶然内聚是最差的一种内聚。例如,有时在写完一个程序之后,发现一组语句在两处或多处出现,于是把这些语句作为一个模块以节省内存,这样就出现了偶然内聚的模块。

时间内聚、逻辑内聚和偶然内聚都是低内聚,它们都是将不同的功能混在一起,因此此类模块的修改比较困难。例如,在偶然内聚的模块中,如果某个模块 A 调用公共模块 B,根据需求需要调整公共模块 B,则对其他相关调用公共模块 B 的模块也需要一一调整。时间关系在一定程度上反映了程序的某些实质,所以时间内聚比逻辑内聚和偶然内聚好一些。

上面简单地介绍了七种内聚。在设计中处理内聚的总体原则是:力求做到高内聚,尽量少用中内聚,不用低内聚。

同样,在面向对象的方法学中,内聚是指同一对象内各个元素彼此结合紧密程度。而类是对具有相同属性和行为的一个或多个对象的描述。所以,在面向对象的设计中主要是解决类的内聚性问题。通常在面向对象设计中存在服务内聚、类内聚和泛化内聚三种。如果类中的一个服务只完成一个且仅完成一个功能,则是服务内聚。如果类的属性和服务全都是完成该类对象的任务所必需的,其中不包含无用的属性或服务,则称为类内聚。泛化关系是指类与类之间"一般-特殊"关系。它是通用元素和具体元素之间的一种分类关系。具体元素完全拥有通用元素的信息,并且还可以附加一些其他信息,也就是通常所说的继承关系。泛化内聚是按照多数人的概念以及对相应领域知识的正确抽取得出的泛化关系结构,一般来说,紧密的继承耦合与高度的泛化内聚是一致的。类内聚和泛化内聚程度较高,在设计中应尽量使用这些内聚,提高模块的独立性。

耦合和内聚是进行模块化设计的有力工具,内聚和耦合并不是孤立的,而是密切相关的。模块内的高内聚往往意味着模块间的松耦合,模块间的强耦合往往意味着模块内的低内聚。但增加内聚比减少耦合更重要,因此在实践中常常把更多注意力集中到提高模块的内聚程度上,设计时考虑内聚更多一点。

12.5　软件测试

软件测试是为了发现缺陷而执行程序的过程,是为了证明程序中有错误,而不是证明程序中无错误。一个好的测试用例指的是它可能发现至今尚未发现的缺陷,一次成功的测试指的是发现了新的软件缺陷的测试。测试的目的是以最少的时间和人力找出软件中潜在的各种错误和缺陷。测试只能尽可能多地查找出程序中的错误,而不能证明程序中没有错误。软件测试的目的决定了如何去组织测试。如果测试的目的是给最终用户提供具有一定可信度的质量评价,那么测试就应该直接针对在实际应用中会经常用到的部分。如果测试的目的是尽可能多地找出缺陷,那么测试就应该直接针对软件比较复杂的部分或是以前出错比较多的位置,并力求设计出最能暴露错误的测试方案。

软件测试的范围并不只是对编码阶段的语法错、语义错、运行错进行查找的一系列活动,而是对软件计划、软件设计、软件编码进行查错和纠错的活动。它涉及软件开发周期中各个阶段的错误,并分析错误的性质与位置而加以纠正。纠正过程可能涉及改正或重新设计相关方案及修改文档活动。找错的活动称为软件测试,纠错的活动称为软件调试。

12.5.1　软件问题类型

软件中存在的问题一般可以分为三类,即错误(error)、缺陷(fault)和故障(failure)。

(1) 软件中存在的错误可能是由于误解了用户需求而造成的一个需求错误,也可能是与用户需求不吻合的一个设计性错误,或是一个程序错误。错误有两种不同的表现方式,一种错误是指一个实际测量值与理论预期值之间的差异,这种差异就是错误;另一种错误是指一些人的行为引起的软件中的某种故障,而这些故障又是由软件错误造成的。

(2) 缺陷常被称为 bug,它是导致软件失败的一个条件。当开发人员犯了一个错误,就会在软件中引入一个或多个缺陷。软件缺陷的具体含义包括软件未达到客户需求的功能和性能、软件超出了客户需求的范围、软件中出现了客户需求不能容忍的错误、软件的使用未能符合客户的习惯和工作环境等。考虑到设计的因素,软件缺陷还可以包括软件设计未能在特定的条件(资金、范围等)下达到最优。如何防止软件缺陷的产生是一件令人头痛的事,它涉及整个软件开发周期中的所有要素。

（3）故障又称失效，它是指软件不能按软件规格说明要求执行，从而引起软件行为与用户需求的不一致现象。失效可能发生在测试阶段，也可能发生在软件交付之后的运行阶段和维护阶段。

缺陷是开发人员所看到的软件系统的内部问题，而故障是用户从外部观察到的软件行为与软件需求的偏差。并不是每个软件缺陷都一定会导致软件发生故障，缺陷只有在满足某种条件的情况下才会导致软件故障。例如，如果包含缺陷的代码没有被执行，或程序没有进入到某个特定状态，软件就可以正常运行而不发生故障。这也是软件测试为什么困难的原因之一。

12.5.2　软件测试类型

软件测试有模块测试、联合测试、验收测试和系统测试等几种类型。

1. 模块测试

模块测试是对一个模块进行测试，根据模块的功能说明，检验模块是否有错误。这种测试在各个模块编程后进行。测试的内容包括界面、内部数据结构、独立路径、错误处理和边界条件等。

2. 联合测试

联合测试即联调，可以发现总体设计中的错误。各个模块测试可能没有错误，但组合在一起可能会出现模块间的错误。

3. 验收测试

验收测试是指检验系统说明书中的各项功能、性能等要求是否实现、是否符合要求。

4. 系统测试

系统测试是对整个系统的测试，将硬件、软件、操作员作为一个整体进行测试，检验系统是否符合用户的实际需求。

12.5.3　软件测试的原则

软件测试应注意以下一些基本原则。

（1）测试用例应包括输入数据和输出结果。

（2）不仅要选用合理的输入数据作为测试用例，还应选择不合理的输入数据作为测试用例。

（3）既要检查程序是否完成了它应做的工作，又要检查它是否做了不应做的事情。

（4）测试用例应长期保存，直到被测试程序被废弃。一旦程序被修改、扩充，则需要重新测试，将会在很大程度上重复以前的测试工作，利用保留的测试用例，可以验证发现的错误是否已经改正，同时也可以利用该用例发现因修改、扩充可能产生的新错误。

12.5.4　软件测试的方法

根据测试过程是否需要运行被测试的程序，软件测试方法一般分为静态测试方法与动态测试方法。

静态测试是在对软件代码进行分析、检查和测试时不实际运行被测试的程序,同时它还可以用于对各种软件文档进行测试。静态测试通过检查各种文档和程序代码,试图发现需求和设计文档中相互矛盾、不一致或模糊的地方以及代码中隐藏的缺陷。

动态测试就是通过运行软件来检验软件的动态行为和运行结果的正确性。动态测试的主要特征是计算机必须真正运行被测试的程序,通过输入测试数据,对其运行情况(即输入与输出之间的对应关系)进行分析。因此所有动态测试都必须包括两个基本要素:被测试软件和用于运行软件的数据,即测试数据。动态测试还应包括第三个要素:软件的用户需求。由于动态测试必须要运行被测试的程序,因此它只能在编码完成之后进行。动态测试根据测试时的方法不同,分为黑盒测试与白盒测试两类。

黑盒测试又称为功能测试或数据驱动测试。它是在已知软件所应具有功能的前提下,通过测试来检测每个功能是否都能正常使用。该方法把被测试对象看成一个黑盒子,测试人员完全不考虑程序的内部结构和处理过程,只在软件的界面上进行测试,用来证实软件功能的可操作性,检查程序是否满足功能要求或遗漏了功能,程序是否能正确地接收输入数据并产生正确的输出信息,数据结构是否错误或外部数据库访问是否错误,界面和性能是否错误,初始化和终止是否错误。黑盒测试方法主要有等价类划分、边界值分析、错误推测等,它主要用于软件系统测试阶段。

白盒测试也称结构测试或逻辑驱动测试。它是在已知程序内部结构和处理过程的前提下,通过测试来检测程序中的每条路径是否按预定要求正常运行。该方法把被测试对象看成一个透明的白盒子,测试人员完全知道程序的内部结构和处理算法,并按照程序内部的逻辑测试程序,对程序中尽可能多的逻辑路径进行测试,在所有的点检验内部控制结构和数据结构是否和预期相同。白盒测试方法主要有逻辑覆盖、基本路径测试等,它主要用于验证测试的充分性。

白盒测试是在测试过程的早期阶段进行,而黑盒测试主要用于测试过程的后期。黑盒测试方法注重于软件的功能。很明显,如果外部特性本身有问题或规格说明的规定有误,用黑盒测试方法是发现不了的。反之,白盒测试只根据程序的内部结构进行测试,如果程序结构本身有问题,比如程序逻辑有错误或有遗漏,那是无法发现的。因此在测试时需要将黑盒测试和白盒测试结合起来,互为补充。

12.5.5　测试用例的设计

设计测试方案是测试的首要任务。测试方案包括具体的测试目的(如预定要测试的具体功能)和测试用例。通常把测试数据和预期的输出结果称为测试用例。创建好的测试用例对成功测试起到至关重要的作用。根据软件测试的基本原则"不完全原则",穷举测试用例是不可能的。事实上,即使细心地选择了测试用例,在测试过程中仍可能有故障未被发现。要精心选择测试用例,使得对应于测试用例的被测代码得到尽可能多的测试,达到最佳的测试效果。

1. 白盒测试法用例的设计

白盒测试法设计用例的指导思想是选择测试用例集检验代码的内部结构是否正确,因此它是在清楚地知道了程序的内部结构和处理算法的基础上进行的测试用例设计。目前有许多白盒测试用例设计技术,现介绍逻辑覆盖和基本路径测试两种用例设计技术。

1) 逻辑覆盖

所谓逻辑覆盖是对一系列测试过程的总称,这组测试过程逐渐进行越来越完整的通路测试。逻辑覆盖要求对某些程序的结构特性做到一定程度的覆盖,或者说是"基于覆盖的测试",即有选择地执行程序中某些最有代表性的通路,并以此为目标,找出那些已被忽视的程序错误。从测试用例覆盖源程序语句的程度,可以有以下一些常用的覆盖。

(1) 语句覆盖。

语句覆盖是指使用足够多的测试数据,使被测试程序中每个语句至少执行一次。语句覆盖要求在测试过程中,为了暴露程序中的错误,除观察程序的输入和输出的正确性外,还要求程序中的每个语句至少应该执行一次,只有当程序中的所有语句都得到了执行,才能称该测试是充分的。

事实上,语句覆盖仅仅测试了程序中各语句的语法及有限的数据逻辑关系。大量的控制逻辑路径被忽略,因此语句覆盖是很弱的逻辑覆盖。

(2) 分支覆盖。

分支覆盖又叫判定覆盖,是指设计出足够多的测试用例,使得被测程序中每个判定表达式都执行一次"真"和一次"假",从而使程序的每一个分支至少都通过一次。

判定覆盖比语句覆盖强,它不仅要求每个语句必须至少执行一次,而且每个判定的每个分支都至少执行一次。但是对程序逻辑的覆盖程度仍然不高,只有判定覆盖还不能保证一定能查出在判定条件中存在的错误。因此需要更强的逻辑覆盖去检验判断内部条件。

(3) 条件覆盖。

条件覆盖不仅要求每个语句至少执行一次,还要使得判定表达式中每个条件的各种可能的值都至少执行一次。

同样,条件覆盖测试用例的取法也并不唯一,尽可能使选取的测试用例既满足条件覆盖的要求,又满足判定覆盖的要求。通常希望条件覆盖比判定覆盖强,但是由于条件覆盖是在对构成判定条件进行分解后孤立地满足各条件的可能取值,因此设计的测试用例可能满足条件覆盖但未必满足判定覆盖。为了解决这一问题,需要对条件和判定兼顾,引入判定-条件覆盖。

(4) 判定-条件覆盖。

判定-条件覆盖要求设计足够的测试用例,使得判定表达式中的每个条件的所有可能取值至少出现一次,并使每个判定表达式所有可能的结果也至少出现一次。因此,判定-条件覆盖是分支覆盖和条件覆盖结合的产物,它同时满足分支覆盖和条件覆盖的要求,但判定-条件覆盖也并不比条件覆盖更强。需要注意的是,采用判定-条件覆盖,逻辑表达式中的错误不一定能够查得出来,因此需要更强的覆盖。

(5) 条件组合覆盖。

条件组合覆盖要求选取足够多的测试数据,使得每个判定表达式中条件的各种可能组合都至少执行一次。显然,满足条件组合覆盖的测试用例,也一定满足判定覆盖-条件覆盖标准。因此,条件组合覆盖是前述几种覆盖中最强的。

满足条件组合覆盖的测试用例并不一定能使程序中的每条路径都执行到,测试还不完全,因此需要更强的路径覆盖。

(6) 路径覆盖。

路径覆盖就是要求设计足够多的测试数据,可以覆盖被测程序中所有可能的路径。路径覆盖保证了每个可能的逻辑路径至少通过一次,使测试数据更有代表性,因此可能发现较多问题。但是路径覆盖没有考虑条件组合覆盖的情况,因此,在实际中常常将路径覆盖与条件组合覆盖结合使用,取得较好的测试效果。

2) 基本路径测试

在实际问题中,一个复杂程序的路径是一个庞大的数字,要在测试中都覆盖这些路径是不现实的。为了解决这一问题,把覆盖的路径数压缩到一定限度内,Tom McCabe 提出了一种基本路径测试技术。使用这种技术设计测试用例时,首先计算程序的环形复杂度,并用该复杂度为指南定义执行路径的基本集合,从该基本集合导出的测试用例可以保证程序中的每条语句至少执行一次,而且每个条件在执行时都将分别取真、假两种值。

使用基本路径测试技术设计测试用例的步骤如下:

第一步,将详细设计结果或程序编码映射成程序控制结构图。

第二步,根据程序控制结构图计算程序的环形复杂度。

第三步,确定线性独立路径的基本集合。

所谓独立路径是指至少引入一组以前没有处理的语句或条件的一条路径。用程序控制结构图术语描述,独立路径至少包含一条在定义该路径之前不曾用过的边。使用基本路径测试法设计测试用例时,程序的环形复杂度决定了程序中独立路径的数量,而且这个数是确保程序中所有语句至少被执行一次所需的测试数量的上界。

第四步,设计测试用例,确保基本路径集中每条路径的执行。

通常在设计测试用例时,识别出判定节点是很有必要的。测试用例的选取应该使得在测试每条路径时都适当地设置好了各个判定节点的条件。

在测试过程中,执行每个测试用例并把实际输出结果与预期结果相比较。一旦执行完所有测试用例,就可以确保程序中所有语句都至少被执行了一次,而且每个条件都分别取过真值和假值。应该注意,某些独立路径不能以独立的方式测试,这是因为有些独立路径是程序正常的控制流程的一部分,不是孤立的。在这种情况下,这些路径的测试必须作为另一个路径测试的一部分。

2. 黑盒测试法用例的设计

黑盒测试法用例的设计有等价类划分、边界值分析、错误推测等。可以在需求分析阶段或设计阶段根据这些方法来生成测试用例,同时使用这些方法很可能发现白盒测试不易发现的其他类型的错误。

1) 等价类划分

等价类划分的基本思想是将程序的所有可能输入数据(有效与无效的)划分为若干等价类。假定在指定等价类中任取一组数据测试,如果该组数据可以检查出错误,则该组中其他组数据可以产生同样的错误;反之,如果该组数据没有查出错误,则使用该等价类中其他数据组执行程序也是正确的。因此,当程序输入数据集合的等价类确定以后,从每个等价类任取一组代表值就可以产生一个测试用例。这样就可以使用少量代表性的测试数据,取得较好的测试效果。所以,问题归结为如何划分等价类。等价类的划分有两种不同情况。

- 有效等价类：指对于软件的需求规格说明来说，是合理的、有意义的输入数据集合。使用有效等价类构造测试用例，主要检测程序是否实现了规格说明预先规定的功能和性能。
- 无效等价类：指对于软件的需求规格说明来说，是不合理的、无意义的输入数据集合。使用无效等价类构造测试用例，主要检测程序是否能够拒绝无效数据输入，被测试对象在初始条件不具备时运行的可靠性如何。

利用等价类划分产生测试用例的具体步骤如下。

第一步：划分等价类。等价类的划分首先需要划分输入数据的等价类，为此需要研究软件的需求规格说明中的功能说明，从而确定输入数据的有效等价类和无效等价类。在确定输入数据的等价类时，常常还需要分析输出数据的等价类，以便根据输出数据的等价类导出对应的输入数据等价类。

正确地确定等价类，一是要注意积累经验，二是要正确分析被测程序的功能，三是利用前人总结出来的一些规则。这些启发性规则是：

- 如果规定了输入值的范围，则可划分出一个有效的等价类(输入值在此范围内)和两个无效的等价类(输入值小于最小值或大于最大值)。
- 如果规定了输入数据的个数，则可以将所有输入数据满足要求的作为一类有效的等价类，输入数据小于个数下限和高于上限的分别作为两个无效的等价类。
- 如果规定了输入数据的一组值，而且程序对不同输入值做不同处理，则每个允许的输入值是一个有效的等价类，此外还有一个无效的等价类(任一个不允许的输入值)。
- 如果规定了输入数据必须遵循的规则，则可以划分出一个符合规则的有效等价类和若干个从各种不同角度违反规则的无效等价类。
- 如果规定了输入数据的类型，则可以设置一个规定类型数据作为有效等价类和输入其他类型数据的若干无效等价类。
- 如果程序的处理对象是线性表，则应该考虑存在一个记录、多个记录和空表情况。

上面列出的启发式规则虽然都是针对输入数据的，但其中绝大部分也同样适用于输出数据。

第二步：设计测试用例。根据等价类设计测试用例时主要使用下面两个步骤。

- 设计一个有效等价类的测试用例。对于各个输入条件，以尽可能多地覆盖尚未被覆盖的有效等价类，重复这一步骤直到所有有效等价类都被覆盖为止。
- 设计一个无效等价类的测试用例，使它覆盖一个而且只覆盖一个尚未被覆盖的无效等价类。重复这一步骤直到所有无效等价类都被覆盖为止。注意，因为在输入中有一个错误存在时，往往会屏蔽掉其他错误显示，所以设计无效等价类的测试用例时，一次只覆盖一个无效等价类。

2) 边界值分析

在等价类划分中，测试用例从各等价类中任意选取，没有考虑同一等价类中各组数据对于发现隐藏错误的差异。实践经验证明，程序往往在处理边界情况时会发生错误。如果将测试值选取在等价类的边界附近，可以期望得到高效的测试用例，可以查出更多的错误和问题。这就是边界值分析的出发点。边界值是指输入等价类或输出等价类边界上的值。使用边界值分析方法,首先确定各等价类的边界情况。选取的测试数据应该刚好等于、刚刚小于和刚刚大于等价类边界值的数据,而不是选取每个等价类内的典型值或任意值作为测试数据。

典型边界值包括下面一些情况。

- 如果输入条件说明了输入值的范围,则应该在范围的边界上取值;另外,还应该将刚好越过边界的值作为无效情况的测试用例。
- 如果输入条件指出了输入数据个数,则应为最小个数、最大个数、低于最小个数、高于最大个数分别设计测试用例。
- 对于输出结果应该作类似于输入一样的处理。
- 如果程序的输入输出数据是有序集合,则应该特别注意表中第一个、最后一个元素,以及集合中仅有一个元素的情况。
- 对于输入输出为线性表的程序,应该考虑输入输出有 0 个、1 个和可能的最大元素个数情况。

通常设计测试用例时总是联合使用等价类划分和边界值分析两种技术。一般先采用边界值分析设计测试用例,再用等价类划分补充。

3) 错误推测

不同类型的程序通常具有若干特殊易出错的情况,这些情况未必(或者不需要)可以归结为某种等价类或者边界情况。有时机械地使用等价类划分或者边界值分析,对于不大的测试对象也可能要求十分庞大的测试用例。因此,有经验的测试人员往往根据经验与直觉,推测程序中可能存在的各种错误,从而有针对性地编写检查这些错误的测试用例,实现高效的测试,这就是错误推测法。

对于测试对象中可能存在何种类型的错误,是挑选测试用例应该考虑的重要因素。推测的重要依据是程序设计规格说明书(或者代码的序言性注释),不但要考虑它告诉了什么,还应该考虑说明中遗漏了什么,或者是否存在可能的冲突。对于程序中容易出错的情况也有一些经验总结,例如,输入数据 O 或输出数据 0 是容易发生错误的情形,因此可选择输入数据为 O,或使输出数据为 0 的例子作为测试用例;输入表格为空或输入表格只有一行,也是容易发生错误的情况,可选择这种情况的例子作为测试用例。若两个模块间有共享变量,则要设计测试用例检查让一个模块去修改这个共享变量的内容后,另一个模块的出错情况等。上述所有这些都是推测时的重要依据。

根据软件测试基本原则中“80/20 原则”(80% 的软件缺陷常常存在于 20% 的软件空间里),软件缺陷具有空间聚集性。在一段程序中已经发现的错误数目往往和尚未发现的错误数成正比。因此,在进一步测试时着重测试那些已发现了较多错误的程序段。

以上介绍的几种测试用例设计技术,从分析问题的不同角度出发,对测试用例进行设计。但是没有一种方法可以设计出全部测试用例。因此,在实际应用中通常是综合应用这些策略,以黑盒测试法设计测试用例为主,白盒测试法设计测试用例为辅,并可以考虑以下测试策略。

- 任何情况下都应该使用边界值分析设计测试用例。
- 必要时采用等价类划分法补充用例。

- 必要时再用错误推测法补充用例。
- 对照程序内部逻辑,检查已设计用例的逻辑覆盖。根据程序可靠性要求,补充用例使其达到规定的逻辑覆盖要求。

12.5.6　程序调试的步骤与内容

当一个管理信息系统按照详细设计中规定的算法用具体的编码实现以后,就要进行程序调试。所谓程序调试就是在计算机上用各种可能的数据和操作条件反复地对程序进行试验,发现错误越多,说明调试的收效越大,越成功。程序调试工作量占系统实施工作量的40%～60%。因此,认真做好应用程序调试工作是非常重要的。

程序调试分为程序分调与联调两大步。

1. 程序分调

程序分调包括单个程序(如输入程序、查询程序、报表程序等)的调试(即程序单调)和模块调试。

程序单调是对单个程序进行语法检查和逻辑检查,这项工作应由程序的编写者自己完成。

模块分调的目的是保证模块内部控制关系的正确和数据处理内容的正确,同时测试其运行效率。

2. 程序联调

程序联调包括分系统调试和系统总调试。只有全部分系统都调试通过之后,方可再转入系统总调试。联调的目的是发现系统中属于相互关系方面的错误和缺陷。因此,分系统调试和系统总调的主要目标不是查找程序内部逻辑错误。

虽然分系统调试并不太长,但其逻辑关系较为复杂。调试时,首先应该在分控制调度程序与各个功能模块相连的接口处都用"短路"程序代替原来的功能模块与分控调度程序之间的连接关系,用这样的办法来验证控制往来通路和参数的传递是否正确。所谓"短路"程序,就是直接送出预先安排计算结果的联络程序。一旦分控调度程序调试通过之后,就可以将分控调度直接与全部相关模块连接起来。对分系统内各种可能的使用形态及其组合情况进行考察,便是分系统程序调试。

系统总调试工作是将已调试通过的各个子系统,由总控调度程序将它们统一起来,检查整个系统是否能够协调一致地进行工作。

在程序调试过程中,将会发现大量的错误,并且需要及时进行修改。在这些错误中,有些错误的根源在编程阶段,有些错误的根源在系统设计阶段,还有些错误的根源在最初的系统分析阶段。因此,为了纠正程序中的错误,必须相应地回到编程、设计和分析阶段,分别在这些步骤中查找程序出错的原因。如果系统分析与系统设计工作做得深入细致,那么大部分程序修改工作将局限在修改编程过程中发生的错误,否则就会出现大的反复,付出更大的代价。

12.5.7 系统操作说明书与技术报告

系统调试完毕,系统研制人员要及时整理和编制详细的程序运行说明书,即系统操作使用说明书。程序运行说明书的内容包括用户怎样启动并运行系统,怎样调用各种功能,怎样实现数据的输入、修改和输出,并附有必要的图示和实例。它是指导用户正确地使用和运行系统的指导文件。

系统技术报告的内容包括系统目标、功能和原理,并附有全部程序框图与源程序清单。它为以后的系统维护提供参考资料,也是技术交流的主要素材。

12.6 系 统 安 装

系统安装工作包括相对独立又彼此联系的两项任务。首先要完成全部真实数据的整理与录入,然后完成系统切换任务,即用新系统代替老系统。

12.6.1 数据的整理与录入

数据的整理与录入是关系到新系统成功与否的重要工作,绝不能低估它的作用。

数据整理就是按照新系统对数据要求的格式和内容统一进行收集、分类和编码。录入就是将整理好的数据存入相应的文件中,作为新系统的操作文件。

在数据的整理与录入工作中,要特别注意对变动数据的控制,一定要使它们在切换时保持最新状态,否则是无意义的。

新系统的数据整理与录入工作量特别大,而给定的完成时间又很短,所以要集中人力和设备,争取在尽可能短的时间内完成这项任务。

12.6.2 系统切换

新老系统的交替可以采用几种不同的切换方式,最常用的是直接切换方式、并列切换方式和阶段切换方式。

1. 直接切换方式

直接切换方式是指在某一时刻旧系统停止使用,新系统开始工作。这种方式最简单,也最省钱,但风险性很大。由于新系统没有试用过,没有真正担负过实际工作,因此,在切换过程中很可能出现事先预想不到的问题。通常,一些比较重要的大型系统不宜采用这种切换方式。即使不那么重要的小系统需采用这种方式切换时,也必须让老系统暂时保持在随时可以重新启动的状态,并且切换时间应选在系统业务量最少时进行。

2. 并列切换方式

针对直接切换方式存在的问题,并行切换方式保持一段新老系统并存的时间,并存时间一般为 3~5 个月,在这段时间内,新老系统同时分别工作。这种并行切换方式可以保持系统工作不间断,又可以对两个系统进行对比,结果可以互相校对。如果在并行期间新系统出现了问题而不能正常运行时,老系统仍在工作,所以没有风险。

并行切换方式的主要问题是费用太高。这是因为并存期间,新老系统的工作人员也要并存,需要双倍的费用。

3. 阶段切换方式

顾名思义,这种切换方式的特点是分阶段、分部分地进行切换。它既避免了直接切换方式的风险性,又避免了并行切换方式发生的双倍费用。

阶段式切换方式中的最大问题表现在接口的增加上,系统各部分之间往往是相互联系的,当老系统的某些部分切换给新系统去执行,其余部分仍然由老系统去完成,于是在已切换部分和未切换部分之间就出现了如何衔接的问题,这类接口是十分复杂的。

在实际的系统切换工作中,通常都采用并行切换方式。这样做既安全,技术上也简单;当然,也有为数不少的系统是将三种切换方式配合起来使用,例如,在阶段方式中的某些部分采用直接切换方式,其他部分采用并行切换方式。

无论一个系统采用何种切换方式,都应该保持系统的完整性,或者说,系统的切换结果应当是可靠的。因此,系统切换也存在着一个控制问题。在新老系统交替前,必须为系统建立验证控制,如用户掌握新老系统处理的全部控制数字记录,用此来验证系统切换是否破坏了系统的完整性。

12.7 系统维护与评价

12.7.1 系统维护

系统维护是指在系统运行中,为了适应系统环境的变化,保证系统能持续、正常地运行而从事的各项活动。

系统维护包括对硬件设备的维护和软件系统及数据的维护。硬件设备的维护应有专职的硬件人员承担,维护安排分为两种:一种是定期的预防性维护,例如,在周末或月末进行设备的例行检查与保养;另一种是突发性的故障维修,由专职人员或厂商进行,但不允许拖延过长时间,以免中断软件系统的工作。一般说来,大中型企业的计算机系统都配有并行处理机,一台 CPU 上的作业可以送到另一台 CPU 上进行处理。同时还配有足够多的外部设备,绝不会因为撤销了部分打印机、存储设备,而影响整个系统的运行。

软件系统维护是系统维护中最重要的,也是工作量最大的一项维护工作。软件维护的含义是使程序和数据始终保持最新的正确的状态。系统建成时所编制的程序与数据应随着外界环境的变更和业务量的增减等,进行即时维护,适应系统需求,并且研究系统的综合优化,使其不断完善。

软件维护的类型有如下四种。

(1) 正确性维护:改正在系统开发阶段已发生的而系统测试阶段尚未发现的错误。一般来说,这类故障是由于遇到了以前从未有过的某种输入数据的组合,或者是系统的硬件和软件有了不正确的界面而引起的。在软件交付使用后发生的故障,有些是不太重要,并且可以回避的;有些则很重要,甚至影响企业的正常运营,必须制订计划,进行修改,并且要进行复查和控制。

（2）适应性维护:为适应软件的外界环境变化而进行的修改。

例如,操作系统版本的变更或计算机的更替引起的软件转换是常见的适应性维护任务。而数据环境的变动,如数据库和数据存储介质的变动、新的数据存取方法的增加等,都需要进行适应性维护。进行适应性维护应像开发新软件一样,按计划进行,以利于实施。

（3）完善性维护:为扩充功能和完善性能而进行的修改。这是指对已有的软件系统增加一些软件需求规范书中没有规定的功能与性能特征,还包括对处理效率和编写程序的改进。例如,有时可将几个小程序合并成一个单一的运行良好的程序,从而提高处理效率;而有时却因为系统内存不够,或处于多道程序的设计巧合,又希望把一个占用整个机器容量的一个大程序分成只占小容量内存且运行时间相同的小程序段,优化程序设计。

（4）预防性维护:为减少或避免以后可能需要的前三类维护而对软件进行的工作。预防性维护是为了减少以后的维护工作量、缩短维护时间和减少维护费用。

12.7.2　系统评价

系统投入使用一段时间以后,需要对系统进行全面的评价,根据使用者的反映和运行情况的记录,评价系统是否达到了设计要求,指出系统改进和扩充的方向。系统评价的结果应写成系统评价报告。

系统评价的范围应根据系统的具体目标和环境而定,一般包括以下几个方面。

（1）系统运行的一般情况。

这是从系统目标及用户接口方面考查系统,包括:

- 系统功能是否达到设计要求。
- 用户付出的资源(人力、物力、时间)是否控制在预定界限内,以及资源的利用率。
- 用户对系统工作情况的满意程度(响应时间、操作方便性、灵活性等)。

（2）系统的使用效果。

这是从系统提供的信息服务的有效性方面考察系统,包括:

- 用户对所提供的信息的满意程度(哪些有用、哪些无用及引用率)。
- 提供信息的及时性。
- 提供信息的准确性、完整性。

（3）系统的性能。

系统的性能包括:

- 计算机资源的利用情况(主机运行时间的有效部分的比例、数据传输与处理速度的匹配、外存是否够用、各类外设的利用率)。
- 系统可靠性(平均无故障时间、抵御误操作的能力、故障恢复时间)。
- 系统可扩充性。

（4）系统的经济效益。

系统的经济效益包括:

- 系统费用,包括系统的开发费用和各种运行维护费用。

- 系统收益,包括有形和无形效益,如库存资金的减少、成本下降、生产率的提高、劳动费用的减少、管理费用的减少、对正确决策影响的估计等。
- 投资效益分析。

12.8　小　　结

本章介绍了软件系统实施工作相关内容,在系统设计方案的基础上开发软件系统、安装系统及运行维护。系统实施的主要内容包括:

(1) 信息系统的开发方式。

(2) 信息系统项目管理的基本内容。

(3) 程序设计的方法。

(4) 软件测试的方法。

(5) 系统安装过程。

(6) 系统维护与评价。

12.9　习　　题

1. 软件系统的开发方式有哪些? 各有何特点?

2. 管理信息系统实施过程中的项目管理内容一般有哪些?

3. 软件质量一般有哪些要求?

4. 程序设计的原则有哪些?

5. 什么是模块耦合? 有哪些类型?

6. 什么是模块内聚? 有哪些类型?

7. 什么是软件测试?

8. 软件测试的方法有哪些?

9. 软件测试用例设计一般有哪些类型?

10. 如何进行白盒测试法用例的设计?

11. 系统调试的步骤和内容有哪些?

12. 系统技术报告的内容有哪些?

13. 什么是数据的整理与录入?

14. 系统切换方式有哪些? 各有何特点?

15. 系统维护的内容有哪些?

16. 系统评价的内容有哪些?

参 考 文 献

[1] 徐士良,葛兵.计算机软件技术基础[M].4 版.北京:清华大学出版社,2014.

[2] 张选芳,傅茂洺,王欣.软件技术基础[M].北京:人民邮电出版社,2010.

[3] 沈被娜,刘祖照,姚晓冬.计算机软件技术基础[M].3 版.北京:清华大学出版社,2012.

[4] 刘彦明.计算机软件技术基础教程[M].西安:西安电子科技大学出版社,2001.

[5] 严熙,华伟,於跃成.大学信息技术教程[M].北京:人民邮电出版社,2018.

[6] 严蔚敏.数据结构(C 语言版)[M].北京:清华大学出版社,2011.

[7] 孙凌,李丹.数据结构[M].北京:人民邮电出版社,2005.

[8] MARK A W.数据结构与算法分析:C 语言描述(原书第 2 版)[M].冯舜玺,译.北京:机械工业出版社,2004.

[9] 王庆瑞.数据结构教程(C 语言版)[M].北京:北京希望电子出版社,2002.

[10] 瑞德,策勒.数据结构和算法:Python 和 C++语言描述[M].肖鉴明,译.北京:人民邮电出版社,2020.

[11] 张千帆.数据结构与算法分析:C++实现[M].北京:清华大学出版社,2020.

[12] 熊回香.数据结构:C/C++版[M].北京:科学出版社,2020.

[13] 韦璐,韦茜好,殷武琳.数据结构习题与实验指导:C 语言版[M].长春:东北师范大学出版社,2020.

[14] 邓丹君,祁文青.数据结构与算法[M].北京:机械工业出版社,2020.

[15] 陈锐,马军霞,张建伟.数据结构:C 语言实现[M].北京:机械工业出版社,2020.

[16] 马立和,高振娇,韩锋.数据库高效优化:架构、规范与 SQL 技巧[M].北京:机械工业出版社,2020.

[17] 程玉胜,王秀友.数据结构与算法:C 语言版[M].2 版.合肥:中国科学技术大学出版社,2020.

[18] 孙涵,黄元元,高航.数据结构:抽象建模、实现与应用[M].北京:机械工业出版社,2020.

[19] 汪建.图解数据结构与算法[M].北京:人民邮电出版社,2020.

[20] 程海英,彭文艺,姜贵平.数据结构案例教程(C 语言版)[M].北京:电子工业出版社,2020.

[21] 吴灿铭,胡昭民.图解算法:使用 C 语言[M].北京:清华大学出版社,2020.

[22] 王立柱.C/C++与数据结构[M].5 版.北京:清华大学出版社,2020.

[23] 王红梅,王慧,王新颖.数据结构:从概念到 C++实现[M].3 版.北京:清华大学出版社,2019.

[24] ROBERT L.Java 数据结构和算法(第 2 版)[M].计晓云,赵研,等译.北京:中国电力出版社,2004.

[25] 孙经钰.C 语言与数据结构[M].北京:北京航空航天大学出版社,2001.

[26] 庄益瑞,梁仁楷.Visual C++程序设计实务入门[M].北京:中国铁道出版社,2001.

[27] 戴锋.Visual C++程序设计基础[M].北京:清华大学出版社,2001.

[28] 张力.Visual C++高级编程[M].北京:人民邮电出版社,2002.

[29] 张选芳,傅茂名,程宏伟,等.计算机软件技术基础[M].成都:电子科技大学出版社,2004.

[30] 王珊,陈红.数据库系统原理教程[M].北京:清华大学出版社,1998.

[31] 袁丽娜.数据库系统原理及应用实践教程[M].大连:大连理工大学出版社,2020.

[32] 埃尔玛斯特,纳瓦特赫.数据库系统基础[M].陈宗斌,译.北京:清华大学出版社,2020.

[33] 坎贝尔,梅杰斯.数据库可靠性工程:数据库系统设计与运维指南[M].张海深,夏梦禹,林建桂,译.北京:人民邮电出版社,2020.

[34] 威多姆.数据库系统基础教程[M].史嘉权,译.北京:清华大学出版社,1999.

[35] 魏祖宽,郑莉华,牛新征.数据库系统及应用[M].3 版.北京:电子工业出版社,2020.

[36] 毕硕本.空间数据库实践教程[M].北京:北京大学出版社,2020.

[37]　徐洁磬.数据库技术实用教程[M].2版.南京:东南大学出版社,2020.

[38]　刘西奎,李艳,孔元.Oracle 数据库应用与开发[M].北京:清华大学出版社,2020.

[39]　陆琳琳.SQL Server 数据库实用编程技术[M].北京:清华大学出版社,2016.

[40]　李辉.数据库技术与应用[M].北京:清华大学出版社,2016.

[41]　王海艳.数据结构[M].北京:人民邮电出版社,2017.

[42]　朱三元,钱乐秋,宿为民.软件工程技术概论[M].北京:科学出版社,2002.

[43]　王安生.软件工程专业导论[M].北京:北京邮电大学出版社,2020.

[44]　郑人杰,马素霞,王素琴.软件工程概论[M].3版.北京:机械工业出版社,2020.

[45]　刘玮,刘军,李伟波.软件工程[M].3版.武汉:武汉大学出版社,2020.

[46]　梁立新,郭锐.软件工程与项目案例教程[M].北京:清华大学出版社,2020.

[47]　李宗花,朱林.软件工程原理与实践[M].南京:南京大学出版社,2020.

[48]　赵池龙,程努华,姜晔.实用软件工程实践教程[M].5版.北京:电子工业出版社,2020.

[49]　张春强,张和平,唐振.机器学习:软件工程方法与实现[M].北京:机械工业出版社,2021.

[50]　邝孔武,王晓敏.信息系统分析与设计[M].北京:清华大学出版社,1999.

[51]　薛华成.管理信息系统[M].北京:清华大学出版社,1999.

[52]　朱顺泉,姜灵敏.管理信息系统理论与实务[M].北京:人民邮电出版社,2001.

[53]　闻思源.管理信息系统开发技术基础:Java[M].北京:电子工业出版社,2020.

[54]　陆惠恩,张成姝.实用软件工程[M].北京:清华大学出版社,2009.

[55]　普莱斯曼,马克西姆.软件工程:实践者的研究方法(原书第 8 版)[M].郑人杰,等译.北京:机械工业出版社,2016.

[56]　窦万峰.软件工程方法与实践[M].北京:机械工业出版社,2016.

[57]　龙浩,王文乐,刘金,等.软件工程[M].北京:人民邮电出版社,2016.

[58]　张家浩.软件系统分析与设计实训教程[M].北京:清华大学出版社,2016.

[59]　钱乐秋,赵文耘,牛军钰.软件工程[M].北京:清华大学出版社,2016.

[60]　陈景艳.管理信息系统[M].北京:中国铁道出版社,2001.

[61]　孙丽芳,欧阳文霞.物流信息技术与信息系统[M].北京:电子工业出版社,2004.

[62]　高学东,武森,喻斌.管理信息系统教程[M].北京:经济管理出版社,2002.

[63]　李东.管理信息系统的理论与应用[M].4版.北京:北京大学出版社,2020.

[64]　杜治国.管理信息系统实践教程[M].重庆:西南师范大学出版社,2019.

[65]　克伦克,博伊尔.管理信息系统(第 7 版)[M].冯玉强,等译.北京:中国人民大学出版社,2019.

[66]　沈波,张富国,徐升华.信息系统分析与设计[M].北京:高等教育出版社,2020.

[67]　左美云.信息系统开发与管理教程[M].4版.北京:清华大学出版社,2020.

[68]　陈佳,谷锐,徐斌.信息系统开发方法教程[M].5版.北京:清华大学出版社,2019.

[69]　黄丽娟,吴凡,赵阿平.管理信息系统实验[M].北京:电子工业出版社,2019.

[70]　黄梯云,李一军.管理信息系统[M].北京:高等教育出版社,2014.

[71]　陈晓红,罗新星,毕文杰,等.管理信息系统[M].北京:清华大学出版社,2014.

[72]　刘秋生.管理信息系统研发及其应用[M].南京:东南大学出版社,2018.